共同的遗产

Historical Building Conservation Design

2

华东建筑集团股份有限公司　编著

中国建筑工业出版社

编 委 会

主　　任：张　桦

编 委 会：唐玉恩、张皆正、许一凡、
　　　　　杨　明、罗超君

主　　编：唐玉恩、张皆正

执行编辑：许一凡、杨　明、罗超君

摄　　影：陈伯熔、许一凡　等

翻　　译：吴　彦、张怡然

翻译校对：James Way、罗超君

序一 | 张 桦

2009年上海现代建筑设计集团编辑出版了《共同的遗产》,至今已有十多年了。该书从上海现代建筑设计集团百多项历史建筑保护工程中精选20个项目。这些项目都是在1953年至2002年期间由上海现代建筑设计集团和她的前身华东建筑设计研究院(上海工业建筑设计院)、上海建筑设计研究院(上海民用建筑设计院)完成的上海历史建筑保护项目。书籍的出版受到了业内和社会的广泛好评。这些项目是上海经济发展起飞时期和之前的工程案例,限于当时的经济条件、使用功能以及建筑历史文化保护认识,主要侧重于抢救性的保护和修缮,项目涉及的范围和种类也相对狭窄,是上海建筑历史文化重点保护时期。

随着上海城市发展从以建设数量为主向建筑品质方向转型,一大批上海历史建筑保护修缮和功能提升工作开始大规模开展,与以往历史建筑保护修缮工作相比,出现了许多新的特点。

首先,历史建筑的保护修缮工作起点高。一些历史建筑在长期使用过程中,出于种种原因,被不同时期使用者进行了加层、分隔或者改建,也有部分建筑的重要设施或构件被破坏和拆除。因此,恢复历史建筑历史面貌是该时期建筑保护的共同要求。

其次,保护和使用相结合。历史建筑最好的保护方式是妥善的使用,发挥其应有的价值,找到懂她爱她的业主。随着上海历史建筑的历史价值和艺术价值被挖掘和提升,社会对历史建筑保护意识不断提高,历史建筑使用机制不断创新,逐步形成了历史建筑保护、使用和经济价值、社会效益再创造的良性机制,满足新时期人们经济、文化和生活新需求。

其三,历史建筑保护与历史研究相结合。历史建筑是一种历史文化遗产,反映当时建设和使用期间社会状态,如何保护历史建筑中的宝贵历史信息和建筑艺术价值需要设计人员具备相当的建筑文化专业素养,对历史建筑所处年代历史和艺术发展有较深入和全面的了解和研究,才能准确把握历史建筑的原真性,创造性地解决保护、修缮、复原中的设计难点。

其四,上海市历史建筑保护的水准不断提高。本书收集近年来完成的历史建筑修缮项目与首册《共同的遗产》相比较,无论从历史建筑的保护力度和深度,修缮、复原技术手段,还是三维信息技术和数控技术的运用方面,均不可同日而语,极大提高了历史建筑保护修缮工作的效率和质量,相信不久的将来,新技术在该领域还会获得更大的施展空间。

随着人们对本土文化认识的不断提高,认同感的不断加深,保护建筑文化意识的增强,在保护优先的前提下,上海历史建筑活化利用的形式不断丰富,形式更加多样,使上海的历史建筑更具生命力和吸引力,历史建筑的历史价值、艺术价值、经济价值和社会价值得到了有机统一。不使上海这座拥有世界不同风格和建筑文化的大都市失去其应有的魅力,不再出现为获得短期的经济利益而对老城区进行整街坊拆建的愚昧行为。

上海市将实施2040城市总体规划,要建设世界卓越城市,文化建设是一项重要的目标。一座城市,没有鲜明的城市空间特色和深厚的城市历史建筑文化环境是不足以担当世界卓越城市的美名。因此,该规划提出了对历史城区整体保护的目标。今后,建筑师保护和利用历史建筑的任务将更加艰巨。建筑师不仅要努力完成历史建筑本身的保护、修缮工作,还要参与历史文化街区、历史文化风貌区、保护道路、保护街坊等各类要素整合,保护历史遗存的真实性、传统风貌的完整性和街区生活功能的延续性,最大限度地保护真实的历史信息,保持城市丰富的历史文化内涵。

PROLOGUE 1 | Zhang Hua

It was in the year of 2009, when Shanghai Xian Dai Architectural Design (Group) published "Historical Building Conservation in Shanghai". The book selected 20 projects from more than a hundred historical conservation projects completed between 1953 and 2002 by East China Architectural Design Institute and Shanghai Institute of Architectural Design and Resarch, both of which later merged as the Shanghai Xian Dai Architectural Design (Group). The book won wide popularity among the industry and society at large. But because those projects were launched before or during the boost of the economy of Shanghai, they were rather limited in their budget, functional variety and the recognition of historical building conservation. Therefore, those projects prioritized conservation as means of rescue and repair, and only a few categories were included. That period was the during the phase of targeted conservation of Shanghai historical buildings".

As the urban development of Shanghai transformed from quantity-oriented to quality-oriented, conservation and functional upgrades of historical buildings in Shanghai have been carried out on a large scale. Compared with preservation works in the past, this time new ideas and characteristics abound.

First, higher standards are set in historical building conservation. During the long history of those buildings, most have undergone changes by their occupants to comply with their needs, such as adding floors or compartments. As a result, some important parts and structures were damaged or demolished. Consensus has been reached that historical building conservation must be restored to the original appearance.

Second, the historical buildings should remain functional while being protected. The best way to protect the buildings is to make proper use of them and find devoted landlords. As the historical and artistic values of those buildings in Shanghai are being recognized by more people and the concepts of architectural conservation are being continuously renewed, many innovative practices of how to use the historical buildings have been implemented. All this has contributed to establishing a positive mechanism of conserving and using historical buildings while improving their economic and social values and satisfying people's demands for economy, culture and life in the new era.

Third, protection should be conducted together with historical research. Historical buildings are cultural relics and their construction and use reflect the society of that time. Therefore, the conservation designers should be highly professional in order to explore and retain the precious historical and artistic information. Only with a good knowledge of the history and cultural development of the particular era can the designers capture the authenticity of the buildings and solve the difficulties in conservation, repair and restoration.

Fourth, the historical building conservation in Shanghai has been continuously strengthened. Compared with the projects in the first "Historical Building Conservation in Shanghai", the projects selected in this book demonstrate a significant progress in conservation investment and project scope and in technologies of repair, restoration, 3D information and digital control. New technologies have greatly improved the efficiency and quality of conservation and repair, and I firmly believe that in the near future new technologies will make even greater contribution in this field.

People's understanding and recognition of local cultures are being constantly reinforced nowadays, so is their awareness of the importance of architectural conservation. Besides conservation, various methods have been adopted to reuse the historical buildings, making them livelier and more attractive. As a result, the historical buildings are not only historically and artistically valuable, but also financially and socially. The cosmopolitan city of Shanghai is rich in architectural culture and style throughout its history, and its glory should never be undermined by lack of conservation, nor should any short-sighted and hotheaded actions in pursuit of short-term profits be allowed, such as tearing down whole city blocks without regard to existing content. In the general urban planning for Shanghai in 2040, cultural construction is a major goal in the endeavor to build Shanghai into an excellent city in the world. If a city does not have its own spatial characteristics or an amicable environment for historical architecture, it cannot bear the name of an "Excellent City". The plan proposes a goal of overall conservation of the historical downtown area. This means from now on, the task of conserving and utilizing historical buildings will become even more challenging. Other than focus merely on architecture itself, designers should expand their scope onto broader factors such as historical living block areas and protected streets and neighborhoods. By trying their best to protect the authenticity of the historical relics and to ensure that the traditions are well preserved, designers have an important role in retaining the rich history and culture of a city.

Zhang Hua

序二 | 伍 江

建筑是人类最重要的物质产品之一，也是人类文明最重要的物质载体之一。建筑不仅是为实用而建的工程技术产品，同时也是寄托着人们精神需求的艺术作品和文化产品。建筑不仅反映了人类的物质需求，同时也总是体现着人类的精神追求。建筑的进步过程就是技术创新和艺术创作的过程，同时也是对前人的建筑文化不断积累、继承和发展的过程。

但建筑文化遗产的保护在大多数情况下不同于博物馆里的文物的保护。建筑的生命在于使用。历史建筑的修缮维护、功能置换，使其通过适应性改造最大限度地保留历史信息和文化价值，从而在新的使用功能中获得新的生命，应该是历史建筑保护的最主要路径。从这个意义上说，历史建筑的保护和历史文化的延续，最重要的在于如何激发其新的活力。历史建筑的生命只有在不断的修缮和呵护中得以延续，并在新的使用中获得持续不断的新的生命活力。历史建筑的文化价值也只有在不断被激发的生命活力中得到展示并得到持续提升。城市的历史文化遗产要得到保护，城市的历史文化更应具有当代活力。城市的历史文化不仅属于昨天，也属于今天，更属于明天。

前现代设计集团（今华建集团）的前身，华东院和上海院，自20世纪50年代起，曾承担许多上海重要历史建筑的修缮设计。唐玉恩、张皆正领衔课题组收集整理、总结前辈设计经验和技术，在9年前编辑出版《共同的遗产》，向读者第一次全面展示了集团长期关注历史建筑修缮及利用的工作成果。

今天，《共同的遗产2》再一次向我们展示了华建集团近十余年来在保护修缮历史建筑上所取得的新的成就。他们迎着城市发展的步伐和时代发展的要求，在实践中不断总结经验，努力探索，形成了历史建筑保护修缮的丰富经验，推出了一个又一个成功的保护修缮项目。在这一辑中历史建筑保护和修缮的手法更加成熟，在赋予历史建筑以新的活力上更是成功有加，成为上海历史建筑保护工作的一个个生动范例。

本书不仅向广大同行分享了这些优秀成果，更向社会展示了建筑专业界对于担负历史文化保护传承责任上的不懈努力。我相信本书一定会激发起更多建筑师关注并致力历史建筑保护工作，更希望本书会唤起社会各界对历史文化遗产保护的更多响应。当然我也期待着华建集团的历史保护设计团队在不久的将来推出更多更好的历史建筑保护作品。

伍江
同济大学常务副校长、建筑学教授
法国建筑科学院院士
亚洲建筑师协会副主席
2018年11月18日

PROLOGUE 2 | Wu Jiang

Architecture is one of the most important products of human beings and the medium of human culture. It is not only an industrial product exclusively produced for practice, but also an art and cultural product demonstrating people's spirits. Architecture represents people's physical and mental pursuit. Therefore, architectural development is an accumulative process which happens at the same time as technological innovation and artistic creation.

However, in most circumstances, the historical building conservation is quite different from that of antiques in a museum in that historical buildings are lively only when they are in use. That is the reason why we conduct repair, maintenance, functional change and adaptive renewal of historical buildings to retain its historical information and cultural value to the greatest extent. In this sense, the most important thing in conservation and in cultural continuity is to revitalize those historical building. Only with constant repair and careful maintenance can they survive; only with new functions which are explored incessantly can they gain new vigor. Along with the revitalization of the historical buildings, the historical values hidden are unveiled and updated continuously. Not only should we protect the cultural legacy of our city, but we should also ensure that it bears the modern characteristics of our city. In this sense, the history and culture of a city is its past, present and future.

The East China Architectural Design Institute and the Shanghai Institute of Architectural Design and Resarch merged and became known as the Xian Dai Architectural Design (Group), which was responsible for the conservation of many important historical buildings in Shanghai. The general managers Mr. Tang and Mr. Zhang led the research team to collect cases designed by predecessors, and the subsequent publication of the first volume of "Historical Building Conservation in Shanghai" was the synthesis of the experience and technology learned from those cases. The book, for the first time, demonstrated the achievements that the Group has made in conservation and reuse of the historical architectures.

Today, the second volume of "Historical Building Conservation Design" is another demonstration of the new achievement the Group has made in historical building conservation. The designers of the Group are always learning and exploring. They have accumulated evermore experience in this area in accordance with the development of Shanghai and with the call of the era. Successful conservation projects were introduced one after another. In this volume, the technologies and methods are more advanced and sophisticated and the designers are more adept at bringing new life to the historical buildings. The cases in the book are persuasive and vivid examples of historical conservation in Shanghai.

The book aims to share the achievements with all designers and also exhibits the relentless work of the designers in conserving and inheriting cultures. I believe this book will encourage more designers to show concern of and to concentrate on historical building conservation. I also hope this book will gain more recognition and support from all spheres of society. Certainly, I am expecting more and more conservation projects to be accomplished by the designers of the Group.

Wu, Jiang

MManaging Vice President of Tongji University
Professor of Architecture
Fellow of the French Academy of Architecture
Vice Chairman of the ARCASIA
18, Nov. 2018

前言 | 唐玉恩

自19世纪下半叶至20世纪上半叶，百余年间，上海从黄浦江边的江南县城迅速成长为远东大城市，经历了波澜壮阔的近代历史。上海既是向西方列强开放的口岸，也是中国民族工商业、现代文化教育、医疗乃至建筑等事业的发祥地。至20世纪中叶，上海已形成中西交融、兼收并蓄的多元文化底蕴及富有自身特色的近代城市生活。

几经更迭，这一阶段的上海近代建筑适应时代与生活变迁，其风格之多样、种类之繁多，建造技艺之先进，已属罕见。正是它们构筑极为独特而丰富的上海近代城市面貌和城市魅力，它们见证了上海的风云岁月，如今是上海城市宝贵的富有特色的文化遗产，也承载着几代上海人的公众记忆。

20世纪下半叶，伴随着上海城市发展、人口增加，城市建设中为适应新的社会需求，当时对近代建筑主要体现在保护修缮、新旧共存、资源利用等方面，对优秀的近代建筑的调查留下了珍贵资料。

2009年10月，我们编辑出版了《共同的遗产》，这是从现代集团下属华东建筑设计研究院、上海建筑设计研究院自20世纪50年代至2002年所作的百余项历史建筑保护修缮设计中，精选20项设计汇编的技术汇总。它概要地反映了上海保护历史建筑及再利用设计的历程；体现了保护修缮设计始终敬畏历史、遵循

真实性原则和严谨的精益求精的精神，也是我们对前辈建筑师的敬意。

历史建筑的保护历程必然受到社会政治经济文化因素、工程技术、每代人的价值观等影响，而其理念的发展则反映社会对历史文化的认知和尊重程度，保护利用优秀历史建筑的本质是保留城市文化精髓。

21世纪以来，中国进入快速城市化阶段，上海的城市建设与城市面貌日新月异，城市肌理也已发生了巨大变化。近年上海各界日益重视对优秀历史建筑的保护，对这一领域的关注，已使当代社会从新的视角认识历史建筑的不可替代的价值，历史建筑本身正对城市文化、当代生活产生长远、积极的影响。但如何在发展中保护城市历史文化的问题依旧突出。

近年，城市优秀近现代建筑及其环境的保护已得到国内外社会各界的高度重视，成为重大课题研究方向。2011年6月，国际古迹遗址理事会（ICOMOS）发布《关于20世纪建筑遗产保护办法的马德里文件》，强调"20世纪建筑遗产是活的遗产，对它的理解、定义、阐释与管理对下一代至关紧要"，为20世纪建筑遗产的干预建立保护与管理准则；2014年9月，上海再次修订发布《优秀历史建筑保护修缮技术规程》；2016年10月，中国文物学会、中国建筑学会发布并正式出版《中国20世纪建筑遗产名录》第一卷，98项中上海有13项。

近代历史建筑保护利用的设计是使优秀的近代建筑真正受到保护，并延年益寿可持续利用、"活在当下"的关键，当前，对其设计技术的研究尤其具有重要性、迫切性。

在承担众多保护与利用项目设计的同时，集团支持下属单位组织不同团队进行若干有关历史建筑保护利用设计的科研课题研究和考察；从设计实践到学术研究，进一步提升认识、设计能力和理论学术水平。

三年多来，我们从华建集团旗下各单位承担的起始于2006年、完成于2017年间的近代建筑保护设计项目中，优选26项集结出版本书，名为《共同的遗产 2》，是对前辈学术精神的传承；体现相关设计事业的发展；是在新的历史时期，有关保护利用设计技术的新的发展与学术研究成果；也反映了近年上海城市更新中的对优秀的近代建筑保护利用的进步和成就。

其中，除1项为武汉市优秀近代建筑的保护设计外，其余25项均为上海的优秀的近代建筑，原建造时间有24项集中在20世纪初至20世纪30年代，这正是上海近代城市建设最繁荣的时期。它们类型广泛，有银行、洋行、领馆、俱乐部、教堂、旅馆、学校、医院、工业建筑及不同标准的住宅等，建筑风格、建造技术、材料各不相同，空间内涵丰富，人文历史积淀厚重，在上海近代建筑中有典型性、代表性。其中多数长期作为公共建筑利用至今，可谓是

"活的遗产"，通过保护修缮、更新、得以重生；有的延续原功能、更新提升；有的则改变原先封闭的使用功能，在保护其历史价值的前提下，注入合适的新功能、激发新的活力，成为向公众开放的公共空间，为当代社会文化活动服务。

本书除了分项陈述概况，更着重表达的是每个项目设计遵循的尊重历史的设计原则，以及针对每个项目量身定制的保护设计的技术特点、创新成果。

贯穿各项设计全过程的重要设计原则是：依据价值评估、以真实性为首的保护设计原则；保护历史风貌和总体环境的完整性原则；强调对重点保护部位的完整保护；科学合理的再利用、最小干预和可识别、可逆性等原则。

同时，逐步建立系统的技术设计体系，在每个项目涵盖各专业的全过程设计中，严格执行上述原则；执行当代关于结构、机电设备、消防、生态节能等各有关规范，提升这些近代历史建筑在再利用中的安全性、适用性、舒适性；呈现当代的保护利用设计，是在保护前提下、适应新时代需求的设计理念及技术进步的特点。

本书可视为这些优秀近代建筑的导读。本书编目以项目的保护等级为序，从国家文物保护单位——市级文物保护单位——各类优秀历史建筑。每个项目以历史原名称为项目名称，并说明了原设计单位，及本次保护利用设计单位等。本书的出版是在华建集团支持下，各单位的所有有关设计团队共同努力的成果。

2017年5月8日，中国共产党上海第十一次代表大会报告提出"上海将着力打造创新之城，人文之城"，"建筑是可阅读的……城市始终是有温度的"的愿景。随着城市发展，对历史建筑保护的视野已拓展到建筑遗产、含风土建筑、工业遗产等更新利用，上海历史建筑的保护与再利用任重而道远，精心保护、合理利用优秀历史建筑是我们的历史责任，我们将不懈努力。

唐玉恩

2018年9月28日

Preface | Tang YuEn

Starting from the latter half of 19th century to the first half of the 20th century, Shanghai rose from a county by the Huangpu River in southeastern China to a cosmopolitan city in the Far East and had gone through the ups and downs of Chinese modern history. Shanghai was the port surrendered to the western powers as well as the breeding ground of national industries and commerce, modern education, medicine and architecture. By the middle of the 20th century, Shanghai had become a stylistic modern city infused with both Eastern and Western cultures.

In a time of dramatic changes, the architectures in the city blossomed in styles, categories and technologies at such a scale that rarely had been seen before. It is the architectures which make Shanghai unique, diversified and glamorous. It is the architectures which have witnessed the history of Shanghai and have become cultural relics of the city and have served as the living memories of the locals.

From the second half of the 20th century, the development of Shanghai took off and so did its population. In order to meet the emerging demands in the society, the conservation prioritized in protection, repair, coexistence of the old and new, and exploitation of resources, ultimately left precious references for later research on modern architectures.

In October 2009, we complied and published "Historical Building Conservation in Shanghai", which selected 20 projects among the more than 100 projects accomplished by East China Architectural Design Institute and Shanghai Institute of Architectural Design and Resarch, both of which affiliated to the Shanghai Xian Dai Architectural Design (Group). The book revealed the overall course of conservation and reuse of the historical buildings in Shanghai, and it was also a tribute we paid to the precedent designers for their respect for history, commitment to originality and relentless pursuit of perfection.

Conservation of historical buildings will be marked by the society, politics, culture, technologies and values of its generation; the development of the underlying concept also reflects the acknowledgement of history and culture in a society. The priority in the preservation and adaptive reuse of historical buildings is to retain the core culture of a city. Since the beginning of the 21st century, China has expedited her urbanization, and the city of Shanghai has changed with each passing day. This has also brought huge changes in the urban texture of the city. In recent years, people from all sectors in the city have begun to realize the importance of historical building conservation. This has added a new prospect of the irreplaceable value of the historical buildings and of their positive impacts on the city's culture and life in the long run. Despite all efforts, the question of how to protect the history and culture of a city remains prominent.

In recent years, the conservation of historical buildings and their environments has gained much attention from all sectors both at home and abroad. Much research on conservation has been carried out. In June 2011, ICOMOS published the "Approaches for the Conservation of the Twentieth Century Architectural Heritage" (known as the Madrid Document), which addressed that "twentieth century architectural heritage should be treated as living legacies, and the understanding, definition, explanation and management of the heritage are of great importance to our next generation." This document defines rules for the protection and management in intervention of twentieth century architectural heritage. In September 2014, "Technological Code of Conservation and Repair of Excellent Historical Buildings" was issued in Shanghai; in October 2016, China Cultural Relics Academy and Architectural Society of China jointly published the first volume of "Twentieth Century Architectural Heritage in China" and 13 of 98 heritages in the book were from Shanghai.

In order to protect the excellent historical buildings in modern times and to ensure that they have a longer service life and are sufficient for the modern needs, careful and comprehensive design is of key importance. Therefore, it is urgent and crucial to conduct researches on design technologies and skills.

Besides design practice, the Group also organized research on conservation and reuse of the historical buildings. By studying the design practices and academic research, designers improved their expertise and understanding of design.

In the past three years, we selected 26 projects from the ones completed by the Arcplus Group PLC from 2006 to 2017 and published the second volume of "Historical Building Conservation Design". This book is our reverence for the precedent designers and is a demonstration of the development in this field. Moreover, it also presents the technological and academic development in design and the achievements in conservation and utilization of historical buildings during urbanization in Shanghai in the new era.

Only one of the 26 selected cases is in Wuhan, and the others are in Shanghai. For the cases in Shanghai, 24 buildings were built in the early 20th century to 1930s, which was a prime time for modern urban architecture in Shanghai. These buildings were built with different standards, styles, constructive technologies and materials and they served different uses such as banks, commercial buildings, consulates, clubs, churches, hotels, schools, hospitals and industrial buildings. The buildings are rich in architectural, cultural and historical value and are symbolic architectures of their time. Many of the buildings have been serving publicly until now and are living legacies of the city. Some historical buildings have come into life again after protective repair and renovation, and become even more functional than before. Others have been redesigned into public spaces to host social and cultural activities while retaining its historical values.

This book not only contains general descriptions case by case, but also demonstrates the design principles followed by each case with respect for history. The highlights in technology and innovation in each design are also presented.

The principles in protective design, historic preservation, and renovation of all the projects are to maintain the authenticity through value-based assessment, to retain the integrity of the historical appearance and overall environment, to concentrate on comprehensive protection of core elements, to find the most appropriate use of the buildings with the least intervention, and to ensure the design is identifiable and reversible.

Meanwhile, we have established a whole-process supervisory mechanism to ensure that the design principles are strictly followed. By implementing rules and regulations concerning structure, MEP system, fire prevention, green environment and energy saving, the historical buildings become safer, more versatile and comfortable once they are put into use again. The progress in design concepts and technologies make it possible that the historical buildings are well protected and smartly renovated for modern use.

This book is an introduction to the excellent modern historical building. The cases in the book are arranged in accordance with the protection level, from national cultural relics to city-level cultural relics and to excellent historical relics. Each project is identified by the original name of the building. The original designer and the preservation designer are also listed. The publication of this book is a joint effort by Arcplus Group PLC and all the relevant design teams.

On 8th May, 2017, the report of the 11th People's Conference of the CPC Shanghai Municipal Committee envisioned that "we will build Shanghai into a city rich in innovation and culture" and that "architectures are expressive…city should always be warm". As Shanghai develops, historical building conservation has been expanded to the conservation of architectural relics, including vernacular architecture and industrial relics. However, we still have a long way to go to protect and reuse the historical buildings in Shanghai, and we will work relentlessly to protect and use the excellent historical buildings.

Tang Yuen
28, Sep. 2018

目录
CONTENTS

概述

城市历史文化传承是构成国际大城市特色的重要组成部分，保护利用历史建筑的本质是保留城市文化精髓。近年上海各界日益重视对历史建筑的保护，当代社会从新的视角认识历史建筑不可替代的价值，历史建筑本身正对城市文化、当代生活产生长远、积极的影响。保护及合理活化利用历史建筑对保护城市文化具有重要的历史意义。

20世纪90年代以后，上海城市进入快速发展时期，城市交通和人民居住条件等显著提升，城市面貌日新月异。但其中有部分地区经改造后丢失了原有城市风貌特色。近年，新一轮城市更新从"拆改留并举、以拆为主"转向"留改拆并举、以保留保护为主"，走城市有机更新的新路，在改善民生的同时，也要保留城市文化和城市记忆。体现了保护理念的改变和提升。

如何更好地保护利用历史建筑是城市更新中的重大课题，其中，保护利用设计具有纲领性作用，值得拓宽视野，深入研究。

一、历史建筑保护理念的发展

随着时代的进步，人们对建筑遗产保护的认识和研究不断加深，有关保护的理念、技术也不断丰富和发展。21世纪，国际文化遗产保护理念经历了从考古遗址、历史性纪念物的修复保护到城乡建筑、工业遗产及其环境保护等的过程，从强调普世的"文化艺术价值"、"历史价值"到强调文化多样性和活态保护，文化遗产保护的内涵和外延都得以扩展。

2001年联合国教科文组织（UNESCO）通过的《世界文化多样性宣言》认为，文化多样性是人类的共同遗产；2003年通过《保护无形文化遗产公约》，认为无形文化遗产不仅是文化多样性的熔炉，也是可持续发展的保证；2008年国际古迹遗址理事会（ICOMOS）通过《魁北克宣言》，提出捍卫有形和无形遗产，以保存场所精神，强调对文化遗产的活态保护；2011年6月，其下属的20世纪遗产国际科学委员会（ISC20C）公布了《20世纪建筑遗产保护办法的马德里文件（2011）》，强调"20世纪建筑遗产是活的遗产"，为20世纪建筑遗产的干预建立保护与管理准则，这对全球近代建筑保护都有指导意义。

中国文化遗产保护理念在21世纪也有了长足的发展。自1982年开始实施的《中华人民共和国文物保护法》，标志着我国文物保护制度正式创立。该法案至2017年经历了六次修订，扩大了保护对象范围，进一步明确保护内容及文物建筑的活化利用，并强化政府责任，扩大社会参与。

2005年中国古迹遗址保护协会（ICOMOS China）通过了《关于历史建筑、古遗址和历史地区周边环境保护的西安宣言》，将文化遗产保护的范围扩大到遗产周边环境。2015年该协会发布《中国文物古迹保护准则》修订版，更深刻地反映了中国文化遗产保护在文化多样性背景下与国际文化遗产保护普遍性原则的关系。《准则》修订版增加了对遗产所具有的社会价值和文化价值的表述，丰富了价值构成和内涵；在继续坚持不改变原状、最低限度干预、使用恰当的保护技术等基本原则的同时，进一步强调真实性、完整性、保护文化传统等保护原则；并专辟章节阐述文化遗产的活态保护。

针对20世纪建筑遗产作为活的遗产的理念，也已展开工作。2014年由中国文物学会、中国建筑学会组建的中国文物学会20世纪建筑遗产委员会，以国际化视野和标准，在2016年评选出第一批共计98个中国20世纪建筑遗产项目，2016年10月，中国文物学会、中国建筑学会发布并正式出版《中国20世纪建筑遗产名录》第一卷；2017年、2018年分别评选出第二批、第三批，上海共有21项入选。

随着上海地区历史建筑保护与城市更新理念的进步，上海逐步完善在该领域的政策法规和管理机制，加强保护意识，扩大范围。上海地区许多历史建筑保护利用得到社会认可。

2019年10月，上海市共有全国重点文物保护单位40处、市级文物保护单位238处，区级文物保护单位423处，文物保护点2745处，共计不可移动文物3435处。中国历史文化名镇11座、名村2座，国家历史文化街区1处。

自1989年至2015年，上海共计公布了五批1058处市级优秀历史建筑。2003年1月正式施行《上海市历史文化风貌区和优秀历史建筑保护条例》，划定了中心城12片、郊区32片共44片覆盖41km²的历史文化风貌区，初步构建了历史风貌保护管理体系。2007年，上海市人民政府批准的《历史文化风貌区保护规划》确定了中心城风貌区内特色明显的一、二、三、四类风貌保护道路（街巷）共计144条，其中64条一类保护道路永不拓宽。2016、2017年，上海市历史文化风貌区范围扩大，新增共250处风貌保护街坊和23条风貌保护道路（街巷）。上述公示的各类保护名录成为进行城市更新保护利用的重要前提。

1991年发布的《上海市优秀近代建筑保护管理办法》确立了由市文管会、市房屋土地管理局、市城市规划管理局三部门共同管理的保护管理制度架构体系。

1988年10月，上海市恢复了"文物管理委员会"机构，下设地面文物管理处负责各级文物保护建筑保护利用工程的方案审批及验收工作；2009年6月，上海市成立文物局；2010年9月，原"地面文物管理处"更名为"文物处"。该处及相关专家组积极指导、帮助、督察上海各级文物保护建筑的保护工程设计与施工及城市风貌保护区等的保护工作，取得显著成果。

2003年，市规划局成立城市景观与城市雕塑管理处；2008年，随着政府机构改革，规划局改为规土局，设历史风貌处；2018年11月，调整后的上海市规划和自然资源局下设风貌管理处，承担历史文化风貌区范围和保护建筑建控范围内建设工程项目的规划土地管理工作。

2010年，上海市房管系统成立"上海市历史建筑保护事务中心"，作为房管系统历史建筑保护主管部门，负责历史建筑的保护管理、审批和执法，进一步完善上海市历史建筑保护管理机制，加强修缮项目的监管及竣工备案等，逐步建立起历史建筑保护的完整档案。

按照国家文物局发布的有关规定，市文物局自2009年7月开始举办"上海市文物保护工程执业资格培训班"，分批对相关设计人员和施工技术人员进行集中数天的培训，核发个人资格证书，有力地促进了上海市文物建筑保护工程设计工作的规范化，提高相应设计和施工质量，使上海市在近代文物建筑的保护设计、施工等方面走到全国前列。

随着优秀历史建筑修缮工作的不断推进，对保护修缮技术的要求也逐步提高。为适应当前上海市优秀历史建筑修缮工作的发展，提高修缮技术规程的有效性和针对性，有效保护建筑的历史价值，维护建筑安全，2014年上海修订发布《优秀历史建筑保护修缮技术规程》。此外，还对历史建筑保护设计和施工队伍进行培训和考评，推动历史建筑保护过程，提升工程质量和水平。

经过近20年的努力，上海在城市历史风貌和近代建筑保护规范化管理、设计、施工方面成果颇丰。保护历史风貌、延续历史建筑的生命周期是历史建筑保护利用的根本目的，通过真实全面地保存其承载的历史信息及全部价值，保存历史风貌特征，延续城市文脉。

自20世纪50年代起，当时的上海民用建筑设计院和华东建筑设计院已陆续承担上海市具有重要历史、文化价值的历史建筑的保护修缮设计，在历史建筑得以保护利用的同时，其设计理念、原则及技术本身也具有重要的科学技术价值。

1998年，两家单位组成现代设计集团后，继续进行保护历史建筑的设计工作，并进行相关课题研究。2009年10月，我们从集团下属华东建筑设计研究院、上海建筑设计研究院自20世纪50年代至2002年所做的百余项历史建筑保护修缮设计中，精选20项保护设计技术资料，编辑出版了《共同的遗产》，这是两院前辈忠实于历史真实、严谨进行复原和修缮设计的设计思想与技术成果总结，也反映了20世纪下半叶，上海保护利用历史建筑的历程。《共同的遗产》一书的出版得到业界一致好评，为集团在历史建筑保护方面做进一步的技术及理论积累打下了基础。

2009年至今，集团及分子公司持续承担了大量类型多样的历史建筑保护利用工程设计，保护设计理念统一，保护技术和理论得到发展和进步。本次选择了以上海地区为主的，具有一定社会影响力的26项近代历史建筑保护设计项目编著《共同的遗产2》，是对本阶段保护设计技术的学术总结，传承前辈学术精神；记录新时期城市更新中集团在上海历史建筑保护利用方面的业绩，体现上海近年保护利用近代建筑的新成就。

本书旨在着重表达尊重历史、以真实性与完整性为首的保护设计原则在每个项目从设计到施工阶段的全过程的贯彻；着重阐述完整保护重点保护部位的技术要素；强调科学合理地确定再利用功能的重要性；保护设计中如何执行可识别性、可逆性、最小干预等原则；以及针对每个项目量身定制的保护设计的技术特点、创新成果。

为适应新时期城市更新对保护利用历史建筑的新需求，保护设计需与时俱进，建立全面科学的系统化设计体系，涵盖各相关专业在项目全过程中的工作，不仅严格执行前述设计原则，还需执行有关结构安全、消防、生态节能等各相关规定、标准、规范，切实提升历史建筑在可持续利用中的安全性、适用性、舒适性。通过保护工程项目达到了自身延年益寿、激活城市生活的目标。

本书将对历史建筑保护与设计技术的传承及当代更好地可持续利用产生积极意义，为创建有温度的城市空间、留住城市记忆、构建城市特色贡献一份力量。

二、真实性是保护设计的首要原则

真实性原则是历史建筑保护利用工程从策划、设计到施工全过程中必须遵循的最重要的原则，也是保护利用设计的首要原则。

1.基于真实性原则的历史沿革调研

关于建造及使用的历史沿革调研是历史建筑保护设计的前提条件。尊重历史，遵循"真实性"原则是历史沿革调研的首要原则，其主要内容包括历史建筑的设计资料、建造情况、使用变迁、历年改扩建情况、建筑相关人文历史等。基于"真实性"的历史沿革调研为历史建筑保护设计打下坚实的基础，为选择最合理的保护、复原利用设计方案提供可靠的依据。

沙逊大厦在20世纪50年代后，底层富有特色的2层高"丰"字形商店廊被分段阻隔，中央的"八角中庭"内被搭建了钢筋混凝土夹层及楼梯，作商场用。本次修缮依据初始设计图纸、历史照片等历史资料，本着真实性原则，拆除中央"八角中庭"后期搭建的夹层；按原有形式、原有工艺、原有材质补齐缺失的雕塑件；更新八角天窗，复原八角大厅，使其成为酒店高贵华丽的大堂，重现辉煌。同时，也恢复了贯通底层的"丰"字形商店廊，提升了酒店的品位与特色（详见本书第2项）。

历史资料表明，1910年上海总会（东风饭店）初建时，东立面主入口无雨篷，至1916年出现钢构架玻璃大雨篷，该雨篷在20世纪80年代曾经被改造，结构形式及尺度有所变化，但仍保留了大部分原有构件。本次修缮方案确定基本恢复1916年大雨篷历史形式，优先保留利用原结构中刻有品牌字样的历史构件，根据现有外滩人行道高度抬升的实际情况适当提升雨篷斜度即外沿底面标高，采用透明安全玻璃等，使这独特的玻璃大雨篷重现往昔的空灵和轻盈（详见本书第1项）。

2.价值评估中的真实性原则

历史建筑的价值评估是保护设计成功的关键，对历史建筑价值充分的评估可以提升历史建筑在城市中的地位，有利于激发历史建筑融入社会的活化利用。

"真实性"是价值评估最根本的原则和前提。"奈良真实性文件"指出，保护各种形式和各历史时期的文化遗产是因为其遗产价值，必须在遗产的文化脉络中对其进行价值评估，依照每个文化内部的遗产价值特殊性、信息来源的真实性来达成共识。"真实性包括遗产的形式和设计、材料与实质、利用与作用、传统与技术、位置与环境、精神与感受；……有关'真实性'详实信息的获得和利用，需要充分地了解某项具体文化遗产独特的艺术、历史、社会和科学层面的价值"。

四行仓库是1937年淞沪抗战遗址，其西墙是保卫战中战斗最激烈、受损最严重的部位，是该建筑最重要的历史价值所在。面对现状整片粉刷墙面，设计采用多种技术方法探查西墙抗战时炮弹洞口遗迹。通过红外热成像仪无损勘察、摄影测量技术分析历史照片，结合现状勘测比对，发现原墙体为红砖砌筑，1937年战后曾用青砖封堵炮弹洞口，后作内外粉刷，青红砖砌筑边界基本反映了当时的墙体洞口情况，从而留存了极其重要的历史信息。在本次修缮中以准确定位、长期安全为原则，部分展示位于钢筋混凝土梁或柱边的易于在周边进行加固的炮弹洞口及暴露的钢筋混凝土梁柱以及砖墙，在确保建筑及西墙墙体安全的前提下，力求真实还原历史（详见本书第12项）。

3.以真实性为依据的建筑检测与分析

历史建筑的检测及现状分析是历史建筑保护设计最为重要的现实依据，与历史沿革调研互为补充。历史建筑历经变迁，因种种原因，历史资料的收集往往较为困难，此时，检测及现状分析尤为重要。如历年改扩建情况，以现代化的检测和分析技术，可厘清历史层叠痕迹，利于选择合适的保护设计方案。该技术还可分析研究特殊的材料配比和施工工艺，确保保护修缮的真实、合理。

江西中路、九江路圣三一堂结构曾被加建一层楼板并损毁了③轴处的拱券；教堂钟楼内部曾被加建三层楼板，尖顶被破坏。修缮时通过激光检测逐步拆除楼板，恢复了拱券；通过计算机3D技术建模与老照片对比，确定尖塔高度，用钢结构搭建尖顶结构，用花岗岩、红砖饰面砌筑尖塔外貌，使之重获新生（详见本书第10项）。

4.历史信息分析以真实性为先决条件

历史建筑的真实性不仅表现在直观的建筑形式，同时也是历史信息的物化载体。历史建筑保护应以尊重原始材料和确凿文献为依据，只要历史建筑呈原状存在，人们就可以不断发现其新的价值。历史建筑信息的积累是持续叠加或演变的过程，从始建状态到使用过程与历代修缮和保护工程所附加的重要信息，都需收集、分析、研究。演变过程本身也是历史，也应得到尊重。

新新公司大楼修缮前塔楼顶部已不存，研究是否应恢复时，对历史资料进行了细致的考证，查得1951年2月18日，塔楼顶部塌落，险些酿成惨祸，当年拆除了塔楼上层。本次保护设计尊重历史真实性，研究后决定不再修复塔楼上层，仅保护修缮现存的塔楼两层构架（详见本书第9项）。

怡和洋行大楼面向外滩的东立面主入口上部的门楣石雕因20世纪60年代受损而残缺不全。设计经对历史照片分析及三维数据整理还原，确定了原石雕图案的原型和尺寸，澄清了对该石雕图案的误传，因其被损也是一段历史见证，故本次设计保留该门楣石雕残缺受损的历史信息、维持原样未作复原处理（详见本书第3项）。

法国球场总会外墙原面层为深色鹅卵石饰面，修缮前墙面已被多次涂刷米黄色涂料，厚重的表层涂料已弱化了原鹅卵石墙面的凹凸质感。现场勘察在内天井发现早期残存未刷涂料的深色鹅卵石墙面，基于恢复原建筑风貌的原则，首先确定复原保护鹅卵石饰面的做法。经过十余次工艺试样及专家论证，最终采用取下卵石、经清洗、按照原工艺重新作饰面的施工方案，最终重现了极具当时特色的深色卵石外墙原貌（详见本书第20项）。

三、保护为先、合理利用的系统性设计

1.遵循"完整性"原则，保护总体环境、重要立面，恢复历史风貌

任何历史遗存均与其周围环境同时存在。《国际古迹保护与修复宪章》（威尼斯宪章）中明确提出："古迹的保护意味着对一定范围环境的保护……古迹不能与其所见证的历史和其产生的环境分离"。保护历史建筑的总体环境和完整保护各重要立面是完整真实呈现其历史风貌、体现其历史文化价值的重要设计内容。

从历史图纸与20世纪50年代历史照片分析，格林邮船大楼东入口原有半室外的门廊，本次修缮前，该门廊空间被封堵，且由于外滩人行道标高逐年升高，入口处爱奥尼柱柱础已埋入地坪中。本次保护设计按照历史图纸打开入口门廊，通过外移人行道台阶得以完整复原原入口立柱和柱础，复原门斗及金属转门，并结合室内空间设计提升了入口空间品质（详见本书第4项）。

四行仓库保护修缮前周边环境品质较差，建筑西侧原堆栈处充斥搭建的单层、多层简易用房，影响文物建筑风貌。本次保护设计清理拆除了西墙外侧的后期搭建，开辟城市空间，形成纪念广场，完整展示复原至1937年10月淞沪抗战后受损的西墙，成为抗战遗址地，呈现庄重的纪念地环境（详见本书第12项）。

2.精心保护和复原各重点保护部位

历史建筑的内外各重点保护部位是建筑的精华所在，也是集中体现其历史文化价值的核心部分。精心保护、修缮其现存较完整的各重点保护部位，及以确凿史料为依据、恢复重要历史特色空间与装饰，是保护修缮设计的重点之一。

东风饭店保护设计的重点之一是"长吧"的复原。位于东风饭店底层大堂东南侧的"长吧"长达110英尺（约33.528m），建成后一直享有盛誉。1989年肯德基快餐店进驻该空间后，曾进行改造，原有装饰已荡然无存。本次修缮以历史图片为重要考证依据，结合现存数据，先做吧台足尺大样，后仿制、复原"长吧"。同时恢复"长吧"的室内空间布局与装饰特色。复原的"长吧"以其特有的英国风格阐述着这栋建筑的艺术文化价值。本次复原设计创造性地将空调管线结合家具设计，通过

英式靠墙酒柜背后的管井和花饰风口向"长吧"均匀送回风，巧妙地执行了隐蔽性、最小干预原则，营造了舒适的环境（详见本书第1项）。

怡和洋行新楼（益丰洋行）原有的山花、老虎窗以及外墙线脚等清水红砖的砌筑工艺精美、富有韵律感。历年使用过程中，原折坡屋面已被改为简易的双坡屋面；多数老虎窗、烟囱等已不存，仅存部分西立面砖砌烟囱；北立面上原有砌筑精美的山花则被覆盖为三角形抹灰墙面。通过对原有照片、图纸的矢量化还原、多方案比选及大比例实体模型推敲，最终确定尊重还原其历史风貌特色。此大楼复原修缮后已成为北京东路近外滩段的富有近代历史文化魅力的街景（详见本书第15项）。

3.保护设计贯穿全过程

因前期勘查时条件所限，设计所需了解的部分信息收集不足，历史建筑保护设计强调施工开展后继续进行必要的补勘、调查，当发现新的值得保护的部位时，需及时修改设计和详图，从而对该重要部位进行妥善保护、利用和展示，尽可能地提升保护的完整性。

八仙桥基督教青年会在施工期间发现二层总台休息厅平顶和原业主办公室平顶内尚留有原历史彩绘，与原大堂彩绘的形式风格不同，其保存基本完整，图案精美，具有较高的文化价值和历史意义，遂即被列入重点保护内容，及时修改设计，得以保护、展示其多样化的平顶彩绘特色（详见本书第8项）。

都城饭店保护修缮设计在完整保留优雅精致的原一层紫来厅历史空间的同时，经现场施工拆除后发现有原残留的历史石膏吊顶，经历史图片比对分析和残存实物翻样复制等，结合吊顶机电布置，完整还原了该重要空间中图案精美的历史吊顶（详见本书第18项）。

4.强调合理利用

历史建筑的当代利用应以保护为前提，按不同保护等级慎重选用合适的新功能。力求其空间格局、使用人数、设备荷载等方面与原使用功能相近，并设计合理的流线，提高品质，以适应当代使用。

中共二大会址纪念馆设计精心保护两处原址，改造相邻两排普通石库门住宅内部空间以满足现代展陈所要求的纪念馆空间，合理组织展陈及流线，巧妙组合原址保护与纪念馆其他部分（详见本书第7项）。

上海总会、沙逊大楼、八仙桥基督教青年会、都城饭店基本延续原使用的酒店功能，在保留原特色空间格局的基础上，适当减少客房套数，优化调整客房布置，在维持酒店客房层历史基本平面布局的基础上，提升客房使用舒适度（详见本书第1、2、8、18项）。

仁济医院延续原医院使用功能，在保护设计中，遵照病区分明、清污分流、医患分区的原则进行平面布局，对原楼电梯进行流线梳理。重新合理划分职能空间后，老楼的交通系统更符合了现代医疗功能的需要，改善了原来人、物不分，清、污不分的情况（详见本书第16项）。

5.保护设计的系统性

历史建筑的保护利用设计同时是一项系统工程。为提升历史建筑保护和可持续利用水准，系统性需从策划阶段开始。保护设计只有各专业通力合作，才能在确保建筑安全性的基础上系统提升各方面的性能和品质，融入当代生活，利于可持续利用。

当在历史建筑相邻位置扩建新楼时，新老建筑关系是历史建筑保护设计的重要问题。在保护总体风貌、建筑特色立面的前提下，根据不同保护等级和不同环境条件，保护设计可以是立面协调并具可识别性；也可共存对话；新增构筑物具可逆性。同时，为确保历史建筑结构体系的安全性，防止变形影响，新建筑的结构设计尤需先进、慎重而可靠，并采用先进的监测、加固等技术，基础与历史建筑基础脱开，并作严格的围护设计及技术措施（见本书第2、3、23、25项）。

历史建筑为适应当代使用的活态保护，需保护与利用兼顾，在全面提升性能的设计过程中，应遵循保护为先、最小干预原则，是涵盖各专业设计的系统工程。除建筑专业的保护设计外，结构专业提升抗震性能等建筑安全性设计；各机电专业更新设备系统、提升舒适性设计；提升建筑的消防、节能、防渗漏、避雷等安全性设计等。其重点在设备用房与设施的添加、更新等。增设用房合理布局、设备设施优先选用小型、隐蔽、节能、安全、高效设备，根据空间特性采用灵活、有效的方式，同时需执行最小干预原则，避免破坏重点保护区域（见本书第1、3、4、13、22、24项）。

保护修缮设计是针对每栋历史建筑的具体情况量身定制的，为遵循真实性和最小干预等原则，建筑各重点保护部位的保护修缮应优先采用原材料、原工艺，以呈现原有的文化艺术价值、历史价值和科技价值。谨慎地采用新材料、新工艺，必要时需具有可逆性；结构的针对性加固和机电设备的更新利用设计均需安全可靠（见本书第1、18、19、24项）。

新时期中，我国的城市更新是快速发展的重要组成部分，随着思想理念、科研、法规和材料、科技等的进步，历史建筑的保护利用设计将会有更多样的阐述既坚守保护的前提原则又丰富当代活化利用的成功案例和课题研究成果，城市更新与历史建筑保护利用的路将越走越宽。

本文为华建集团科研课题"14-1类-0024-建"，课题报告的2019年7月修订版。

Overview

A city's historicaland cultural heritage is integral to the identity of international metropolis. The nature of conservation and planning for historic architecture is to preserve the essence of urban culture. Historic buildings themselves have a long-term and positive impact on urban culture and contemporary life.

How to better preserve historic architecture is a major issue in urban regeneration. Among others, design approaches focusing on protection and useplay a programmatic role, which is worthwhile to broaden its horizons and receive in-depth research.

Part One: Developments in Historic Architecture Conservation

Progressively, our understanding and research on the preservation of architectural heritage has been deepened, and related concepts and technologies have been continuously enriched and developed. In the 21st century, the development ofthe conservation of international cultural heritage has gone through the stagesfromconservation and restoration of archaeological sites to preservation of urban and rural architecture, industrial heritage and their surroundings. In 2008, the International Council of Monuments and Sites (ICOMOS) adopted the "Québec Declaration" to emphasizeliving heritageconservation.In June 2011, its sub-committee,the International Scientific Committee on Twentieth Century Heritage (ISC20C) releasedthe "Approaches for the Conservation of Twentieth-century Architectural Heritage, Madrid Document 2011"to develop guidelines thatsupport the conservation and management of the 20th century architectural heritage, which is instrumental to the conservation of modern architecture globally.

The notion of cultural heritage conservation in China has evolved considerably in the 21st century. The implementation of the "Cultural Relics Protection Law of the People's Republic of China"introduced in 1982marks the official establishment of the cultural relics preservation system in China. By the end of 2017, it has undergone six revisions to further clarify the content of protection and the activation and utilization ofheritage architecture.

In 2005, ICOMOS China released a revised edition of the "Principles for the Conservation of Heritage Sites in China" to reflect the connection between the practice of cultural heritage conservation in China and the general principle of cultural heritage conservation internationally, further emphasizing the principles such as authenticity, integrity and preservation of cultural traditions whileconcerned withliving heritage preservation.

In 2014, the China Cultural Relics Academyand the Architectural Society of China established the 20th Century Architectural Heritage Committee of the China Cultural Relics Society. Based on international vision and standards, the first, second and third batches of China's 20th century architectural heritage, 298 sites and places in total, were selected in 2016, 2017 and 2018 respectively,of which21 are located in Shanghai.

With increasing awareness in historic architecture preservation and urban regeneration in Shanghai, the city has gradually improved its policies, regulations and management mechanisms in the field, and its achievement in theprotection and use of historic buildings has been recognized by the public.

At present, in Shanghai, there are 29 major historic and cultural sitesprotected at the national level, 238 cultural relic units protected at the municipal level, 423 cultural relicunits protected at the district level and 2745 cultural heritage sites, amounting to a total of 3435 sites of immovable relics. In addition,there are 11 nationalfamous historic and cultural towns,2 villages and 1 street.

From 1989 to 2015, Shanghai announced five batches of 1,058 municipal-level outstanding historic buildings. In January 2003, the "Regulations of Shanghai Municipality on the Protection of the Areas with Historic Cultural Features and the Outstanding Historic Buildings" was officially implemented, singling out44 historic and cultural districts, of which 12 are located in thecity center and 32 in the suburbs. In 2007, the "Historic and Cultural AreasConservation Plan" approved by the Shanghai Municipal People's Government identified 144 roads (streets and lanes) in the city center to be protected. In 2016 and 2017, the scope of Shanghai's historic and cultural features has expanded. The aforementioned lists have become an important prerequisite for the preservation and utilization in part of urban regeneration.

Released in 1991, the "Regulations for the Preservation and Management of Shanghai'sOutstanding Modern Architectural Heritage" establishes a collaborative preservationand management system jointly administered by the Shanghai Cultural Relic Management Committee, the Municipal Housing and Land Administration Bureau and the MunicipalPlanning Bureau.

In October 1988, Shanghai resumed the "Cultural Relics Management Committee", under whichtheOn-ground Cultural Relics Management Office was established. In June 2009, Shanghai founded the Municipal Administration of Cultural Heritage. In September 2010, it was renamed the "Heritage Office", to supervise the design and construction of preservation projects for cultural heritage sites and places at all levels in Shanghai. It has achieved significant results.

In 2003, the Municipal Planning Bureau established the Urban Landscape and Urban Sculpture Management Office; in 2008, the Planning Bureau was restructured and became the Bureau of Land and Resources, and the Historic and Cultural Sites Preservation Office was established; in November 2018, the Shanghai Municipal Planning and Natural Resources Bureau set up the Cultural Sites Management Office to be in charge of the planning and land management of construction projectstaking placewithin theidentified historic and cultural areas and development control area ofprotected buildings.

In 2010, the Shanghai Housing Management System established the "Centre for the Preservation of Historic Architecturein Shanghai", mainly responsible for the management of outstanding historic architecturepreservation, design approval and enforcement of regulations, strengthening the supervision during the construction and archival work upon completionin order to gradually establish a complete archive of historic building conservation.

After nearly 20 years of effort, Shanghai has made great achievements in the standardized management of modern architecture preservation. Through factual and comprehensive preservation of its historical information and overall values, withproper measure of use, it is to preserve the historic features and continue the urban legacy.

Since the 1950s, the Shanghai Civil Architectural Design Institute and the East China Architectural Design& Research Institute have successively undertaken preservation projects and restoration of buildings in Shanghai withsignificant historic value. The design concept, principles and technology itself also have important scientific and technological value.

In 1998, the two institutesfederated and became the Shanghai Xian Dai Architectural Design Group, which continues the design practiceof historic architecture preservation. In October 2009, we selected 20 projects of preservation design by the subordinate institutesfrom the past 50 years along withrelated technical materialsand compiled this publication "CommonLegacy" to document the design concepts and technical achievements of rigorous restoration and repair, meanwhile to reflect the history of Shanghai's effort in preservation and utilization of historic buildings in the second half of the 20th century.

Since 2009, the Group and the subsidiary companies have continued to undertake a large number of preservationprojects ofhistoric architecture, in which relateddesign concepts, technologies and theorieshave made progress. This time, 26 preservation projects of modern historic buildingswith substantial social impactsare selected to form the publication "CommonLegacy 2", which summarizes the preservationapproaches at present—inheriting the professional spirit of the predecessors, documenting the new era and the Group's achievement in protection and use of historic buildings in Shanghai and reflecting Shanghai's new achievements in protection and use of modern buildings in recent years.

This publication aims to addresshow the preservationprinciples that arerooted inthe respect for history, authenticity and integrity has manifested in the overall process of each project; to introduce the technical features of comprehensive preservation measureapplied oncharacter-defining elements; to emphasize the importance of scientifically and rationally determining the purposes in terms of adaptive reuse; and to amplify the technical features and innovative achievements of preservation approaches that are tailored to each project.

In order to adapt to the new needs of urban regenerationin terms of protection and use of historic buildings in the new era, preservationapproaches need to keep pace with its present time by establishing a comprehensive and scientific design system that encompasses all relevant professional fields. Not only is to strictly implement the aforementioned design principles, but toreinforcerelevant regulations onstructuralsafety, fire control, ecological energy conservation and so on, as a way to effectively enhance the level of safety, applicability and comfort of historic buildings in the framework of sustainable reuse, and to ultimately achieve the goal of extending service life of building itself and activating urban life.

Part Two: Authenticity as the UltimatePrinciple of Preservation

Authenticity is the foremost principlethat must be followed in the entire process of preserving historic buildings from planning, design to construction, which is also the fundamental principle of choosingpreservation approach.

1.Historical research based on the principle of authenticity

Research on the history of construction and use of the building provides a reliable basis for the design of preservation work. Respecting the "authenticity" of history is the primary principle of historical research.

In the 2nd project of the book, the "Sassoon House",the later-added mezzanine in the center of the "octagonal shaped atrium" was removedduring rehabilitation, and the octagonal-shaped great hall was restored as a whole. In addition, thetwo-level arcade on the ground floorin the shape of Chinese character "丰"was re-connected to improve the quality and characteristics of the hotel.

2. Principle of authenticity in value assessment

Value assessment of historic buildings is the key to the success of preservation project. Profound understanding of the value of historic buildings can elevate their position in the city and help to stimulate dynamic use that activatesits integration into society.

"Authenticity" is the foremost principle and premise of value assessment.

In the 12thproject of the book, the west wall of the Sihang (Four Banks) Warehouseis the most intense and most damaged part of the anti-Japanese battle in Shanghai in October 1937, which in turn lies the most important historical value of the building. The design of the project is based on precisepositioning and long-term safety, exposing some of the shell holes left from the battleand striving to restore the historical moment.

3. Authenticity-based building inspection and analysis

The inspection and analysis of existing condition of historic buildings is an important practical basis for designingpreservation project of historic buildings, complementing the historical research. With modern technology of inspection and analysis, it can clarify the traces of historical layering and facilitate the selection of appropriatepreservation approach. It can also analyze and study specific material ratios and construction techniques to ensure the authenticity and appropriateness of the preservation approach.

In the 10th project of the book, restoration of the Holy Trinity Cathedral located at Jiangxi Road and Jiujiang Road involved the removal of later-added slabs through laser inspection to recover the damaged arch vouchers.

4. Authenticity-based analysis of historical information

Preservation of historic building should be based on the respect for original materials and concrete archival documents. If historic buildings are in their original condition, people can continue to discover their new value. Initialcondition of historic building upon its completion,duration of useandvaluable information accumulated from iterations of renovation and preservation work, are all subject to research and analysis.

In the 9th project of the book,the Sun Sun Department Store, it was discovered that the top of the tower collapsed on Febuary 18th 1951 and subsequently the upper level of the tower was demolished in the same year. This preservation approach decides to respect the historical authenticity by no longer restoring the upper level of the tower butrehabilitating the existing two-story structure of the tower.

In the 20thproject of the book, the "Cercle Sportif Francais", through site survey, unpainted original dark-pebble wall survived from its early days was discovered in the inner courtyard. With the help of original techniques, the surface was re-treated and eventuallythe dark-pebble wallwas restored tothe original appearance of its time.

Part Three: Systematic design with preservation first followed by appropriate use

1.Follow the principle of"integrity"to preserve overall environment and important facadesand to restore historic features

allheritage placesco-exist withtheir surroundings. Preservation of overall environment of historic buildingsand showcase of their historic features in an intact and realistic manner is an essential agenda in project design.

In the 12th project of the book, preservation of the Sihang (Four Banks) Warehouse includes removal of the later-added structures outside of the west wall and transforming the site into a memorial plaza. It is to showcase the west wall in its full view with damages left by the War of Resistance against Japanwhich becomes the site to commemorate the war.

2.Careful preservation and restoration of character-defining elements

Interior and exterior character-defining elements of historic buildingsembody the essence of historical and cultural values. Preserving and restoringexisting character-defining elements and recoveringhistoric state of important spatial organization and decoration based on concrete historical evidence is one of the emphasesin designing preservation work.

In the 1st project of the book, restoration of the "long bar"at the southeast side of the lobby of the Shanghai Club (Dongfeng Hotel)is based on historical photos and full-scale model to restore the long bar, spatial organization and decoration features.

In the 15th project of the book, Jardine Matheson's new building (Yifeng Galleria), the original sloping roof, gable windows and exquisite pediments had been altered over the years. The preservation work rigorously restored the sloping roof and pediments to recover the historic features of the building,whichrepresents a streetscape with historical and cultural charm of modern times.

3.Preservation throughout the entire process

Due to limited conditions in early surveys, some of the collected information is insufficient. Thepreservation approachaddresses that it is necessary to conduct additional survey and research alongside the constructionto ensure the newly discovered parts worthy of protection can be preserved or displayed in time to improve the integrity of preservation work.

In the 18th project of the book,the Metropole Hotel, remaining parts of the exquisite original gypsum ceiling was revealed after the suspended ceiling has been removed in the banquet hall on the first floor during the construction. By means of replication from existing pieces, the historic decorative ceiling was completely reproduced in this important space of the building.

4.Emphasis on appropriate use

Contemporary use of historic buildings should be based on preservation, carefully selecting appropriate new functions according to thedesignated level of protection. Striving to make aspects including spatial organization and structural load similar to the original function and design an appropriatecirculation to improve quality and adapt to contemporary use.

In the 1st, 2nd, 8th and 18th projects of the book, namely the Shanghai Club, the Sassoon House, the Baxianqiao YMCA Building and the Metropole Hotel,the original function of hotel was mostly remained. Based on the preservation of original spatialorganization, the number of rooms is appropriately reduced and the interior arrangement is optimized toimprove the comfort of the room.

In the 16th project of the book, Renji Hospital, the rehabilitation approach is designed to reorganize the space based on practical needs by following principles such as separation of doctor- and patient- areas as well as sanitized and unsanitized areas, which is more in line with the needs of modern medical functions.

5.Systematic design approach

The design of protection and use of historic buildings is a systematic project. Systematic design begins with the planning phase. Only through cooperation of various professions can we systematically improve the quality of all aspects of the buildings and integrate them into contemporary life on the basis of ensuring their safety.

When expanding a new building adjacent to a historic building, structural design needs to be advanced, prudent and reliable to ensure the historic building is structurally safe.According to the designated level of protection and conditionsof the surroundings, the relationship between the old and new buildings can be achieved through mediating respective façades while keeping each recognizable or forminga dialogue through juxtaposition. The new structures should be reversible.

Living heritage preservation requires attention to both protection and use.To comprehensively improve the performance of preservation approach, it should follow the principle of preservation first andminimizing intervention, which is a systematic work that requires contributions from all involved professionsin its design.

The design of preservation and restoration is tailored to specific conditions of each historic building. Conservation and repair of each character-defining element should give priority to the use of original materials and original techniques to represent its original historical, cultural and artistic value as well as its scientific and technological value. Carefully adopt new materials and new processeswhile ensure reversibility if necessary.

This article is an overview of the research report of the Arcplus's Research Project "14-1类-0024-建".

1-1 保护修缮后的东风饭店，陈伯熔摄，2013

01 上海总会 Shanghai Club

原名称：上海总会

曾用名：海员俱乐部、东风饭店

现名称：华尔道夫酒店

原设计人：致和洋行 B.H.塔兰特和A.G.布雷
（Messrs Tarrant & Morriss）

建造时期：1909年设计，1910年建成

地　　址：上海市中山东一路2号

保护级别：全国重点文物保护单位
　　　　　上海市优秀历史建筑

保护建设单位：上海新联谊大厦有限公司

保护设计单位：上海建筑设计研究院有限公司

保护设计日期：2008-2010年

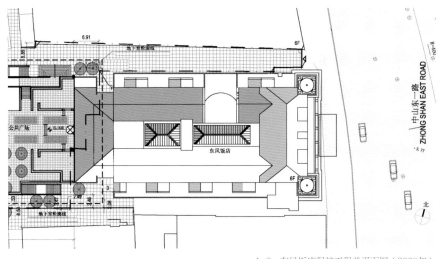

1-2 东风饭店保护工程总平面图（2009年）

一、历史沿革

上海总会是旅沪英侨俱乐部，也是上海最早的外侨俱乐部。1863年始破土动工建造三层楼外廊式的俱乐部大楼（旧厦），1864年正式建成。清代宣统元年（1909年）被拆除，原址上重建新楼。

新楼由致和洋行的塔兰特（B. H. Tarrant）设计。塔兰特病故后，由布雷（A. G. Bray）继续设计。该楼由英商怡和洋行、卜内门洋碱公司、汇丰银行、英商电车公司和正广和汽水厂联合投资建造，英商聚兴营造厂施工。新楼于1909年奠基，1910年完工，作为俱乐部使用，是当时上海著名的交际活动场所。

1949年，人民政府接管大楼，先后曾为中国百货公司华东采购站和上海百货公司采购站。1956年，改为上海海员俱乐部。1971年，上海总会大楼更名为"东风饭店"［属上海新亚（集团）联营公司］，1998年后空置。

1989年，上海总会（东风饭店）被公布为上海市文物保护单位、上海市第一批优秀历史建筑。1996年，外滩建筑群被公布为全国重点文物保护单位，上海总会是其中重要的、有代表性的建筑。

二、建筑概况

上海总会总用地面积2324m²，原总建筑面积约10208m²，本次保护修缮后总建筑面积9412.7m²，是一幢檐口高度23.7m，地上6层的钢梁柱及砖混结构建筑。大楼为多功能高端公共活动俱乐部建筑，是上海最早的俱乐部建筑之一。

进厅位于地下室层[1]；底层为二层高、带弧形天窗的大厅，精致华贵，四周原有长酒吧、骨牌室、阅报室等；一层回廊东为大宴会厅，其余为餐厅、图书室、桌球室等；二、三层是客房。1971年后，底层、一层均为餐厅、二、三层仍为客房。

大楼至2007年基本保持了原有的历史风貌、整体轮廓、立面细部等，基本维持原有空间格局和主要空间的装饰细部等特征，并延用原有结构体系。

建筑南北立面有渗水、风化问题；原有门、窗及内装修均有不同程度的老化损坏；地下室层长期处于积水或潮湿的环境中；底层东侧原酒吧因作为肯德基快餐店后装修被严重破坏，空置后大厅内双柱廊等装修因曾做过影视剧布景而被改变面材；大楼后勤用房不足，设备设施陈旧。2010年保护、修缮、整治、更新工程完成后，大楼成为上海外滩华尔道夫酒店的高端接待部分。

1-3 外滩街景历史照片 Social Shanghai，V.14，P.9（1911年）

1-4 大厅历史照片 Social Shanghai，V.10，P.351（1911年）

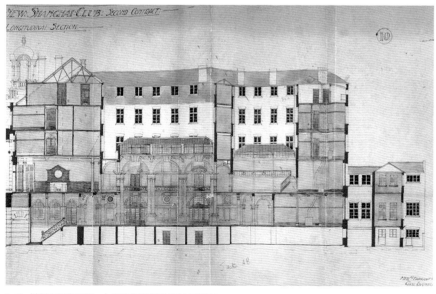

1-5 纵剖面历史图纸，上海城建档案馆（约1909年）

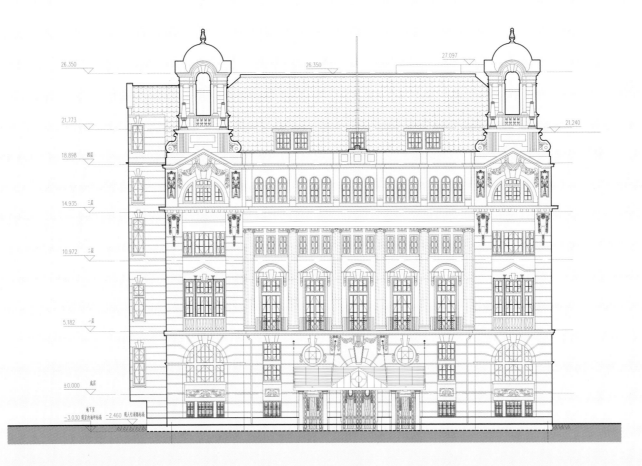

1-6 东立面图

1-7 建筑正立面，许一凡摄，2017

1-8 东立面巴洛克装饰特色的塔楼及窗间雕饰细部，陈伯熔摄，2013

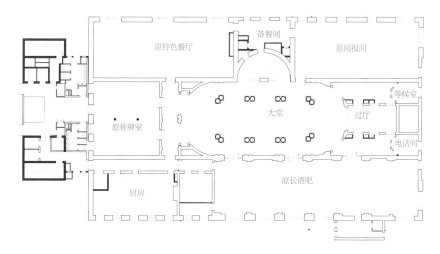

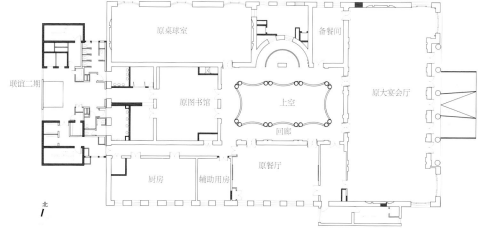

1-9 底层平面图

1-10 一层平面图

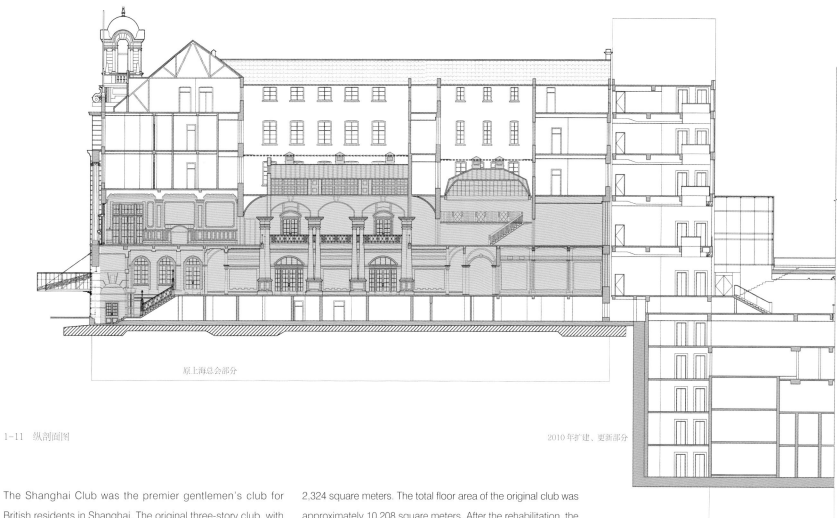

1-11 纵剖面图

2010 年扩建、更新部分

The Shanghai Club was the premier gentlemen's club for British residents in Shanghai. The original three-story club, with verandahs on each level, was erected on the site in 1863 and completed in 1864. However, it was torn down in 1909 and replaced with a new building in 1910.

The total site area of the Shanghai Club, later Dongfeng Hotel, is 2,324 square meters. The total floor area of the original club was approximately 10,208 square meters. After the rehabilitation, the total floor area became 9,412.7 square meters. The new steel-framed brick structure stands six floors above the ground. The cornice reaches 23.7 meters. It is an essential element of the Shanghai South Bund historical building.

三、价值评估

建筑艺术价值

这座具有巴洛克装饰的英国新古典主义风格特征的6层大楼是上海外滩南段历史建筑群的重要组成部分。

大楼建筑造型为横三段、竖三段和巨柱柱廊结合的英国新古典主义风格，又带有精致的巴洛克装饰的塔楼和植物纹样涡卷券高浮雕饰；造型风格优美、端庄、典雅，是当时国际建筑思潮中的折中主义风格在远东地区的典型代表。同时其建筑风格完整地贯彻到室内布局及装饰中，各厅室功能不同，装饰细部兼收并蓄，风格雅致，具有时代特征。

社会历史文化价值

上海总会是上海近代最早建立的供外侨使用的俱乐部建筑。现大楼也是目前沪上仅存的原俱乐部建筑之一。该综合性大楼涵盖娱乐、餐饮、交际、客房等多种功能。20世纪50年代前多次举办重大社会活动，是当时社会名流云集的高级社交娱乐场所。20世纪50年代后，其先后作为海员俱乐部、东风饭店等功能使用，接待众多国际友人和社会公众，是上海著名的多功能公共建筑。上海总会大楼见证着上海外滩的发展进化，在一定意义上，是上海城市近现代社会活动的缩影之一，具有重要的社会历史文化价值。

先进的工程技术价值

上海总会大楼当时配置的设施装备齐全、结构先进、用材丰富，反映20世纪初具有国际先进水平的工程技术已传到远东，对考证同时期上海地区以及外滩建筑群的相关发展历史具有重要的参考价值。

大楼所采用的钢筋混凝土片筏技术为当时上海首创。梁、板、柱采用先进的钢骨混凝土和钢结构形式。大楼中庭大堂内的两部开敞铁栅式三边形平面电梯，是现在上海地区仅存、全国罕见的代表当时先进技术水平的机械设备。

四、保护设计技术要点

2006年，随着外滩交通改造并提升综合城市服务功能的展开，东风饭店在空置多年后迎来了保护修复、利用更新的机遇，结合基地西侧地块开发，成为

"联谊"二期"上海外滩华尔道夫酒店"的高端接待与特色套房区。

修缮目的是优化外部空间总体环境；再现外观历史风貌；精心保护其现存较完整的各重点保护部位；精心恢复重要的历史特色空间与装饰，使其独特的历史价值得以充分利用，使建筑遗产优雅而有尊严地走向未来。同时，按顶级酒店的标准配置机电、消防及节能系统，创造适合当代使用的舒适环境，使其重获新生。

保护利用设计遵循真实性、整体性、可识别性、可逆性等原则，重在合理利用、提升品质。

总体保护，环境优化

全面清理保护和整治沿街立面风貌，重新组织大楼及周边流线；整治东入口门前外部环境；重新设置泛光照明，突出重点部位；在大楼西侧建与"联谊"二期地下室连通的连接体，巧妙地将老楼与酒店新楼的人流、服务流线等连接起来，西侧连接体室外通老楼与新楼之间的小广场，主要设备管线从新楼地下室通过该连接体通向老楼各层。

完整再现历史风采

大楼外观具有不可复制的独特性。东立面是大楼的外滩沿江主立面，大气而细部精致。本次保护与利用设计，力求完整保护修缮东立面以及转角立面，再现其历史特色风貌，修复水刷石墙面和精致雕饰，留存其特色，延续其价值。按历史原样修缮复原南北立面的卵石外墙，更新已受损的南北立面外窗。

复原大雨篷

经历史资料考证，大楼在1910年初建时，东立面入口没有雨篷。至1916年，出现钢构架玻璃大雨篷，该雨篷20世纪80年代曾经历改造，结构形式及尺度都有所变化。但还保留了大部分原有构件。

本次修缮在现场实地测绘的基础上，经多方案比选，最终确定大雨篷基本恢复1916年历史形式；在保证安全的前提下，利用原吊点，对金属构件等进行除锈养护，重罩面漆。优先保留利用原结构中刻有品牌字样的构件，根据现有外滩人行道的高度抬升情况适当提升雨篷斜度及其外沿底面标高，采用透明安全玻璃等，使这独特的玻璃大雨篷重现空灵和轻盈。

1-12 入口大雨篷实景图，陈伯熔摄，2013

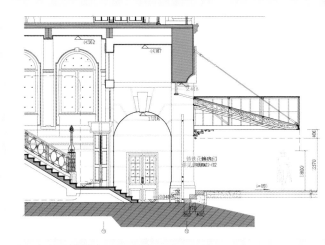

1-13 主入口雨篷剖面图

1-14 横剖面图

1-15　底层大厅，陈伯熔摄，2013

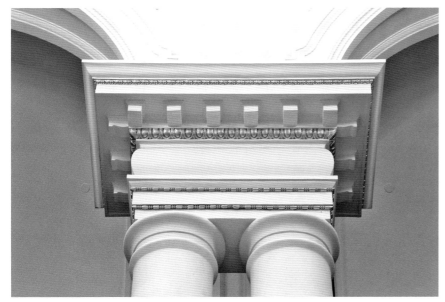

1-17　大厅双柱柱头线脚，陈伯熔摄，2010

1-16　大厅回廊修复后，陈伯熔摄，2013

1-18　回廊上方的弧形线脚和送风口，陈伯熔摄，2010

保留特色空间格局，合理利用

大楼原有的空间格局大小结合、高雅精致，是非常有特色的多功能公共建筑。

修缮后，沿外滩的地下室层（同前注1）为进厅和大楼梯，全面重做防水及结构加固措施。

底层是大楼最重要的公共空间及精华所在。本次修缮完整保护、恢复了各个重点部分的室内空间格局及特色装饰，包括底层入口门厅、有大理石楼梯的进厅、大厅、沙龙、接待前厅、弧形大楼梯和三边形开敞式电梯等。按历史资料复原了底层酒吧间和"远东第一长吧台"等特色家具陈设等。

一层主要是豪华气派的餐宴接待，保护修缮面向外滩有宽阔视野的原大宴会

1-19 一层宴会大厅顶棚线脚，陈伯熔摄，2010

1-20 2010年修复后大宴会厅，陈伯熔摄，2010

1-21 原修复后的一层图书室改为休息过厅，陈伯熔摄，2010

1-22　面向黄浦江客房，陈伯熔摄，2010

1-23　面向黄浦江客房，陈伯熔摄，2010

厅、原小宴会厅、桌球室均改为小餐厅、配有方形天窗原图书室改为休息过厅等，各重点保护区域的空间格局及室内装饰均精心保护。

二层和三层原40间小间客房更新改造成20套奢华的全套间客房，其中有6套客房可欣赏黄浦江景。

四层即顶层，坡顶之下主要作为中餐厅使用，设置了若干大小包间及备餐间。特别是东立面顶部的坡屋面及可欣赏浦江景色的老虎窗，在修复后都重新焕发了活力，营造出空间高敞、独具特色的高档餐饮氛围。

为满足顶级酒店需求，新增的西连接体内设两台客梯、疏散梯和卫生间，并将"联谊"二期地下室连至本大楼的空调、电气等主要设备管井，补充了大楼后勤设施，全面提升高档酒店的现代化水平和舒适性、安全性。

保护复原特色空间与特色装修

保护修复端庄典雅的底层大厅及一层回廊，底层大厅是两层通高的华丽大厅，中部由8 对巨大双柱托起一层的连拱弧形回廊及其上部的弧拱形木框玻璃天窗。大堂空间格局整体完好，自建成之初其装饰细部发生了若干变化。此次修复主要全面恢复其历史风貌与原有格局，清除后期各种搭建，尽量恢复大堂侧墙及巨柱的原有色彩。恢复了大厅和阅览室大、小弧拱形天窗的采光功能，对双层玻璃采光天窗进行完整保护修复，更新为安全玻璃提升采光及其品质。

大堂的设备设施安装，是本次修缮中的难点之一。在各专业的通力协作下，充分利用回廊圆弧拱顶

The building was designed in a British Neoclassical style with Baroque decorations. The main façade uses a tripartite design with the middle section featuring six Ionic columns. The roof section of the façade has two symmetrical Baroque-style cupolas with intricately carved details. This elegant building is representative of an eclectic design in the Far East amidst the influence of various foreign architectural trends at the time.

The Shanghai Club is the earliest building in modern Shanghai to be used as a club for foreign settlers, and it is the only surviving original one in the city. As a high-end multifunctional club building, it included entertainment, a dining hall, a social venue, guest rooms, and more. Historically, the Shanghai Club was a fully equipped facility with an advanced structural system and rich materials. It reflected the leading engineering technology of the Far East during the 20th century, as well as an important reference for the study of historical Bund buildings and the history of development in Shanghai.

In 2006, after many years of vacancy, and coinciding with the improvement of the city's traffic infrastructure and integration of urban functions in the Bund, the Dongfeng Hotel ushered the opportunity of conservation and adaptive reuse of the building to become the VIP service section of the second phase of Union Building - Waldorf Astoria Shanghai on the Bund.

The goal of the conservation was to improve the overall site condition, restore the building's historical appearance, preserve character-defining elements that were in relatively good condition, and repair important historical spaces and details. As a result, the project carries the architectural heritage forward into the future with elegance and dignity by fully exhibiting the building's unique historical value. Meanwhile, the conservation created a comfortable environment adapted in accordance to contemporary premier hotel standards in terms of MEP system, fire safety, and energy-saving systems.

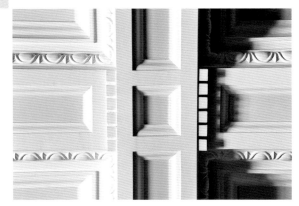

1-24 底层长酒吧顶棚的井字梁装饰，陈伯熔摄，2010

1-25 复原后的长酒吧，陈伯熔摄，2010

与墙、顶板之间狭小的三角形空间，隐蔽安装喷淋、空调等设施管线，风口采用与大厅整体风格一致的主题图案装饰。

精心复原"远东最大的长酒吧间（Long Bar）"

长吧的复原是本次设计的重点之一。原长吧长110英尺（约33.528m），位于东风饭店底层大堂东南侧，历史上一直享有盛誉。1989年肯德基快餐店进驻后，曾进行改造，室内原有装饰已荡然无存。本次修缮以历史原状图片为重要考证依据，结合现存数据，对拟复原的特色酒柜和长酒吧进行重新定位和复原。力求尽量恢复长酒吧室内空间布局与装饰特色及功能。参考历史样式仿制吊灯、吊扇等物件，基本实现原位安装。

深入研究酒柜和吧台历史照片，并按原样原比例做足尺大样后仿制。复原的长吧以其特有的英国风格阐述着这栋建筑的艺术文化价值。

由于长酒吧间的顶棚采用露梁井字格花饰线脚，是重点保护部位，因此无法做吊顶以内藏空调等管线。本次复原设计创造性地将空调管线结合家具设计，空调主风管设在地下室层，从下向上通过长吧间酒柜背后的管井和花饰风口向长吧间均匀送回风，巧妙地执行了隐蔽性、最小干预原则。

保护修复利用三边形开敞式电梯

大堂北侧的两部三边形（近1/4圆形）开敞式电梯为东风饭店颇具特色的设施，其形制特殊，做工精良，年代久远，可谓上海仅存。通过专业检测、分析排除安全隐患，保证结构安全性，参照历史风格定制零部件。修缮后基本维持历史原貌。

根据现行规范和安全防护要求，最终确定在电梯原有铁栅门外增设透明安全玻璃推拉门联动装置，以利安全使用，同时兼顾历史信息的完整保留。

1-26 楼梯围合电梯实景，陈伯熔摄，2010

1-27　入口楼梯，陈伯熔摄，2010

结构体系的保护与加固

对老楼结构体系进行局部加固。为确保老楼结构体系安全，西侧加建连接体，由"联谊"二期地下室结构局部升起并逐层挑出组成，其竖向抗侧体系采用框架剪力墙体系，悬挑部位采用钢结构组合楼盖。

老楼与西侧埋深18m的新楼地下室围护墙净距仅3.7m，与同步施工的开挖深度15m的外滩大通道最近8.8m，结构设计极具挑战。采用多项国内领先技术：新楼地下室采用支护体系逆作法施工、有限元程序模拟分析，并全程检测对老楼结构体系的影响。

东风饭店是"联谊"二期"上海外滩华尔道夫酒店"面向外滩的极富特色的高端接待与套房区。本次保护修缮工程彰显其独特的历史文化艺术价值，它的充分再利用提升了高端酒店的品质与品牌吸引力。这既有利于建筑单体的保护与可持续利用，更有利于外滩南端街区的再生与复兴。

本次保护设计既遵循国际通行保护原则，又创造性地解决保护、修缮、复原中的设计难点。2010年工程完成后的东风饭店重现典雅的品质，重新成为上海特色顶级交际场所，深获各界好评。2011年被评为上海建筑学会创作奖。

注1：按历史图纸注层数，其地下一层实际与室外地面平。

参考文献：

[1] 钱宗灏 . 百年回望：上海外滩建筑与景观的历史变迁 [M]. 上海：上海科学技术出版社，2005.

[2] 夏东元 . 二十世纪上海大波澜，1900-2000[M]. 上海：文汇出版社，2007.

[3]The Shanghai Club Building[J]. The Far Eastern Review, 1912. 7.

[4]Peter Hibbard. The Bund Shanghai[M]. Hong Kong: Twin Age Ltd, Hong Kong, 2008.

[5]Arnold Wright. Twentieth Century Impressions of Hong Kong, Shanghai, etc[M]. London: Lloyd's Greater Britain Publishing Company, Ltd, 1908.

[6] 陈从周，章明 . 上海近代建筑史稿 [M]. 上海：三联书店上海分店出版社，1988.

[7] 郑时龄 . 上海近代建筑风格 [M]. 上海：上海教育出版社，1999.

[8] 罗小未 . 上海建筑指南 [M]. 上海：上海人民美术出版社，1996.

[9] 伍江 . 上海百年建筑史 1840-1949[M]. 上海：同济大学出版社，1997.

合作设计单位：

HBA建筑装饰设计有限公司（室内设计）

主要设计人员：

唐玉恩、姚军、郑宁、丘晟、吴家巍、史先进、许亮、孙瑜、陆培青、刘蕾、饶松涛、汤福南

1-28　铁艺栏杆细部，陈伯熔摄，2010

1-29　木质栏杆细部，陈伯熔摄，2010

2-1 保护扩建后的和平饭店北楼，陈伯熔摄，2010

02 沙逊大厦 Sassoon House

原名称：沙逊大厦
曾用名：和平饭店北楼
现名称：费尔蒙和平饭店
原设计人：公和洋行（G. L. 威尔逊）
　　　　　（Palmer & Turner Architects and Surveyors）
建造时期：1929年
地　　址：上海市中山东一路20号
保护级别：全国重点文物保护单位
　　　　　上海市优秀历史建筑
保护建设单位：上海和平饭店有限公司
保护设计单位：上海建筑设计研究院有限公司
保护设计日期：2007-2010年

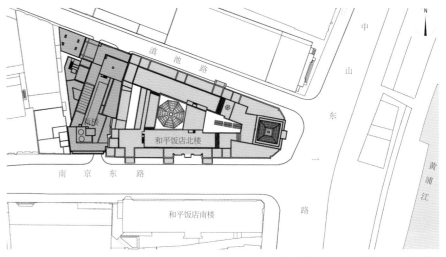

2-2 保护扩建后的和平饭店北楼总平面图

2-3　1928年施工中的沙逊大厦，引自《上海近代建筑风格》P.266

2-4　20世纪30年代的沙逊大厦，引自《沧桑——上海房地产150年》P.89

2-5　保护扩建后的和平饭店北楼东立面，许一凡摄，2014

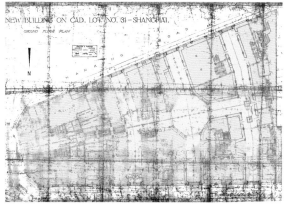

2-6　沙逊大厦底层设计图纸，上海市城市建设档案馆

一、历史沿革

1877年，新沙逊洋行购得外滩南京东路口地块，即建二栋外廊式洋房，1926年拆除重建，1929年沙逊大厦落成。建筑下部三层为商业、办公用房，上部为高档酒店——华懋饭店。

抗日战争时期华懋饭店仍对外营业；1941年后被日本海军部接管；抗战胜利后重归新沙逊洋行。

1952年由上海市人民政府接管，底部原多种功能如电信、银行、商店等被各系统管理部门接收。

1956年，华懋饭店更名"和平饭店"。1965年被称为"和平饭店北楼"。

2-7 东立面塔楼的四方锥顶，陈伯熔摄，2010

2-8 "四方锥顶"下的"灵缇犬"石雕，陈伯熔摄，2007

2-9 夹层上方的水平向雕花饰带，陈伯熔摄，2013

1989年列为上海市第一批优秀历史建筑。

1996年11月20日，被公布为第四批全国重点文物保护单位。

和平饭店北楼是上海近现代历史文化的丰碑，80余年来，许多中外名人在这栋大厦里留下足迹，见证着外滩的历史变迁。

2007-2010年，因世博会对外滩进行整体改造，和平饭店北楼在建成80年后首次停业进行全面系统的保护、修缮和扩建工程，2010年8月重新开业，名为"费尔蒙和平饭店"。

二、建筑概况

和平饭店北楼是外滩最有代表性的建筑之一，是上海早期建造的10层以上现代高层建筑与顶级酒店、高档多功能大楼的典型代表。其高耸的四方锥顶与重点部位装饰显示了当时国际流行的装饰艺术派风格特点，曾被誉为"远东第一楼"。

大楼总用地面积6620m²，总建筑面积43634m²（2007年面积），最高处近70m，10～13层。平面呈"A"形，含3个内天井，西侧有一层地下室。2010年保护扩建后，总建筑面积为51149m²。

建成至今，大楼的位置、边界及周边道路仍基本保持初建时的状态，结构基本完好。

东、南、北立面是外立面重点部位，整体比例端庄典雅，外贴花岗石板。西立面以花岗石转角再贴泰山砖，用材大气考究。东立面塔楼造型简洁有力，面层覆墨绿色竖条瓦楞紫铜板。塔基正中的"灵缇犬"和四角石雕、底层通高券窗窗饰等，在立面上显示了装饰艺术派的特征。

室内重点保护部位有：底层以"丰"字形双层拱廊、"八角中庭"为核心的酒店公共空间；三层小会议室；朝东的五至七层共9套具各国风格的"特色套房"；八至九层的"和平厅"、"龙凤厅"等餐饮空间；十层英国式装修的"沙逊阁"；各层主要楼梯、电梯厅等。

酒店公共部位室内装饰以精致的几何直线加弧线的装饰艺术风格为主，东临外滩的"九国套房"等特色空间装饰个性鲜明、形态多样。在20世纪20-30年代的上

2-10　带"灵缇犬"的铜雕拱窗，陈伯熔摄，2007

2-11　保护修缮后的檐口水平雕花饰带，陈伯熔摄，2013

2-12　保护修缮后的底层入口上方水平饰带，陈伯熔摄，2013

2-13　三至七层客房更换为铝合金框中空玻璃外窗后，仍保持了外立面的历史风貌，姜维哲摄，2013

海，成为完整成系列地表达装饰艺术风格的代表性建筑。

除重点部位外，大楼还留有内天井和天窗、屋顶与室外平台、开敞式电梯等历史遗存，保存尚好，共同阐述着大楼高雅的历史风貌。

和平饭店北楼在功能布局、空间塑造、钢结构与设备等设计及施工等方面反映了当时最先进的科技与建筑设计水平。

该大楼对研究中国近代史、上海城市历史及文化、艺术、科技发展具有极为重要的价值。

2-14 保护修缮后的北入口，陈伯熔摄，2010

三、保护设计前存在问题

20世纪50年代后，底层、夹层中部分公共空间被其他单位使用，原沙逊大厦富有特色的两层高"丰"字廊被分段阻隔，中央的"八角中庭"内被搭建了钢筋混凝土夹层及楼梯。

大楼历年搭建总面积近6000m^2，外立面店招、广告牌林立，设备管线外露，不利于保持大楼历史风貌。

酒店内部流线不合理，客房区设施陈旧、有待更新；缺乏高档酒店必备的游泳池、SPA、高级健身等功能。

大楼设备系统陈旧，无防火分区划分，缺乏封闭、防烟楼梯间，无烟感与喷淋设施，底层公共空间无排烟设施，存在防火安全隐患。2007年的和平饭店北楼已不能满足高档酒店的使用要求。

2-15 新、老楼南京东路立面，陈伯熔摄，2010

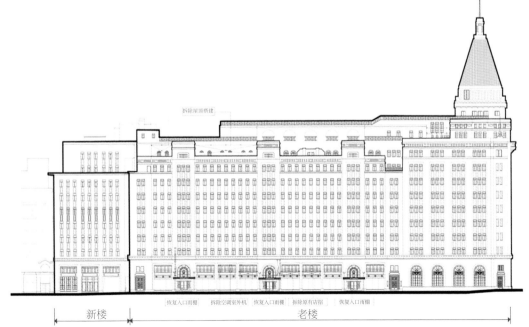

恢复入口雨棚 拆除空调室外机 恢复入口雨棚 拆除原有店招 恢复入口雨棚

新楼 | 老楼

2-16 修缮后南立面

The Peace Hotel North Building, formerly known as the "Sassoon House", was built by British businessman Sir Victor Sassoon. Designed by Palmer and Turner, the building was completed in 1929. Offices and shops were leased on the ground floor space, while the fourth through ninth floors once housed the luxury Cathay Hotel. With over 80 years of history, the building is considered a monument of modern history and culture in Shanghai.

The North Building of the Peace Hotel is one of the most famous modern buildings along the Bund in Shanghai. It was once widely known as the luxurious "Number One Mansion in the Far East ". In 1996, it was listed as a key historical site under state protection.

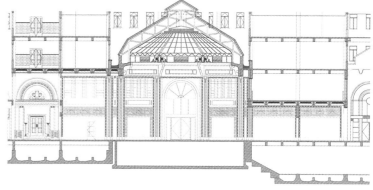

2-18 "八角中庭"保护设计图

四、保护设计技术要点

整治总体环境，恢复历史风貌

提升高档酒店形象，恢复南京东路立面"三个雨篷"的历史原貌；主入口改至"八角中庭"南京东路入口。整治清洗外立面；拆除杂乱的广告牌。

利用原西侧内院扩建新楼

完善高档酒店功能和各类交通流线，补充31间客房；置换部分原底层其他单位办公室等。

补充游泳池、SPA中心、健身房等及后勤用房，主要设置设备机房。

新楼南北立面以与老楼协调为主，外檐高度、线脚、窗洞口大小、开窗形式等均与老楼相同。外墙花岗石板色泽与老楼接近而不同，具有可识别性。

恢复"丰"字廊和"八角中庭"历史原貌

完整贯通酒店底层独特的二层高公共空间。

拆除中央"八角中庭"后期搭建的夹层。按原有形式、原有工艺、原有材质补齐缺失的雕塑件。更新八角天窗，玻璃采用现代夹胶安全玻璃，隐蔽性巧妙配置自动开启排烟窗、空调风口和消防排烟口等设施，使其成为酒店高贵华丽的大堂，重现辉煌，极大提升了酒店历史文化品位与环境特色。

2-17 保护修缮后的八角中庭，陈伯熔摄，2010

2-20 保护修缮后的东门厅大吊灯，陈伯熔摄，2013

2-21 保护修缮后的"八角天窗"骨架两侧灵缇犬雕塑，陈伯熔摄，2013

2-19 保护修缮后的东端进厅，陈伯熔摄，2010

2-22 新楼游泳池，陈伯熔摄，2012

2-23 保护修缮后的"丰"字形廊，陈伯熔摄，2010

2-24 保护修缮后的底层大堂吧，陈伯熔摄，2010

2-25 保护修缮后的大堂通廊，陈伯熔摄，2010

2-26 修缮后底层平面图

2-27 保护修缮后的八层和平厅，许一凡摄，2017

The ten- to thirteen-story building is one of the first high-rises in the region, over 70 meters high to the roofline. The A-shaped building plan has three inner courtyards, while the western portion of the building contains a basement. The main exterior features follow an Art Deco scheme. Vertical lines dominate the building façade, while the eastern façade features a steep-sided pyramidal roof. The interior features are mostly Art Deco, with a variety of other styles in juxtaposition. The key protected areas include: the "丰"-shaped two-level arcade on the ground floor and the Octagonal Atrium as the center of the hotel's public space; small meeting rooms on the third floor; the east-facing Nine Nations Suites located on the fifth through seventh floors; the Peace Hall, Dragon Hall, and other dining areas on the eighth and ninth floors; and, the British-style presidential suite on the tenth floor, which was the penthouse where Victor Sassoon, the hotel's former owner, once lived.

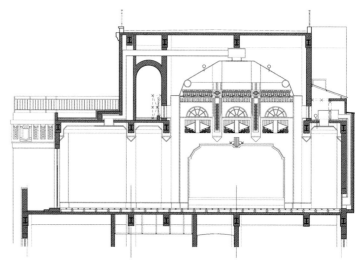

2-28 和平厅保护修缮设计图

2-29 保护修缮后的龙凤厅，陈伯熔摄，2010

2-30 保护修缮后的底层楼梯、电梯厅，陈伯熔摄，2010

2-31 八层和平厅外间的窗，唐玉恩摄，2010

2-32 印度套房彩玻窗，2010

2-33　八层通顶平合门拱，唐玉恩摄，2008

2-34　保护设计后的印度套房，陈伯熔摄，2010

客房层的恢复与提升

恢复客房层原有走道格局；增加套型面积，放大卫生间面积、增加洁具，提升了客房的舒适度；所有风口参照建筑装饰风格定制设计。

结构与设备的保护设计

在不改变结构体系的前提下，局部加固老化损伤的结构构件，如对非结构性裂缝采取补强、梁底混凝土保护层脱落按原设计补浇细石混凝土保护层等。对新增设备管井隔墙等新设加固件为可拆卸连接，执行可逆性原则。

扩建新楼的柱网布置与老楼衔接，兼顾新楼立面，科学合理。与老楼相同层高，并充分考虑因历史沉降产生的连接处高差，与老楼西墙相连处设300mm宽抗震缝，内设3小时阻火带，以确保老楼西墙安全。

在严格遵循保护原则的前提下，全面改进更新现有设备系统。设备管线合理隐蔽，既显著提升了舒适性和现代化程度，又完整保护了各重点部位。划分防火分区，增设消防控制中心等措施，提升了防火安全性能。

2-35　十层沙逊阁的门，唐玉恩摄，2008

2-36　八层平合门，唐玉恩摄，2010

2-37　德国式套房门，唐玉恩摄，2008

提升建筑的节能、隔声水平

重做屋面防水层，增设保温层，提高屋面保温、隔热性能；五至七层客房层所有铝合金外窗更换为铝合金中空玻璃窗，新窗立面与原钢窗一致，恢复了大楼外立面的历史风貌。

和平饭店保护扩建工程，体现了近年来上海近代历史建筑保护修缮设计与施工的较高水准，也是严格执行国际通行的文物建筑保护原则、精心修缮全国重点文物建筑的成功范例。

大楼于2010年重新开业后，受到社会各界与酒店管理方的高度评价。和平饭店北楼作为国际知名的高端酒店，将得到可持续利用。

From 2007 to 2010, the building went through a large-scale rehabilitation and expansion with the precondition of carefully conserving the heritage architecture. After completion, the total floor area became 51,119 square meters. The scope of the project included rehabilitation of overall environment, restoration of the building's historic features, as well as the addition of a new building to accommodate the contemporary facilities required by a premier hotel. The project restored the interior and exterior character-defining areas to their original appearance and function, and preserved the building's integrity and authenticity to the maximum extent. In the meantime, it improved the comfort level of guest rooms, modernized the facility, reinforced the structural system, and improved building performance in terms of fire safety, energy saving, sustainability, and pest control.

After the conservation and expansion, the Peace Hotel North Tower walks into a sustainable future as an internationally renowned high-end hotel. The project is highly acclaimed by the hotel management and society.

2-38 保护设计后的日本套房，许一凡摄，2017

2-39 保护设计后的沙逊阁，许一凡摄，2017

2-40 保护设计后的普通客房，陈伯熔摄，2010

2-41 保护设计后的英国套房，陈伯熔摄，2010

本工程获得2011年第四届上海市建筑学会创作奖优秀奖；2013年上海市优秀工程设计一等奖；2015年全国优秀工程勘察设计行业奖（传统建筑）一等奖；2019年中国建筑学会70年建筑创作大奖。

合作设计单位：
HBA建筑装饰设计有限公司（室内设计）

主要设计人员：
唐玉恩、姚　军、姜维哲、倪正颖、唐亚红、何自帆、王　玮、刘　蕾、饶松涛、栾雯俊、阮奕奕、陆振华、孙　瑜

参考文献：
[1] 南市区文管委.上海老城厢 [M].上海：上海大学出版社，1999.
[2] 上海市城市规划设计研究院.循迹启新——上海城市规划演进 [M].上海：同济大学出版社，2007.
[3]Peter Hibbard. The Bund Shanghai[M]. Hong Kong: Twin Age Ltd, Hong Kong, 2008.
[4] 名宅编撰委员会.上海百年名楼 [M].北京：光明日报出版社，2006.
[5] 常青.摩登上海的象征——沙逊大厦建筑实录和研究 [M].上海：上海锦绣文章出版社，2011.
[6] 陈从周，章明.上海近代建筑史稿 [M].上海：三联书店上海分店出版社，1988.
[7] 郑时龄.上海近代建筑风格 [M].上海：上海教育出版社，1999.
[8] 罗小未.上海建筑指南 [M].上海：上海人民美术出版社，1996.
[9] 伍江.上海百年建筑史 1840-1949[M].上海：同济大学出版社，1997.
[10] 唐振常.近代上海繁华录 [M].北京：商务印书馆国际有限公司，1993.

3-1 本期保护修缮后的原怡和洋行大楼外景，陈伯熔摄，2010

03 怡和洋行　Jardine Matheson Building

原名称：怡和洋行

曾用名：外贸大楼

现名称：罗斯福公馆

原设计人：思九生洋行（Stewardson & Spence Architects and Surveyors）

建造时期：1920年设计，1922年建成[1]

地　　址：上海市中山东一路27号

保护级别：全国重点文物保护单位

　　　　　上海市优秀历史建筑

保护建设单位：上海久事置业有限公司

保护设计单位：上海建筑设计研究院有限公司

保护设计日期：2007-2014年

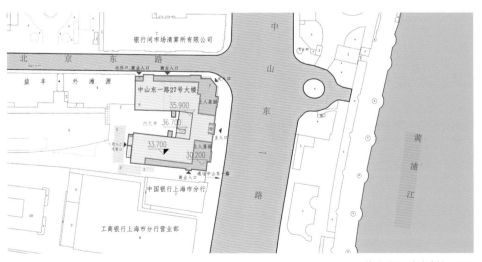

3-2 总平面图，廖晓逸绘，2017

3-3 老怡和洋行 19世纪60年代,引自档案资料[2]

3-4 怡和洋行大楼,1922,引自 "virtualshanghai" [3]

3-5 1922年11月15日怡和洋行大楼落成典礼盛况,1922,引自《上海…》[5]

一、历史沿革

英商怡和洋行于1844年获得位于上海外滩北京东路口的大楼现址所在地块。初期建有一幢两层双开间建筑,1861年翻建为一幢面向外滩长15开间的三层砖木结构四坡顶建筑,俗称"老怡和洋行",为当时上海外滩建筑群中建筑体量之最。1920年完成再次翻建设计,1922年11月落成后即为英商怡和洋行办公楼,原设计人为思九生洋行。该楼建成时楼高5层,1935-

3-6 中银大楼在建时已完成第一次加建的怡和洋行大楼,1937,引自"照片中国"[4]

1937年间整体加建至6层(设计单位不详)。太平洋战争爆发后曾被日本三井洋行接管,1946年恢复营业后出租给大英轮船、昌兴轮船等公司办公。

1955年大楼产权收归国有后,长期作为上海市外贸局的办公大楼,故称"外贸大楼"。1980年由上海市民用建筑设计院完成大楼第二次加建设计后,大楼总计为8层。2002年10月大楼产权置换后归属上海久事公司。该楼经2007-2014年间建筑整体保护修缮及室内装修,由罗斯福商业(上海)有限公司整体租赁,用作办公及商业餐饮等综合功能。

该大楼为全国重点文物保护单位、上海市第一批优秀历史建筑。

二、建筑概况

大楼占地面积2100m²,总建筑面积14627m²。钢筋混凝土框架、局部混凝土墙承重结构;建筑平面呈西向开口的"凹"字形,东、北主立面均临城市干道,是外滩建筑群中少有的几栋具有两个长向主立面的文物保护建筑,也是外滩建筑群中重要的代表性建筑之一。

建筑主立面为中央对称、竖向三段式设计的古典主义风格;其临黄浦江侧的东立面,因面宽尺度大于50m而在上海外滩建筑群中位居第二;建筑主立面一至二层以粗凿叠砌的花岗岩毛石构成基座,间隔着二层通高的半圆拱窗,序列感强烈,中央五开间的三至五层略退进为通高科林斯式柱廊,柱头以几何状回纹替代藤蔓状涡卷图案。

大楼端庄典雅,为局部受巴洛克风格影响的新古典主义建筑风格。建筑立面丰富、布局完整、用材考究、装修精美,具有重要的历史文化价值和丰富的建筑艺术价值。

3-7 1980年第二次加建后的怡和洋行大楼

大楼东北两侧主立面、一层主入口门厅、原三层中央的贵宾厅整体、建筑主楼梯踏步墙裙及铸铁栏杆、走道马赛克地坪及木装饰门套等为建筑重点保护部位。

In 1844, the British conglomerate Jardine Matheson acquired a piece of land at the intersection of East Beijing Road in the Bund area and erected a two-story double-room building. Subsequently, in 1861 and again in 1922, it was replaced by the Old Jardine Matheson and then the Jardine Matheson Building, respectively. The current building opened in 1922. After two major renovations in 1935 through 1937 and in 1980, the five-story building was increased to eight stories. The building property was taken over by the state in 1955, and later it was used by the Shanghai Foreign Trade Administration Office; therefore, it is also known as the Foreign Trade Building.

No. 27 on the Bund, as the Jardine Matheson Building is now called, is one of the National Key Protected Cultural Relics and among the first batch of Outstanding Historic Building in Shanghai. The building's floor plan is in the shape of the character "凹" with an opening to the west. The east and north main façades, both facing major city roads, feature symmetrical and vertical tripartite designs influenced by Baroque classicism. In 2002 the property ownership transferred to the Shanghai Jiushi Group and subsequently underwent a large-scale rehabilitation and renovation between 2007 and 2014. Currently, the building is used for office spaces and restaurant services.

3-8　三至五层间整体通高的科林斯式柱廊，邱致远摄，2010

3-9　几何状回纹图案柱帽，邱致远摄，2010

3-10　修缮后的大楼内院，陈伯熔摄，2010

3-11　修缮前污浊零乱的内院，陈伯熔摄，2007

三、保护设计前存在问题

　　2007年修缮之前，大楼总体周边通道因后期搭建而完全阻塞，室外管线布置零乱，内院成为后勤杂院；建筑外墙陈旧，主入口上部石雕在20世纪60年代被损坏，顶层后期搭建改变了建筑临江侧的天际线；建筑内部空间分隔变动，门厅内加装了玻璃木框门；主楼梯、门厅空间、原三层贵宾厅、部分马赛克地坪及木装饰门套等重点保护部位虽保持尚可，但亟待保护修缮；建筑布局、设备配置等与现今使用需求和规范标准存在欠缺和矛盾。

四、保护设计技术要点

修缮复原严谨有据，体现"真实性"原则

1.总体设计恢复历史风貌

拆除周边后期搭建，疏通原有疏散通道，按需求调整各出入口职能，恢复建筑总体形象，提升了大楼消防安全和通达便利性能。

2.谨慎恢复原天际线

经研究，参照20世纪30年代加建后的建筑风貌，本次修缮设计谨慎修正了东立面女儿墙、楼顶旗杆基座比例形状及曲率尺寸等，复原大楼女儿墙的历史形式；拆除屋面后期搭建、通过设计技术措施将原屋面电梯机房及屋顶水箱部位高度足足降低了2.5m，基本恢复了大楼历史上的建筑天际线。

3.有据复原主入口门厅空间

经现场实物分析考证和1920年版历史图纸核实佐证，确认2007年修缮前存在于主入口门厅与楼电梯厅之间的木框玻璃门并非大楼历史原物。本次修缮设计拆除了该处后加的木门，完整还原了主入口门厅原有大气典雅的建筑空间。

4.精心保护建筑特色细部

本次修缮设计按照重点保护及功能使用要求，整体保留、精心保护了大楼室内装修精致、最具价值的原三

3-12　大楼一层平面图，廖晓逸绘，2010

1922怡和洋行大楼建成时的檐部女儿墙及旗杆基座

20世纪20年代完成第一次加层后大楼檐部女儿墙及旗杆基座

20世纪80年代完成第二次加层后大楼檐部女儿墙及旗杆基座

3-13　大楼东立面女儿墙等历史沿革，引自"virtualshanghai"及2007年拍摄

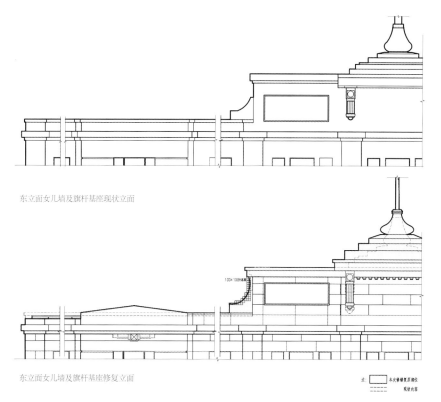

东立面女儿墙及旗杆基座现状立面

东立面女儿墙及旗杆基座修复立面

3-14　大楼东立面檐部女儿墙及旗杆基座修缮设计详图，邹勋绘，2008

3-15 大楼原壁灯历史图片，1937

3-16 修缮前原壁灯座及灯具，2007

3-17 壁灯复原设计过程稿，2009

3-18 修缮复原后的建筑主入口壁灯，邱致远摄，2016

层中央的贵宾厅，以及三层尚存的部分马赛克地坪、木装饰门套和木护壁隔断等建筑特色细部，保护文物建筑特色，提升文物建筑的历史文化价值。

保留主入口上部门楣石雕受损的历史信息

在大楼面向外滩的东立面，主入口上部的门楣石雕因1960年受损而残缺不全。本次修缮设计经对历史照片分析及三维数据整理还原，确定了原石雕图案的原型和尺寸，澄清了一些对该石雕图案的误传；但因其被损也是一段历史见证，故本次设计保留该门楣石雕残缺受损的历史信息、维持原样未作复原处理。

遵循"可逆、可识别"原则，保护文物本体、重现历史文脉

1.重现主入口壁灯历史风貌

在大楼主入口两侧的花岗岩毛石墙面上，原有整个外滩建筑群中唯一一对高约2m的硕大壁灯，庄重气派，是大楼历史风貌的重要组成部分，后年久失修仅存灯座。本次修缮设计考证历史上原灯具与外墙石材的尺度关系，对壁灯作复原设计，先做试样，再按原灯具0.9倍比例精心复制、原位安装于修缮后的历史灯座上，重现大楼原有风采。

The rehabilitation followed a rigorous attitude toward "authenticity" through concrete research. The goal of the conservation was to restore historic features by removing added structures while improving the surrounding environment and fire safety performance of the building. Based on historical photographs and professional measurements, the parapet on top of the east façade and the base of the flagpole were carefully restored to recover the basic silhouette of the building. In reference to historical drawings, a section added later was removed, and the spatial arrangement of original entrance hall was restored. Careful conservation of characteristic architectural detailing—mosaic flooring, wooden ornament door trims, and wooden wainscoting —enhanced the historical and cultural significance of the heritage building. With thorough analysis, the misinterpreted stone carving patterns at the building's main entrance were clarified and historical information coded in the damaged stone carvings preserved.

3-20 还原后的主入口门厅空间，保留原木门、墙裙、壁柱、藻井，邱致远摄，2017

3-19 修缮后的三层走道，陈伯熔摄，2010

3-21 整体保护修缮后原三层中央的贵宾厅，陈伯熔摄，2010

2.更换主楼梯七至八层栏杆具可识别性

主楼梯一至六层原金属栏杆图案精美、保存良好，而加层部位的七、八层栏杆与原栏杆差异较大。本次设计通过采用原材料、简化原图案方式更换七、八层栏杆，将历史栏杆中三维立体植物图案变体为同一母题的二维平面图案构件，既统一了主楼梯栏杆的精美形式和风格，又使两者间具有可识别的微差。

3.整治提升内院品质，最小干预新增电梯

为适应大楼的新功能需求，在研究使用流线、内院利用、视线分析、窗墙关系等之后，本次设计在建筑内院的东北、东南两处外墙阴角部位，最小干预地将原外窗位置改为门洞、用脱离建筑本体、可逆性方式加建了两台全钢结构加玻璃体井道的垂直电梯，大大提高了历史建筑垂直交通能力、提升了内院环境形象和大楼使用品质；新增电梯钢与玻璃用材同大楼原外墙饰面的鲜明反差，形成了不同年代建筑语言的共存与对话。修缮后的内院因可用作面向公众开放的室外茶座区等，也使大楼内院从原后勤杂院华丽变身为具功能性的前场空间。

同时，在非重点保护区域的大楼南翼西立面，增设一台货梯兼消防电梯，满足规范及新功能需求。

3-22 大楼内院可逆可识别原则下新增钢结构玻璃梯井电梯，陈伯熔摄，2010

3-25 大楼主楼梯，陈伯熔摄，2010

3-23 一至六层原栏杆三维构件大样，2009

3-24 七、八层被更换的二维构件大样，2009

3-26 屋面观光区域新增安全玻璃护栏，唐玉恩摄，2010

3-27 屋面观光区，邱致远摄，2010

4.屋顶新增可逆式安全玻璃护栏

因部分屋面观光功能需求，本次设计在屋面女儿墙内侧增设透明安全玻璃护栏，采用可逆式构造设计，在不损坏建筑屋面、女儿墙结构及已完成的屋面防水保温层前提下，提升了建筑的开放共享品质和安全使用性能。

The protection of the building's cultural heritage follows the principle of "reversible and identifiable". After the professional team studied historical photos and current conditions of the building, tested samples, and reached a verified conclusion, a pair of wall lamps roughly two meters high, the only one of its kind in the Bund, were reproduced and installed at the building's main entrance. An inappropriate balustrade that resulted from later-added levels was removed and replaced by elements compatible with the original motif. They unify the general style of the balustrades throughout the main building, but remain identifiable with subtle differences. The addition of vertical circulation was required to satisfy the building's new function. Two sets of all-steel, glass-covered hatchway type elevators were installed—using reversible construction methods—at carefully chosen locations behind the building, detached from the building's main body. They improve the building performance and engage in a dialogue between the coexisting architectural languages from different generations and demonstrate the "identifiable" approach. The project also employed a reversible construction method for the installation of rooftop guardrails, which enhance safety without damaging the roof assembly.

3-28 修缮后室内实景，保留原墙裙、壁柱、室内主楼梯，陈伯熔摄，2010

修缮设计科学合理，贯彻"最小干预"原则

1.室内主楼梯增加消防疏散功能

大楼主楼梯是建筑重点保护部位，但因其原开敞形式尚不符合现行防火规范要求。本次修缮设计采取除一层外在各楼层平台处增设整体通透的防火玻璃隔断门、并在顶层平顶上增设消防正压风口等措施，既完整保护重点部位的空间特色和装饰，又满足疏散楼梯间消防功能，提升了建筑的安全性能。

2."因窗而宜"提高建筑节能隔热隔声性能

大楼原有外窗保存尚好，经分析原外窗材质性能、构造尺寸等，本次设计确定除东、北沿街立面一至二层间原通高铜窗外，其余部位均利用建筑原外窗钢框、选用"5+6+5中空节能玻璃"替换原单层玻璃，在保持建筑立面历史原貌前提下，有效提高建筑外窗的节能隔热隔声性能，提升了大楼整体舒适度。

3.保护原则下的建筑品质提升

原三层中央的贵宾厅是大楼室内最具价值的重点保护部位，石膏花饰、柚木通高墙裙及石饰壁炉等均保留尚好。为达到精心保护的目标，本次修缮设计执行隐蔽式原则，在增设消防烟感设备、木柜式落地空调机等机电设备设计中一改常规方式，将管线分别敷设于上、下一层的地坪或平顶中，最大限度降低了对建筑重要保护部位的损伤影响，并提升了建筑的安全性和舒适性。

4.力求将必要的重荷载设备移置于大楼本体之外

3-29 主楼梯间各层平台新增玻璃防火隔断门，唐玉恩摄，2010

3-30　修缮后室内实景，邱致远摄，2014

3-31　修缮后室内实景，保留原木门窗、木隔断、拼花木地板，陈伯熔摄，2010

3-32　修缮后室内实景，唐玉恩摄，2010

3-33　保留修缮后的建筑室内原装饰细部，陈伯熔等摄，2010

3-34 修缮后室内实景，保留原木门木窗、木墙裙、拼花马赛克地坪，唐玉恩摄，2010

因使用功能、规范标准的变更，本次修缮通过设计优化等技术措施，经业主协调后，将工程必须增设的两台1250kVA变压器、一个26t的水池等重载荷设施设备，分别安置在大楼建筑本体之外的内院及相邻地块中，减小对文物本体的不利影响。

怡和洋行大楼经整体修缮，既精心保护了文物建筑的历史精华，又使历史老楼更符合和适应当今社会的使用需求。建筑历史文化积淀和现代设计技术及管理的结合，不仅延续、提升了大楼丰富的历史文化价值，也使这幢建于90余年前的历史老楼，在服务社会的新历程中获得了更多的社会赞誉和经济效益。

The scientific and rational conservation approach follows the principle of "minimum intervention". Through analysis and active measures, the project improved the overall fire safety, energy-savings, and acoustic insulation of the well-maintained main indoor staircase and the original windows with "minimum intervention". An unconventional design concealed the equipment. Heavy equipment added to enhance safety and comfort was located outside of the building to greatly reduce the adverse impact on the main body of the building and to preserve the character-defining elements of this cultural heritage building.

3-35 修缮后室内实景，保留局部原壁柱风貌，陈伯熔摄，2012

左图3-36 保留修缮后的建筑外墙原装饰细部，陈伯熔等摄，2010

主要设计人员：

唐玉恩、邱致远、刘 瀚、邹 勋、黄 琪、

陆余年、王连青、许雪芳、周海山、干 红、

陈叶青、蒋 明、高晓明

图片注

注1《上海近代建筑风格》P201 中，怡和洋行的建造年代标注为 1920～1922 年；在第一至第四批优秀历史建筑名单中"1A008（怡和洋行）"的建造年代标注为 1926 年；《上海地方志》专业志＼上海文物博物馆志＼第一编文物古迹＼第七章优秀近代建筑节中"中山东一路 27 号，民国 9 年（1920 年）始建，民国 15 年（1926 年）9 月竣工"

注2 上海建筑设计研究院档案室档案资料

注3 http://www.virtualshanghai.net

注4 www.picturechina.com.cn

注5 （美）刘香成，（英）凯伦•史密斯.上海：1842-2010，一座伟大城市的肖像 [M].北京：世界图书出版公司 2010：288.

参考文献：

[1] 沈福熙，黄国新.建筑艺术风格鉴赏 [M].上海：同济大学出版社，2003.

[2] 郑时龄.上海近代建筑风格 [M].上海：上海教育出版社，1999.

格林邮船大楼
The Glen Line Building

原名称：格林邮船大楼

曾用名：上海广播大楼

现名称：中国人民银行上海清算所

原设计人：公和洋行（Palmer&Turner Architects and Surveyors）

建造时期：1922年

地　　址：上海市北京东路2号

保护级别：全国重点文物保护单位

　　　　　上海市优秀历史建筑

保护建设单位：银行间市场清算所股份有限公司

保护设计单位：现代集团历史建筑保护设计研究院

　　　　　　　上海建筑设计研究院有限公司

保护设计日期：2011-2013年

左图4-1　大楼东南角外立面修缮后，许一凡摄，2014

4-2　大楼历史照片，引自《远东评论》[2]，1922

一、历史沿革

　　1920年，英商格林邮船公司（又名怡泰洋行）购入位于中山东一路北京东路路口西北角的现址地块，大楼由公和洋行设计，于1922年竣工。该狭长地块呈东西，主入口位于北京东路2号，东入口为中山东一路28号。整个建筑东区为格林邮船公司自用，西区办公空间对外出租。

　　建筑落成后至1949年间，日本邮船会社、横滨正金银行、德国领馆、美国领馆、美联社等公司和机构曾入驻该楼。

　　1949年后，上海人民广播电台使用该楼长达40余年，陆续在楼顶增设了通信塔台等设施，所以这栋楼一直被称为"广播大楼"。

　　1996年，大楼改作上海市文化广播影视管理局、上海文化广播影视集团办公使用。

　　2011年，为配合外滩金融中心建设，大楼产权转让给中国人民银行下属的上海清算所使用，承担全国各家银行之间的金融清算业务，大楼转身成为中国的金融"重地"。

二、建筑概况与价值评估

　　北京东路2号大楼现状为地上7层（局部8层），总

4-3　浦江之声广播电台对外广播，1988，引自《上海广播电视志》[1]

4-4　上海东方广播电台揭牌，1992，引自《上海广播电视志》[1]

4-5　原大楼顶部的信号发射器，1992，引自《上海广播电视志》[1]

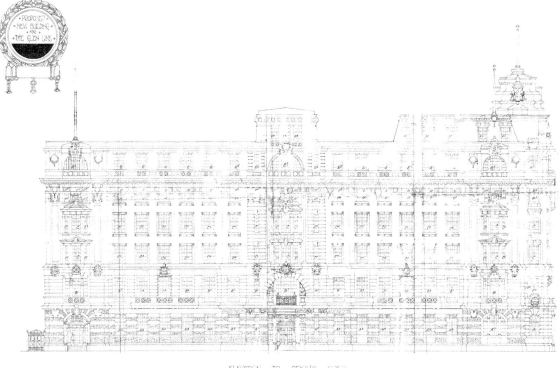

ELEVATION TO PEKING ROAD

4-6　大楼南立面历史图纸，1921　上海市城市建设档案馆馆藏

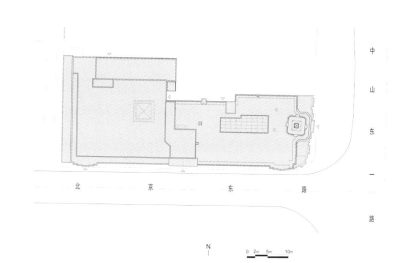

4-7　总平面图

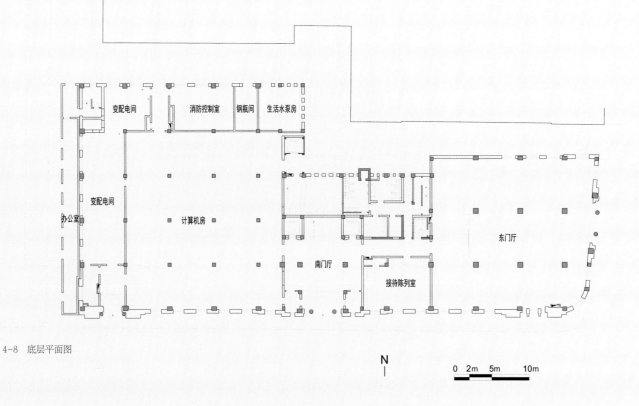

4-8 底层平面图

N

0 2m 5m 10m

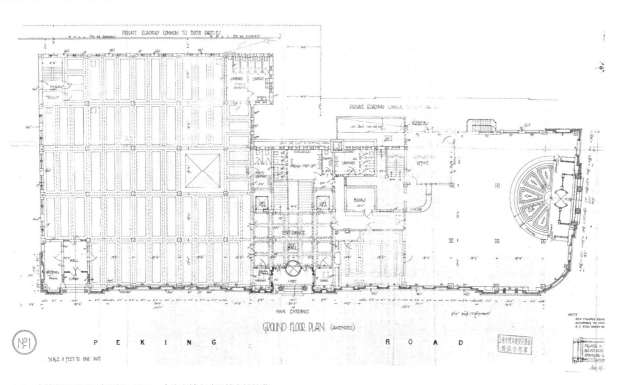

4-9 大楼底层平面历史图纸，1921，上海市城市建设档案馆馆藏

建筑面积约为1.3万m²，东侧临外滩有塔楼，是建筑的制高点，塔楼顶高约为32m。

建筑原为东高西低，因其东部临外滩面较窄仅有20m，东西方向则长达70m，加之业主为邮船公司，公和洋行在设计大楼外形时即引入邮船形象的理念，东侧的屋顶塔楼象征邮船的指挥塔，塔楼也成为了整个建筑造型的重点。由于大楼位于北京东路转外滩这一重要的道路转角，因此立面中段设计了有顶凸廊，立面延续，丰富有力。

在外滩建筑群中，该建筑用材中档，底层外立面为浅灰色花岗石毛石墙面，以上各层均为水刷石外饰面，仿石效果逼真。

建筑设计理念"现代、先进"

针对狭长地形——长宽比接近3.5：1的基地特征，

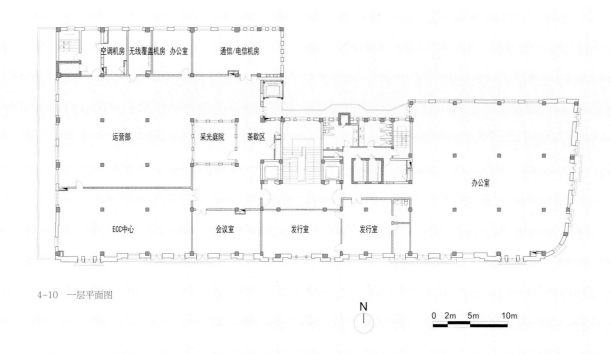

4-10　一层平面图

N

0　2m　5m　　10m

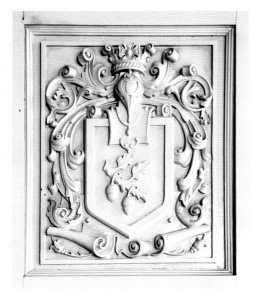

4-11　五幅主题木雕，刘寄珂摄，2011

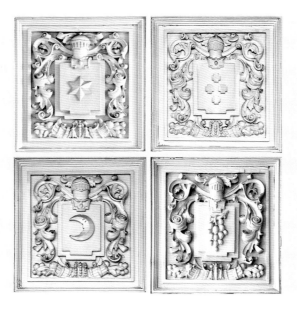

4-12　局部历史照片，1922，引自《上海——一座伟大城市的肖像》[3]

合理设计各种流线出入口，处理东立面、南立面关系，结合租用、自用等功能需求，将出入口门厅设于中部；楼层内采用增设内天井和立面通风篦子设施等"被动式"的节能手段，改善了建筑室内环境，平面使用率高，设计科学合理。

建筑装饰中蕴含"多元"文化信息

大楼在整体中心对称以及三段式等新古典主义的基调下，另有巴洛克式山花、意大利文艺复兴风格的立面悬挑空间、装饰艺术风格的室内墙裙等多种风格和谐交融；同时，在六层的东北角房间室内有五幅主题木雕等细部装饰，反映出邮船公司对于世界文化交融的意义。

该大楼的通信设备曾在上海"首屈一指"

邮船公司对于各地邮船的通信联络异常重要，随后领馆、美联社以及广播电台的入驻等更使其通信设备成

In 1920, the British shipping line Glen Line Ltd. (also known as McGregor Gow & Co.) acquired the plot at the northwest corner of Beijing East Road and East Zhongshan 1st Road. Designed by Palmer and Turner, the building of No. 2 East Beijing Road was completed in 1922. The Glen Line Ltd. used the entire east section, while they rented out office space in the west section.

4-13 大楼东入口修缮前，邹勋摄，2011

4-14 大楼东入口修缮后，邹勋摄，2013

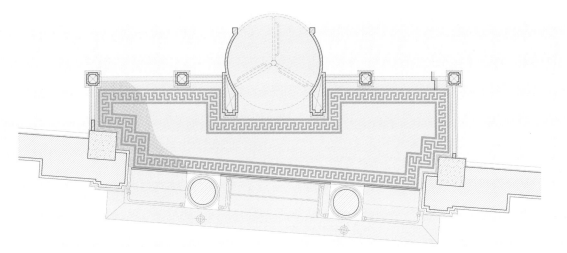

4-15 大楼东入口修缮平面图

为沪上一流。

20世纪80年代，曾在西侧加建两层，原航船造型的设计理念被削弱。建筑中部设局部地下室，初始作为锅炉房使用，后废弃。结构形式为钢筋混凝土框架结构，板筏基础，下设木桩。

该建筑于1994年2月被列为上海市第二批优秀历史建筑，1996年11月作为上海"外滩建筑群"的重要组成部分被国务院核定公布为全国重点文物保护单位。根据建筑保存情况，经评估，将其外立面、南门厅、东大厅、大楼梯、601办公室、底层贵宾接待室及木门窗

After 1949, the building was occupied by the Shanghai People's Radio Station for more than forty years. Communication towers and other facilities were successively installed on the roof. Therefore, the building came to be known as the "Broadcasting Building". In 1996, Shanghai Municipal Administration of Culture, Radio, Film and Television and Shanghai Media & Entertainment Group took over the building. In 2011, as part of the efforts of developing the Bund into a Financial Center, the property ownership was transferred to the Shanghai Clearing House under the People's Bank of China to house the financial clearing activities among banks across the whole country. The building turned into a financial "powerhouse" in China.

Currently, the building is seven stories above ground (part of it has an eighth floor). On the east side, facing the Bund, a tower was designed as the commanding height of the building and reaches about 32 meters. The total floor area of the building is about 13,000 square meters. The design of the building promoted the concept of "modern and progressive", with elaborate ornaments and implication of cultural diversity. In addition, as a shipping line company, the building was equipped with advanced technologies essential to its business in sustaining fluid communication with all mail liners. Subsequently, the Consulate, Associated Press and radio station all required the building's communication facility to stay in the top performance. The building is listed as one of the National Key Protected Cultural Relics and the second batch of Outstanding Historic Building in Shanghai.

4-16 大楼修缮后柱础展示，邹勋摄，2013

扇、天花线脚等细部作为重点保护部位。

三、保护设计前存在问题

历经近90年的使用，2011年修缮前，北京东路2号大楼除结构安全需重新检测评估、设备系统需更新增设外，临外滩一侧的底层东入口门廊被封堵；建筑外立面装饰局部后期受损；外立面形象待整治；西侧的后期加建部位安全存在隐患，加建部位严重影响立面风貌；东大厅、南门厅、大楼梯、601办公室等重要的重点保护部位风貌部分受损；六层内庭院被后期封堵，庭院两侧有代表性的彩色玻璃窗被覆盖遮挡等。

四、保护设计技术要点

整治总体环境，恢复东入口，展示精美柱式

从历史图纸与20世纪50年代历史照片分析，东入口原为半室外的门廊空间，有两根花岗岩石柱。

建筑现状东厅入口门廊空间被封堵，本次修缮设计按照历史图纸对门斗及金属转门进行了复原，结合室内空间设计提升了入口空间品质。此外由于外滩人行道标高逐年升高，原东厅入口处爱奥尼柱柱础已埋入地坪

4-17 大楼修缮前柱础被埋，邹勋摄，2011

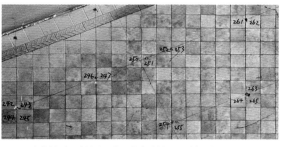

4-18 主楼梯剥开木护壁后发现的瓷砖墙裙，刘寄珂摄，2012

4-19 大楼南门厅修缮前，刘寄珂摄，2011

4-20 大楼主楼梯修缮前，刘寄珂摄，2011

4-21 大楼南门厅修缮后，胡文杰摄，2013

4-22 大楼主楼梯修缮后，胡文杰摄，2013

下，本次修缮通过外移人行道台阶得以完整复原原入口立柱和柱础。

在保护的前提下科学合理地进行新的功能分区

保留现状南入口作办公主入口，保留现状东入口作贵宾出入口，保留建筑北侧中部作疏散出口。恢复沿北京东路的西侧次入口。

根据使用需求，优化大楼功能分区。本次设计将机房区域设置在建筑底层及一层西侧。贵宾接待区设置于底层及六层东侧，既方便贵宾到达同时还拥有最佳景观视线。高管办公区集中设置于五层，减少来自其他区域的干扰。增加的厨房及食堂区域位于五层西侧。后勤服务区设置于建筑中部，靠近后勤货梯出入口。

完整保护、恢复南门厅的历史风貌

完整保护顶棚及梁的花饰，并对南门厅后期改造的墙面、地坪等按历史样式进行复原设计，选取优质石材重新铺设墙面及地面。木门套现状为后期改造，依据历史图纸剖面图与一层的现存门套，对门厅通往东西两侧走廊的木门及木门套进行复原设计。南门厅立柱柱头为历史原物，保留修缮原柱头，参照一层柱子的柱身样式及历史图纸等，新做石材柱础，复原柱式。

恢复主楼梯原彩釉面砖墙裙

保存尚好的主楼梯顶棚装饰线脚、铸铁镂空栏杆、木质扶手等历史原物得到了精心的保护与修缮。当拆除现状楼梯木护壁后，发现内面留存的原产地英格兰的20世纪20年代米黄色釉面砖配搭深绿色腰线釉面砖，腰线图案呈现明显的ART DECO风格，清新典雅，独具一格。经清点，米黄色釉面砖留存约9400块，转角件约18件，腰线约290片，施工时将原有墙裙釉面砖小心剥离，将保存完好的面砖按原拼饰集中重新铺砌于G-1层楼梯间，保证原物得到最好的保护和利用，并恢复了南门厅历史风貌。

Between 2011 and 2013, the No. 2 East Beijing Road building underwent a series of conservation projects to improve overall environment. The original semi-outdoor porch at the east entrance, which at one point was boarded and blocked the access to the exquisite columns, was restored. Circulation was reorganized for new functional zoning, with conservation in mind. The existing south entrance was kept as the main entrance to the office area; the existing east entrance accommodates VIP guests only; the central north side of the building was used as emergency exit; the west side entrance along East Beijing Road was restored to be the secondary entrance. The conservation restored the historic features of the South Hall and reinstated the well-kept decorative ceiling mouldings at the main staircases, as well as the cast iron hollow railings, wooden handrails, and other original historical elements. When wooden panels along the stairs were removed, beige glazed tiles with dark green waist line glazed tiles—originally made in England during 1920s—were discovered. Refreshing, elegant, and unique, they were carefully removed and re-paved in the stairwell on the G-1 floor staircase in their original pattern. This provided the opportunity to best preserve and reuse original materials. The exquisitely decorated Room 601 on the sixth floor was restored to its original in full detail. In non-character-defining rooms, ceiling beams and decorative columns were treated as featured elements to be preserved and reused and to display the original interior detailing. The building's safety and comfort performance were enhanced through structural and MEP system design.

4-23 大楼601房间修缮后，胡文杰摄，2013

4-24 大楼六层走廊修缮后，胡文杰摄，2013

4-25 大楼六层走廊修缮前，刘寄珂摄，2011

4-26 大楼601房间修缮前，刘寄珂摄，2011

完整保护六层601房间

601房间是这栋建筑保存下来最精美的房间。木墙裙到顶，木墙裙和壁炉中间留存五幅精美的木雕，代表了当时格林邮船公司的标志和业务到达的范围。保护修缮后该房间将作为贵宾接待室使用。墙面木墙裙为历史原物，后期曾被改漆成白色，本次修缮保留现状，恢复原有柚木的本色。

结合再利用功能要求保护展示原室内装饰部位

六层公共走道的木窗套与彩色压花玻璃窗系历史原物，原位置保护修缮窗套及彩色玻璃窗。顶棚现状为后期改造，本次设计重新设计顶棚及线脚，布置灯具。

在各个非重点保护房间内，将精美的梁饰顶棚、装饰柱式作为重点元素予以保护。新的室内顶棚造型及灯光设计结合新增的设备管线设施，将新的室内空间感觉和传统经典空间元素融为一体。

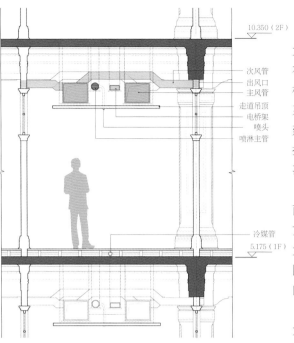

次风管
出风口
主风管
走道吊顶
电桥架
喷头
喷淋主管

10.350（2F）

冷媒管

5.175（1F）

4-27 大楼设备走向设计，华轲绘制，2011

4-28 大楼修缮后办公空间，胡文杰摄，2013

结构、设备设计提升建筑的安全性、舒适性

本次修缮设计根据房测报告进行结构加固设计。作为全国重点文物保护单位，加固后结构安全及抗震性能在原有基础上有所提高，同时又不改变建筑物的原有结构体系、材料与连接方式，不改变主体结构的抗侧力体系。在施工过程中发现加建部分结构体系较为混乱。加建部分结构与原结构连接处存在安全隐患，部分主梁直接搁置在原砖砌墙体上，导致大楼框架体系不完整。本次设计对加建部分进行了重点加固，以确保结构安全。

大楼空调室外机组置于屋面西北侧，并退后建筑立面一定距离以避免破坏原立面风貌。室内主风管沿走道方向设置，位于主梁下方，避免破坏原平顶装饰。同时为保护室内平顶，次风管利用主梁与气窗之间的侧墙空隙设置进出风口，避免破坏原平顶装饰的同时满足了房间的新风需求。

在文物保护的原则下，设计参照执行现行规范，对大楼的防火分区进行划分，并在相应部位增设防火门，对管道井进行消防构造设计，另增加消防电梯，利用室外凹廊作为前室，使大楼的消防水平得到提升。

北京东路2号保护修缮工程于2013年竣工，通过文物局与相关建设管理部门的验收后，交付上海清算所使用，得到业主的高度赞扬。在2016年2月G20上海财长和央行行长召开会议时作为中国央行接待世界主要银行高管的场所，大楼的保护设计亦得到宾主的一致好评。被评为首届（2013年度）全国十佳文物保护工程，获得2015年度全国优秀工程勘察设计行业奖传统建筑类二等奖、建筑工程类三等奖、上海市勘察设计协会优秀工程勘察设计二等奖、上海市建筑学会第六届建筑创作奖——既有建筑改造类佳作奖。

4-30 大楼修缮后休息区，胡文杰摄，2013

4-29 修缮后大楼东门厅，胡文杰摄，2013

4-31 大楼修缮后前台区，胡文杰摄，2013

4-32 修缮后大楼电梯，胡文杰摄，2013

4-33 修缮后大楼底层接待室，胡文杰摄，2013

4-34 修缮后大楼屋顶平台，邹勋摄，2013

4-35 修缮后大楼六层内天井，邹勋摄，2013

4-36 修缮后大楼西南角外立面，胡文杰摄，2013

4-37 修缮后大楼南立面局部，胡文杰摄，2013

主要设计人：

唐玉恩、邹　勋、刘寄珂、陈佩女、苏　萍、宿新宝、

华　轲、

王连青、葛春申、张晓波、毛仕宏

图片注：

注 1. 赵凯，上海广播电视志编辑委员会 . 上海广播电视志 [M].
上海：上海社会科学院出版社，1999.
注 2. 远东评论 The Far Eastern review ，1922.7
注 3. (美) 刘香成，(英) 凯伦•史密斯 . 上海：1842- 2010
一座伟大城市的肖像 [M]. 北京：世界图书出版公司，2010.

参考文献：

[1] 薛理勇 . 外滩的历史和建筑 [M]. 上海：上海社会科学院出
版社，2002.
[2] 上海广播电视志编辑委员会 . 上海广播电视志 [M]. 上海：
上海社会科学院出版社，1999.
[3] 上海市地方志办公室 . 上海名建筑志 [M]. 上海：上海社会
科学院出版社，2005.
[4] 郑时龄 . 上海近代建筑风格 [M]. 上海：上海教育出版社，
1999.
[5] 罗小未 . 上海建筑指南 [M]. 上海：上海人民美术出版社，
1996.

05 东方汇理银行
The Banque de L'Indochine

原名称：东方汇理银行

曾用名：东方大楼

现名称：光大银行

原设计人：通和洋行（Atkinson & Dallas Architects and Civil Engineers Ltd.）

建造时期：1914年

地　　址：上海市中山东一路29号

保护级别：全国重点文物保护单位

　　　　　上海市优秀历史建筑

保护建设单位：中国光大银行上海市分行

保护设计单位：现代集团历史建筑保护设计研究院

　　　　　　　上海现代建筑装饰环境设计研究院有限

　　　　　　　公司

保护设计日期：2010-2012年

左图5-1　东立面修复后外景，许一凡摄，2018

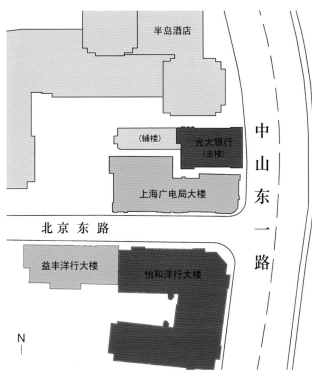

5-2　光大银行大楼及周边保护建筑

一、历史沿革

东方汇理银行时期（1914–1955年）

1899年，法商东方汇理银行在上海开设分行，行址设在法租界内洋泾浜1号。1911年，东方汇理银行购得外滩29号地块，将旧房拆除重建新楼。

大楼1912年由英商通和洋行设计，1914年6月建成。初建时为法商东方汇理银行（Banque de l'Indo-Chine）上海分行。1925年改组为中法工商银行（Banque Franco- Chinaise pour le Commerce et l'Industrie）。

1935年，建筑曾进行内部改造，将各层原钢木楼盖替换为钢筋混凝土楼板。

1955年，中法工商银行正式停业。

市公安局交通处时期（1956–1996年）

1956年，大楼由市房管局管理，改名"东方大楼"，供上海市公安局交警总队使用。

1986年，上海市公安局交警总队委托黄浦区房地局设计勘察室进行建筑改造，一层增加钢结构夹层，平面布局调整为机关办公用途，并进行装修。

光大银行上海分行时期（1996年至今）

1996年中国光大银行上海分行迁入大楼，委托上海建筑装饰（集团）总公司设计改造。一层拆除夹层，新建玻璃拱天棚，其上方和三层天井位置增设楼板，覆以玻璃拱天窗，其余空间亦根据现代银行使用功能调整平面布局，重新装修；并在西面新建5层辅楼。

大楼1989年被列为上海市第一批优秀历史建筑，1996年11月，大楼作为外滩建筑群之一被公布为全国重点文物保护单位。

二、建筑概况

外滩29号大楼位于外滩北段北京东路与苏州河之间，高3层，钢骨混凝土混合结构，建筑面积约2200m²。

大楼东立面为主要立面。立面横、纵三段式构图，比例严谨。中部三开间有通贯二、三层的两根爱奥尼式柱，二层中间跨采用了变形的帕拉第奥母题。

一层主入口门窗洞作视觉加强处理，用两根塔司干式圆柱支承额枋、檐壁和半圆形的拱壁，拱壁处理成壁龛，以衬托坐落在额枋上的卷涡状断山花，两边的拱肩上带有曲线形的盾形装饰，其上原刻有东方汇理银行的英文字母缩写标识BIC。

东立面及南北立面东跨为花岗石饰面，面层粗琢处理，其余立面皆为水刷石。主入口两根塔司干式圆柱及贯通二、三层的爱奥尼式柱均为抛光青岛花岗石。

大楼室内装饰也颇具特色。始建时期一层中央为银行营业大厅，是一个由六根爱奥尼式圆柱支撑的大空间。六根圆柱分两列把整个天棚分为三跨，左右两跨交织的横梁形成井格式天棚，有着精致的线脚和密布的齿饰。中跨上覆一个长圆形平面的拱形玻璃天棚，玻璃天棚由精细的拱肋架起，局部带有精致的装饰。大厅中沿柱列绕着一圈精美的柚木矮柜台，六根圆柱底部设矩形柚木柱基，与柜台融为一体。大厅四周墙面均布爱奥尼

5-3 建成初期东方汇理银行东立面

5-4 1914年东方汇理银行历史照片

5-5 1991年照片中主入口断山花处原杯形雕饰已损毁

式壁柱。

二、三层原为银行职员公寓，以"回"字形平面布置，中央为采光天井，为职员公寓提供自然采光，同时通过一层玻璃天棚为营业大厅提供自然采光。

室内木装修均为柚木，带有巴洛克装饰风格。

大楼在建筑体量、规模上虽并不显著，但其在上海乃至全国近代建筑历史上的地位颇为重要。

东方汇理银行是唯一一家建在公共租界的法国银行，与同一建筑师设计的中山东一路7号大北电报公司大楼一起作为外滩唯两的带有法国巴洛克风格特征的古典主义建筑。

5-6 东立面二层中间跨采用变形的帕拉第奥母题，许一凡摄，2018

三、保护设计前存在问题

大楼百年来先后作为多种功能使用，建筑外立面存在污损劣化问题，室内布局和特色装饰等发生了较大改变。在20世纪80、90年代的加固改造工程中，拆除了底层大厅内玻璃采光天棚，在原天井部位逐层增设楼板。室内墙面、立柱等均采用扩大截面法加固并重新装修。吊顶降低内增空调，另做新的装饰等，地坪改为铺贴芝麻灰花岗石，原木质外门窗更换为铜窗。历次改造较大程度改变了大楼原内部布局、结构，为修复工程增加了难度。

四、保护设计技术要点

根据上海市文物局要求与专家意见，复原设计以初始建成时风貌为依据，通过史料考证分析，在有限经费、工期与现状结构情况下，满足现代使用功能的同时尽可能还原历史风貌。

5-7 1917年室内一层大厅历史照片

外立面清洗修缮

外立面整体保存状况尚好，主要以清洗外墙和拆除空调外机等添加物、清除墙面后加残留铁件、梳理外露管线为主要工作，同时缩小企业标牌铭牌尺寸，材质由高光改为亚光。重新设计、安装泛光灯具。

一层大厅复原

根据历史照片，原玻璃天棚为中段筒形曲面、两端球形曲面的形式。采用照片测量的方式，结合软件建立不同拱高、半径的天棚模型，以历史图纸和照片为依据取相同视点、角度生成二维图片，分析、比较、研究，最终确定玻璃天棚跨距、弧度、拱高、构造等基本要素。

5-8 北立面盾形花饰中央保留原东方汇理银行法文"BIC"标志

5-9 1917年室内一层大厅历史照片

因后期在天井处增加的混凝土楼板使玻璃天棚无法恢复自然采光，设计采用在天棚内侧拱脚处增设射向天棚上方拱形反光石膏板的LED灯，利用柔和均质的反射光模拟自然采光。

本次修缮参照历史资料和仅存的东墙巴洛克样式高大木门套，复原了西墙木门、门套、木护壁及陶瓷锦砖回纹勾边的大理石地坪等。

初始设计时大厅中央为六根上部白色、下部柚木饰面并设柚木基座的爱奥尼柱。柱身比例优美、收分明显，据照片比例推测，柱身下部柱径约600mm，上部柱径约500mm。1996年采用钢筋混凝土扩大截面法加

Banque de l'Indochine is the only French bank built in the former International Settlement. It is a three-story high, steel-concrete mixed structure with a total floor area of about 2,200 square meters. It is listed as a National Key Protected Cultural Relics and among the first batch of Outstanding Historic Buildings of Shanghai. Together with the Great Northern Telegraph Building at No. 7 on the Bund, also designed by Atkinson and Dallas, these are the only two examples on the Bund of classical architecture informed by the French Baroque style.

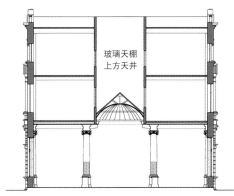

1912 年原始设计剖面示意

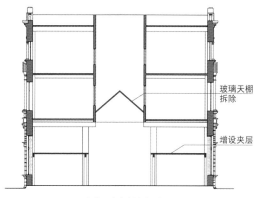

1986 年第一次改建剖面示意

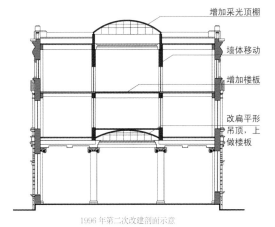

1996 年第二次改建剖面示意

本次保护修缮剖面示意

5-10　大厅历次改造剖面示意

5-11　历史照片图像测量图示

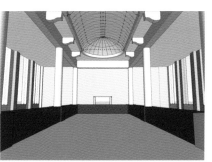

模拟 1：拱高 1500mm

模拟 2：拱高 1600mm

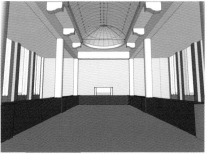

模拟 4：拱高 1800mm

模拟 5：拱高 1900mm

5-12　数据模型模拟比选推测拱高

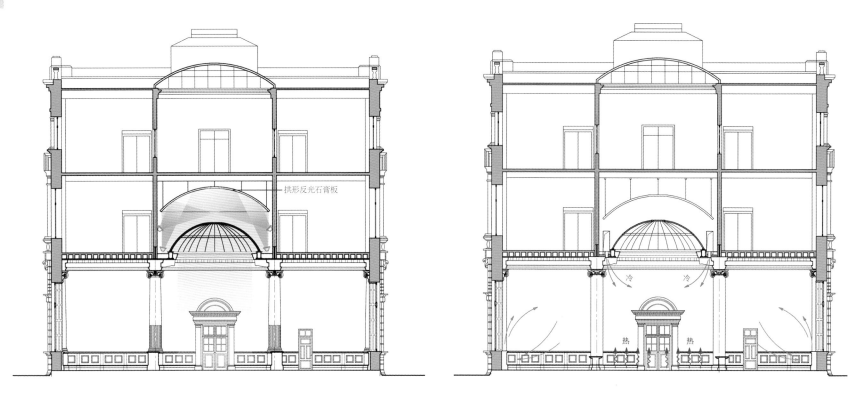

5-13 玻璃天棚采光方案示意

5-14 大厅暖通方案示意

5-15 大厅竣工照片

固使柱径增至650mm，外包大理石后柱径约750mm，导致柱身粗壮、比例失调。本次修复方案原拟在不拆除钢混加固情况下，通过改变饰面、增加收分、视觉校正等方式尽可能改善柱式形象：以混凝土柱身(结构柱径650mm)为最小柱径采用抹灰重做柱身收分；柱身下部不复原柚木饰面，以避免视觉上缩短柱身；柱身下部做凹槽，视觉上弱化柱身粗壮效果；复原柱基及柚木柜台，并使二者组合一体。但由于资金和工期等因素，未能实施。

设备更新

根据功能需要和规范要求，大厅在不影响历史风貌的前提下增设了暖通空调、消防喷淋、自动报警系统等，提升了建筑安全性与舒适性。

针对高大空间特点，大厅采用了复合的暖通方案。大厅南北两侧窗下设地柜式多联机空调，冷媒管线沿墙边敷设在木地板下，并结合窗台、窗套做木地柜隐蔽空调机；大厅中部除在天棚两侧设空调箱及风口送风外，还在大理石地坪下设地板热辐射作为辅助供暖，以解决上送暖风在冬季所形成的上热下冷温度梯度问题。

吊顶复原隐蔽增设了烟感自动报警系统。大厅钢梁与楼板的构造方式也为增设喷淋提供了条件：喷淋支管由大厅西墙紧贴楼板引入，穿过钢梁上砖墙使支管通达各区，避免了消防水管绕梁带来的不利影响。

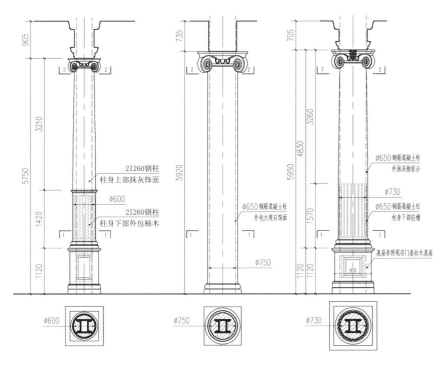

A. 建成初期立柱:
柱底径约600, 柱高约5750

B. 1996年加固后立柱:
柱底径750, 柱高5920, 柱身无收分

C. 复原设计立柱:
柱底径730, 柱高增至5950

保护工程对建筑外立面、室内大厅等重点保护部位进行了保护修复, 还原了历史建筑的风貌, 并通过设备更新赋予了历史建筑时代特征。本工程获得上海现代建筑设计集团有限公司2011年度"现代杯"建筑创作优秀奖。

主要设计人员:
张皆正、陈民生、邹 勋、宿新宝、崔 莹、
卢 铭、陆俊杰、李文艳、袁晓莹

5-16 建成初期、1996年加固后与复原设计立柱比较图 (单位: mm)

From 2010 to 2012, a series of conservation works were completed. Based on the original appearance and available historical materials—despite the limited funds, short construction timeline, and poor condition of existing structure—the adaptive reuse achieved the goal of combining modern functions with the restoration of historic features. The conservation program included cleaning and reinstating the building façade as well as upgrading MEP system according to required functions and specifications. By measuring photos and computer modeling information provided by historical drawings and photographs, the conservation restored the original glass ceiling of the atrium on the ground floor and improved the style of the later-reformed columns. The character-defining rooms on the south side of ground floor foyer were rearranged into one reception room with the structure exhibited to showcase the past lives of the building and the sense of authenticity of the conservation work.

参考文献:
[1]New Bank Buildings in China[N]. The Far Eastern Review, 1914.6.
[2]Arnold Wright. Twentieth Century Impressions of Hong Kong, Shanghai, etc[M]. London: Lloyd's Greater Britain Publishing Company, Ltd, 1908.
[3] 外滩29号主楼结构鉴定报告 [R]. 上海市建筑科学研究院房屋质量监测站, 1995.11.

5-17 东立面主入口, 许一凡摄, 2018

6-1 原英国领事馆修缮后，许一凡摄，2014

06 英国领事馆建筑群 British Consulate Building Group

原名称：英国领事馆和领事官邸
　　　　联合教堂
　　　　教会公寓
现名称：外滩源壹号
原设计人：格罗斯曼和鲍伊斯、道达尔
　　　　（Grossman & Boyce, W.M.Dowdall）
建造时期：1872-1886年
地　　址：上海市中山东一路33号（原英国领事馆和
　　　　　领事官邸）
　　　　　南苏州路79号（原联合教堂）
　　　　　南苏州路107号（原教会公寓）

保护级别：全国重点文物保护单位
　　　　　上海市优秀历史建筑
保护建设单位：上海新黄浦（集团）有限责任公司
保护设计单位：现代集团都市建筑设计院
　　　　　　　现代集团历史建筑保护设计研究院
保护设计日期：2008-2012年

6-2 外滩源33号建筑群总平面

黄浦江纵贯上海市区，把上海分割成浦西和浦东；吴淞江（流入上海市中心段习称"苏州河"）则横贯上海，又把上海分为浜南和浜北。苏州河在今外滩的顶端处注入黄浦江，在"江浦合流"一带的地方被叫做"外滩源"。项目位于黄浦江和苏州河交汇处，是上海租界乃至上海现代城市发展的起点。

项目涉及的历史建筑为中山东一路33号大院的原英国驻上海领事署和官邸，南苏州路107号原英国基督教联合教堂（译名），又名"新天安堂"，南苏州路79号原教会公寓，以及相邻近地段的环境整治。

原英国领事馆及领事官邸部分

一、历史沿革

1843年11月8日英国驻上海首任领事巴富尔（George Balfour）抵沪，旋租上海县城内西姚家弄"敦春堂"民宅建立领事署。

1849年，英领馆建筑建成，1852年被推倒重建。

1870年，发生大火，英领馆建筑被烧毁。

1873年，英领馆新楼建成。

随着领事事务的扩大，中山东一路33号后来升级为英国驻沪总领事馆，官邸则为领事住宅。1949年中英断交后，领事馆的原有主要功能不复存在。1966年，领事馆关闭，房产由中国政府接管。后由上海市外经贸会下属机构使用。2003年，房屋置换给上海新黄浦（集团）有限责任公司。2012年至今，作为瑞士顶级手表品牌百达翡丽上海源邸使用。

二、建筑概况

现存原英领馆主楼东侧部分建于1872年，西侧法院部分建造于1870年，为殖民地文艺复兴样式，带有外廊。根据历史图纸的平面和历史照片，原英领馆主楼在初建时是一座四面外廊式的建筑，四个立面都是主立面，外廊分布在立面中间位置。其中西侧法院部分西立面是二层分布外廊，而其他三个立面都是上下两层都分布外廊，采用了古典式立面构图，面向外滩的主立面两侧开间稍稍前出，门和窗洞间作平券和半圆券，以加强对称式的构图；一、二层间有突出的腰线，因此立面带有横、竖向三段式划分的意味，彰显出其权力中心的身份。根据封堵外廊的现状，窗扇的分割手法与原建筑的立面协调统一，其中南立面和北立面应该是20世纪20年代前后为扩大办公面积而统一改建的。主楼内部装饰较为简洁，除了一部分壁柱的

6-3　20世纪初英领馆建筑群历史照片

6-4　20世纪初英领馆建筑群历史照片

6-5　英领馆官邸历史照片

6-6　原英领馆修缮前照片

6-7　原英领馆官邸修缮前照片

6-8　原英领馆官邸修缮前照片

花饰之外，其他都是朴素的文艺复兴样式，门窗套装饰线脚也较官邸简单许多，有多处大空间布局，空间宽敞明亮。

原英领馆官邸建成于1884年，建筑风格较领馆主楼更为华丽，立面以及内部装饰都有所增加。初建时为清水红砖建筑，带有明显的外廊式特征，同时受到维多利亚时代后期建筑风格的影响。建筑南侧下有柱廊与外伸的门券，上有开阔的阳台。除了门窗拱券形式，建筑多处留有古典柱子与壁柱的形式。建筑外廊的柱头为外

滩建筑中很少出现的科林斯柱式，与之相呼应的是底层的铺地与多处细节的装饰也是相似的植物类元素图案。而建筑内部出现的柱头多为爱奥尼柱式。可见该建筑丰富细腻的装饰风格。

原英国领事馆建筑面积3902.5m²，原英领馆官邸建筑面积1227.5m²，建筑均为2层。

6-9 原英领馆南立面修缮后，许一凡摄，2017

6-10 原英领馆东南立面修缮后，许一凡摄，2017

Located at the confluence of the Huangpu River and Suzhou Creek, the complex of No. 33 Bund is considered the starting point of the Shanghai International Settlement, and even of the city's modern urban development. Among them, No. 33 Zhongshan East 1st Road is the former British Consulate and official residence, built in 1873 and 1884 respectively. No. 107 South Suzhou Road is the former United Christian Church of England, also known as the "Union Church", built in 1886. No. 79 South Suzhou Road is the former United Church apartment that accommodated missionaries from all over the world to Shanghai. After the British Consulate closed in 1966, it was used for a department of Foreign Trade Bureau, and in 2003 it was transferred to the Shanghai New Huangpu (Group) Co., Ltd. In 2012, it was rehabilitated and re-opened as Swiss watch manufacturer Patek Philippe's mansion in Shanghai.

The total floor area of the former British Consulate is 3,902.5 square meters, and that of the official residence is 1,227.5 square meters, both two-story buildings. The former British Consulate was built in colonial Renaissance Revival style with a portico at front. The interior decoration is relatively simple, except some pilasters feature floral ornaments, while the rest is consistent with the Renaissance Revival style. The official residence of the former British

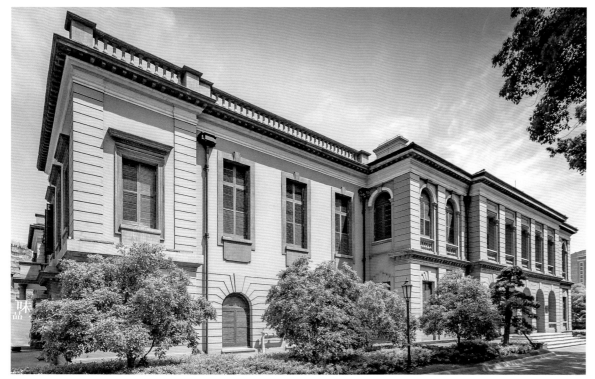

6-11 原英领馆西南立面修缮后，许一凡摄，2014

三、保护设计前存在问题

作为外滩历史上最老的建筑，建造于19世纪的原英国领事馆和领事官邸楼保护修缮前空置，建筑形制已与原有的风格特征不一致。原英国领事馆主楼和官邸楼室内原有多处较大的空间。后根据使用需要，将建筑的原有平面格局任意分割，室内原有的装饰也有不同程度的破坏。由于其建造年代过于久远，且处于空置状态，不具备现代功能所必需的设备配置，存在消防安全和结构安全隐患。

Consulate is enclosed by exposed red brick walls, with clear evidence of a portico structure and influence of the late Victorian style. The interior decoration is comparably rich.

6-12 原英领馆西立面修缮后，许一凡摄，2017

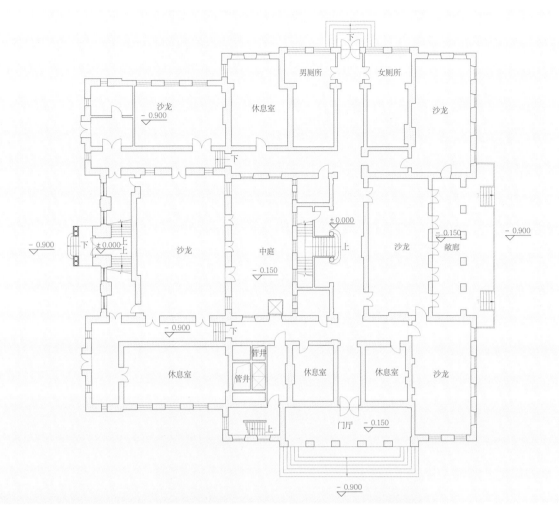

床 平面图内标注：

沙龙 -0.900　　休息室　　男厕所　　女厕所　　沙龙

-0.900　　下 ±0.000　　沙龙　　中庭 -0.150　　±0.000 上　　沙龙 -0.150　敞廊 -0.900

休息室　-0.900　下　管井　管井　休息室　休息室　沙龙

门厅 -0.150

-0.900

6-13　原英领馆修缮后底层平面图

6-14　原英领馆东立面修缮后，许一凡摄，2017

四、保护设计技术要点

原英国领事馆保护设计技术要点

1.所有的外立面恢复历史原状；东、南立面为主要保护立面；保护室外东南草坪及树木。

2.外立面拆除后加窗户，还原外廊形式。

3.严格保护主楼内的右侧花岗石楼梯，西入口的花岗石楼梯。

4.室内恢复历史空间格局，保留和修复主要的走廊空间，恢复二层西侧原法庭空间。

6-15　原英领馆楼梯厅修缮后，刘文毅摄，2018

6-16　原英领馆中庭修缮后，刘文毅摄，2018

6-17　原英领馆中庭立面修缮后，刘文毅摄，2018

6-18　原英领馆主楼梯修缮后，刘文毅摄，2018

6-19 原英领馆官邸东立面修缮后，许一凡摄，2017

6-20 原英领馆细部修缮过程照片

原英国领事官邸保护设计技术要点

1.所有外立面恢复历史原样，东、南立面为主要保护立面，保护室外南草坪及树木。

2.外立面拆除后加窗户，还原外廊样式。

3.严格保护原有木楼梯扶手、踏步，以及楼梯间特色门窗套。

4.室内恢复原有历史空间和平面布局。

5.严格保护入口门厅玻璃小天棚、进厅地砖、外廊部分地砖、壁柱花饰、石膏顶棚、壁炉、门窗套等装修。

6-21 原英领馆官邸柱廊修缮后，许一凡摄，2017

6-22　原英领馆官邸西南立面修缮后，许一凡摄，2017

As part of the conservation process of the former British Consulate and official residence, all the façades were restored to their historical condition, later-added windows were removed, and the portico was restored. The lawns and trees were preserved as well. In the former British Consulate, the indoor granite staircase on the right side and the granite staircase by the west entrance were meticulously preserved, the historic spatial configuration was restored, the main corridor space was maintained and reinstated, and the original court space on the west side of the second floor was restored. In the official residence, the historic spatial configuration and floor plan were restored while wooden handrails, stepping stones, and door and window trims of the stairwell were carefully preserved. In addition, the glass ceiling of entrance hall, floor tiles of the reception area, some floor tiles of the portico, floral ornaments of the pilaster, the plaster ceiling, fireplace, and door and window trims were all renovated.

6-23　原英领馆官邸修缮后东立面图

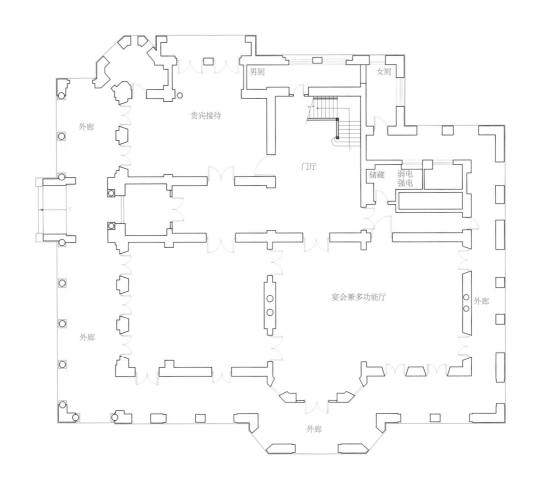

6-24　原英领馆官邸修缮后底层平面图

6-25 原英领馆官邸主入口修缮后，许一凡摄，2017

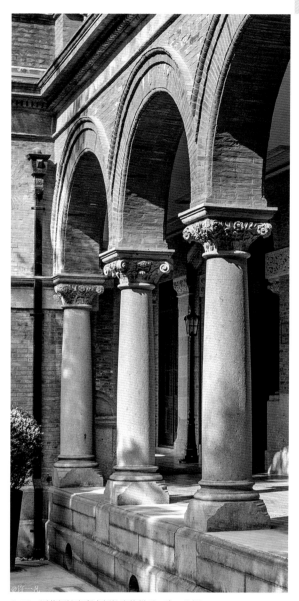

6-26 原英领馆官邸南侧柱廊修缮后，许一凡摄，2017

原联合教堂和教会公寓部分

一、历史沿革

联合教堂建成于1886年，当年是上海一座著名的侨民教堂，是旅沪英国侨民中非英国国教信徒（圣公会以外其他教派信徒）的联合礼拜堂（Union Church）。英国基督教圣公会是英国基督教的国教会，英国同时还有非圣公的其他基督教宗派和他们的海外布道会。1845年，英国基督教伦敦会传教士麦都思在山东路创办仁济医院的同时创建"天安堂"（Chinese Christian Church），除了医院职工和病人做礼拜外，也成了非圣公会系统的英国基督教传教士聚会和做礼拜的专用场所。1857年麦都思逝世后，慕维康(William Muirhead)继任。1864年，慕维康在天安堂辟地另外组建联合教堂（The Union Church），指定为英国传教士及非圣公会系统信徒的专用教堂，中文名仍称"天安堂"。由于仁济医院的关系，狭小的天安堂已不敷使用。1886年，慕维康购下苏州河之地另建"新天安堂"（New Union Church），并规定该教堂为国际性、超宗派(international and interdenominational)的基督教堂。新天安堂须接待各地来沪的传教士，于是先后在教堂的两侧建造"卡灵顿寄宿舍"（Claredon Club，地址为圆明园路55号，是女传教士宿舍)和教会公寓。

6-27 原联合教堂修复施工过程照片

二、建筑概况

在租界时期，联合教堂是与圣三一堂齐名的旅沪外侨宗教与社交生活中心，是维多利亚盛期哥特复兴式的代表。其设计从整体到局部都相当精致，在当时获得很高的声誉，33m高的尖塔十分瞩目，是苏州河口曾经的地标建筑。

教会公寓是新巴洛克风格的作品，表现在入口山花的处理和某些窗套装饰的处理上，整体建筑风格仍然比较朴素，以清水红砖墙面为主，饰以水泥线脚和水泥仿石饰面的做法，使建筑立面活泼不失庄重。南立面作为建筑的背立面，处理比较简单，而且加筑了混凝土楼梯，与整体风貌不甚协调。

原联合教堂建筑面积918.5m²，原教会公寓建筑面积697.6m²，建筑均为五层。

三、保护设计前存在问题

原联合教堂作为外滩源区域历史上原英租界有影响力的外侨礼拜教堂之一和苏州河口的地标建筑，恢复其原有历史外貌在重现地域风貌中应发挥重要的作用，但其建筑本体严重破损，尖塔已毁，教堂的空间特征也不复存在，内部结构系统已不再成立，多处楼面地面松软塌陷现象需要进行外貌的复原和结构的改造。原教会公寓因是项目历史建筑群落的重要组成部分，也需进行结构改造和外立面修缮。

四、保护设计技术要点

对历史建筑进行保护修缮，展示其独特的历史风貌。原联合教堂上部结构结合地下室开发进行结构体系改造，外立面在主体结构完成后进行了复原。在保护原教会公寓外部特征的基础上，改善建筑结构，提高了建筑的安全度和抗震性能，达到延长历史建筑结构使用年限的目的。同时切实结合原教会公寓现状，提出了消防解决方案。

1.外立面恢复历史原样，拆除加建部分，北立面为主要保护立面，严格保护清水砖墙砌筑形式。

2.保护入口门套、木门和门厅空间。

3.保护二层小阳台爱奥尼柱和宝瓶栏杆装饰——按原样修复联合教堂建筑。

修缮改造前认真考虑原始设计资料及施工工艺等，重点部位严格按原式样、原材质、原工艺进行修缮；拆除经专家及业主部门认定需拆除的违法搭建。

6-28 原联合教堂历史照片

6-29 原联合教堂历史照片

6-30 原联合教堂修复前照片

6-31 原联合教堂修复前照片

项目竣工以来，外滩源33号建筑群已成为上海重要的记忆片段与新的城市地标，她作为城市更新与建筑活化案例，为上海历史建筑保护与再利用提供了一个很好的样本。

The former five-story United Church has a total floor area of 918.5 square meters, and was designed in a High Victorian Gothic Revival style. Whether in detail or as a whole, the design is consistently sophisticated. The 33-meter-high steeple stands out and was once considered a landmark at the mouth of Suzhou Creek. The former church apartment has a total floor area of 697.6 square meters, five floors, and an overall simple architectural style. The building consists mainly of exposed red brick walls, cement mouldings, and faux stone cement plaster. The entrance pediment and window trim are in the Neo-Baroque style.

The former United Church combined structural reconfiguration of the upper part of the building with the development of the basement. Once the main structure was completed, the building façade was restored and the later addition was demolished. The restoration included preservation of: the brick wall pattern; the wooden door, door trim, and spatial configuration of the entrance hall; and the Ionic order and bottle railings of the second-floor balcony. Under the precondition of preserving the external features of the former church apartment, the project also encompassed the improvement of the building structure, safety and seismic performance, and fire protection.

6-32　原联合教堂北立面复原设计图

主要设计人员：
凌颖松、陈民生、应伊琼、赵　玲
刘厚华、钱彦敏

6-33　修缮施工过程中

参考文献：
[1] 马长林 . 老上海行名辞典 [M]. 上海：上海古籍出版社，2005.
[2] 陈炎林 . 民国丛书——上海地产大全 [M]. 上海：上海房地产研究所，1933.
[3] 中国近代建筑史料汇编委员会 . 中国近代建筑史料汇编 [M]. 上海：同济大学出版社，2014.
[4] 上海市地方志办公室上海市历史博物馆 . 民国上海市通志稿 [M]. 上海：上海古籍出版社，2013.
[5] 吴健熙 . 老上海百业指南 [M]. 上海：上海科学院出版社，2008.

7-1 修缮后东立面全景　许一凡摄，2009

07 中共二大会址纪念馆 Memorial Site of the Second National Congress of CPC

原名称：上海市南成都路辅德里625号

现名称：中共二大会址纪念馆

原设计人：新瑞和洋行

　　　　　（Davies & Brooke Architects）

建造时期：1915-1916年

地　　址：上海市老成都北路7弄30号

保护级别：上海市文物保护单位

保护建设单位：中共二大会址纪念馆

保护设计单位：现代集团历史建筑保护设计研究院

　　　　　　　上海建筑设计研究院有限公司

保护设计日期：2007-2008年

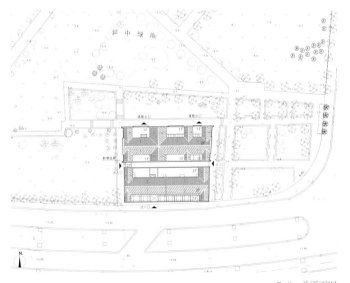

7-2 总平面图

084

一、历史沿革与建筑概况

　　中国共产党第二次全国代表大会（以下简称中共二大）会址位于上海市南成都路辅德里625号（今老成都北路7弄30号）。辅德里属于上海具有代表性的联排式石库门旧式里弄建筑，由开发商郭福庭（音）筹建，1915年10月由新瑞和洋行（Davies & Brooke Architects）设计，次年竣工，全部建筑一组四排（包括沿原南成都路店铺）共76个单元，位处深巷内的625号产权归公共租界巡捕刘少归所有，时任中共中央宣传主任李达租下后作为自己的寓所使用。1959年，中共二大会址被上海市人民委员会确定为"上海市文物保护单位"。

　　中共二大会址所在的辅德里，1999年因延安路高架建设被拆迁，现存两排因中共二大会址和平民女校旧址（7弄42号）属上海市文物保护单位而得以保存外，其余都拆除作为道路或绿化用地。2001年，上海市静安区政府曾对中共二大会址进行修缮，基本保持了辅德里原有的建筑格局和风貌，除两处旧址保留原有的砖木结构外，其余部分增加钢筋混凝土柱，保留展厅，改造为档案馆。2003年中共二大会址被上海市人民政府命名为"上海市爱国主义教育基地"。

　　2007年6月，中共静安区委决定以"修旧如故"为原则对中共二大会址实施修缮，同时将原静安区档案馆迁出，扩建成中共二大会址纪念馆。2008年5月，项目由上海现代建筑设计（集团）有限公司承担设计、上海静安建筑装饰实业股份有限公司承担施工，于2008年底竣工，2009年元旦正式对外开放。修缮后的中共二大会址纪念馆基本保留了1915年始建时的建筑布局和风貌，为两排上海典型的石库门建筑。基地面积约4000m²，建筑面积约2100m²，高度为8.5m。纪念馆展区面积约1170m²，由序厅、中共二大展厅、党章历程厅、中共二大会议旧址、平民女校旧址展厅、临时展厅等六个展区组成，其余为办公等辅助用房。

二、保护设计前存在问题

　　中共二大会址纪念馆修缮工程是一个备受各界关注又具有一定难度的项目。在概念方案到施工图设计期间，由于功能和规模进行了多次重大调整，设计也不断修改和完善。同时，由于静安区档案馆在工程开工之前才开始搬迁，导致建筑测绘无法精确反映建筑和结构现状，一些设计问题在施工中才逐步暴露，需要在施工过程中根据实际情况而逐步优化。此外在2000年的改造中，尽管建筑格局和风貌基本保持着原有氛围，外部空间也基本保持原有的环境，但两排石库门建筑除两处旧址保留原有的砖木结构外，其余部分都被替换为钢筋混凝土混合承重结构。建筑中两种不同结构形式的并存，导致结构体系非常复杂，为本次修缮和改造带来诸多限制和影响。

7-3　修缮后东立面主弄口，许一凡摄，2009

Located at No. 625 South Chengdu Road in Shanghai (now No. 30, Lane 7, Old North Chengdu Road), the memorial site of the Second National Congress of the CPC was built in 1916 in the typical Shikumen style, the traditional Shanghainese laneway row house. From July 16 to July 23 in 1922, the Second National Congress of the CPC was held here. In 1959, the building was designated as a Shanghai Municipal Protected Cultural Relic by the Shanghai Municipal People's Committee.

三、保护设计技术要点

根据上海市文管会的保护要求，中共二大会址和平民女校旧址作为上海市文物保护单位，均属核心保护范围，要求必须保持原状。现存的两排石库门里弄建筑属于文物建筑的保护范围，传统的石库门建筑外立面不得改变，必要按"修旧如故"的原则，按原样式、原材质和原工艺进行保护和修缮。

保护文物建筑的总体环境和氛围

中共二大会址纪念馆坐落于延中绿地中的原辅德里的老式石库门里弄建筑中，本次修缮不但精心保护了建筑的原有总体环境与氛围，确保绿化率不变，还增加了建筑周围的绿化、水景、旧式路灯等小品，不仅丰富了建筑的空间层次，也将两排具有典型上海特色的石库门建筑更好地融入了延中绿地中去，较好地凸显了纪念地的历史氛围，烘托出中共二大会址的纪念性质。

精心保护和修缮中共二大会址和平民女校两处文物本体

按照保护要求，在消除文物本体安全隐患的前提下，严格遵守"修旧如故"和"不改变文物原状"原则，无论是建筑外貌还是室内装饰，都按原式样、原材料和原工艺进行精心修缮。两处旧址的内部空间格局与特征，都根据相关历史资料，恢复至当年中共二大召开及平民女校创办年代的历史原貌，室内的家具及所有陈设等设计方案，都在征得相关专家、学者和主管部门领导的认可下，尽可能地复原了当时的历史场景，结合展陈内容，使人有身临其境的感受，充分体现了其纪念意义。

以传统工艺和施工方法修复了两排石库门建筑的蝴蝶瓦坡屋顶，较好地恢复了其历史原貌。屋面修缮按照

In June 2007, the site of the Second Congress of the CPC went through a series of conservation works under the guideline of "restoring the old with the old look" and expanded the building into a memorial hall. The project was completed at the end of 2008. The reinstated site mostly retains the original 1916 architectural layout and style—two rows of Shikumen buildings, 8.5 meters high, with a total site area of 4,000 square meters and a total floor area of 2,100 square meters. The memorial section covers an area of about 1,170 square meters and is composed of six exhibition halls, including the lobby, the Hall of the Second National Congress of the CPC, the Party Constitution Hall, the old site of the Second Congress of the CPC, the old site of the Civilian Women's School, and the temporary exhibition hall. The rest of the buildings are used for offices.

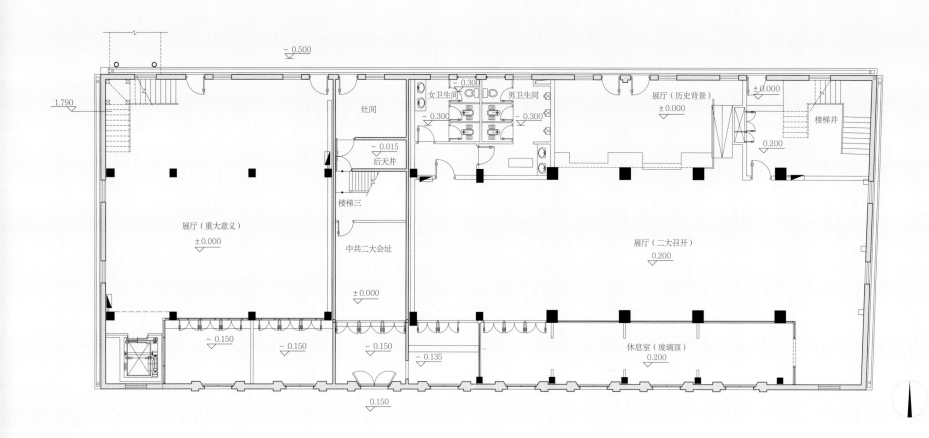

7-4 南楼一层平面图

7-5 南楼南立面图

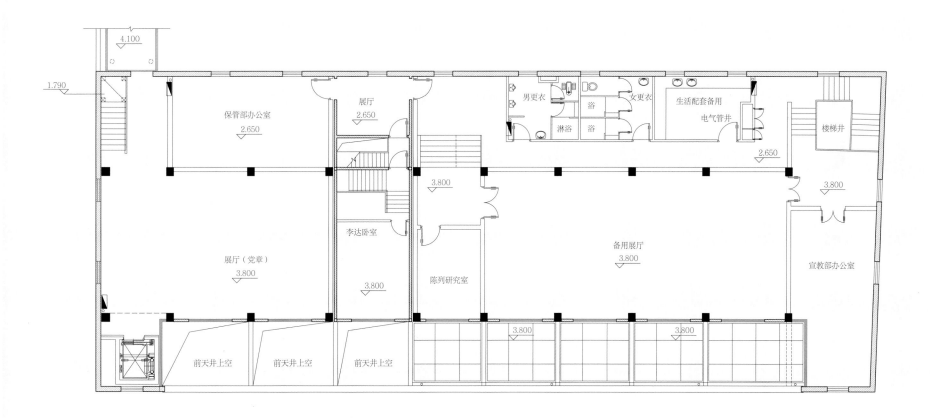

7-6 南楼二层平面图

7-7 修缮后的南、北楼间二层连廊，许一凡摄，2009

先高后低的顺序，先把屋面瓦片拆下，对木屋架上凡有虫蛀、腐朽和损坏的构件均按原样更换，檩条各部位和木屋架与砖墙连接点均按原样修复补齐，砖望板按原样修复；屋面板上铺设防水卷材以加强屋面防水；原屋面的蝴蝶瓦尽量原物利用，不够部分购买材质和颜色相近的瓦片替代，以达到修旧如旧的效果。

辅德里的石库门建筑外墙原以清水青砖为主体、红砖为装饰作为主要特色。修缮以"维持现状、精心修缮"为原则，对外墙进行专业清洗，并除去外墙表面局部的粉刷和涂料等添加剂，原来被水泥粉刷及涂料覆盖的二层南侧窗间、窗肚墙也都按历史原貌恢复清水红砖墙面；石库门两侧装饰立柱原为清水红砖材质，修缮前被青色砖片覆盖，表面涂刷的红色涂料与原清水红砖质感色彩上相去甚远，而石库门的条石门框也被水泥斩假石覆盖，在修缮过程中，先小心剥离

砖片及水泥粘结层，露出原清水红砖表面；然后用砖粉对破损砖面进行谨慎的修补。施工中特意没有将红砖表面修复至完全平整，而是保留轻度破损的状态，避免过度修缮对文物造成的再次保护性破坏；最后根据历史原状修复了圆凸缝砖缝，勾缝要求随砖面破损起伏而起伏，达到"修旧如故"的效果。柱头花饰及线脚部位采用专业脱漆剂洗掉覆盖的红色涂料，露出清水红砖本色。最后对清水红砖部分进行补色和平色处理，并进行全面憎水保护处理。

石库门条石门框修缮时，小心剥离外附的水刷石面层至历史原状的石材表面，用清水清洗，并按传统工艺对原石材表面进行处理，缺损部位用同材质的石粉进行修补，断裂部分采用原来石材按原尺寸定制替换，尽量采用历史原物，且尺寸和规格都不改变。石库门头及上部砖雕采用专业清洗恢复其原有材质，砖雕的花饰雕琢

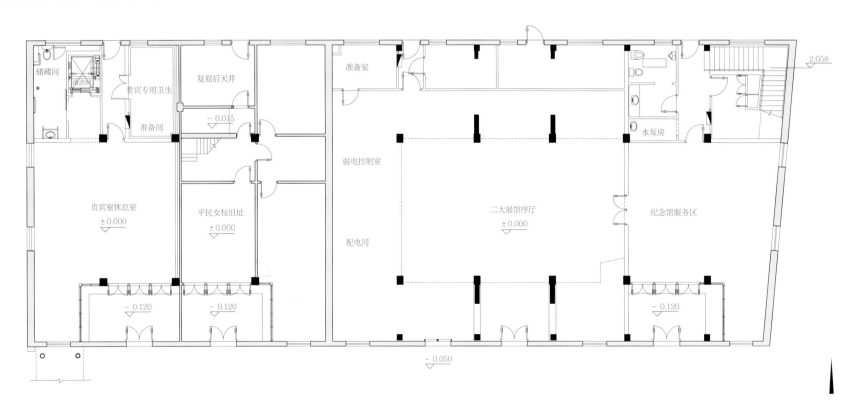

7-8 北楼一层平面图

9.000

6.650

3.800

- 0.050

7-9　北楼南立面图

7-10　修缮后内弄，许一凡摄，2009

都由专业的雕塑艺术技工精心修缮，缺损部位也采用同色材质精心修补，采用专业勾缝材料按历史原状恢复勾缝后，再做表面的憎水处理。

历史图纸显示出山墙面的窗户外原安装木百叶窗，经过仔细考证及设计，重新恢复了木百叶窗，不仅使建筑有较好的隔声和遮阳效果，也更好地恢复了历史建筑的原貌。

石库门建筑内部改造为适应现代功能要求的纪念馆

文物保护要求中，除两处原址外的建筑内部空间和布局都可以改变。根据业主方提出的功能要求，经过精心设计，两排石库门建筑原来作为居住功能的内部空间被改造为满足现代展陈要求的纪念馆空间。北楼拆除部分原有内隔墙，局部楼板挑空，形成二层高的序厅空间，满足了展示主题的需要；南楼拆除部分原有内隔墙，把几个开间的内部空间组合起来，形成了完整的"中共二大"主题展厅。

两排石库门建筑尚存四处前天井与一处后天井，修缮中恢复了其中两处前天井和一处后天井，天井恢复后加上具有现代感的玻璃天棚，不仅成为独具韵味的观众休闲空间，也成为连接各个展厅的共享空间。根据参观流线的要求，经设计单位提出并经专家评审后同意，在南北楼西侧二层间增设钢结构连廊，根据可逆性与可识别性原则，连廊结构与文物建筑相互脱开，各自相对独立；现代钢结构和传统清水砖墙的对比也形成了历史与现代的对话，同时连廊连接了前后两排建筑，解决了两排石库门建筑之间的联系。由于纪念馆共有六个不同性质的展厅，设计单位借助弄堂、天井、楼梯和连廊等空间组合优化了参观流线方案，经过反复讨论和完善，最

7-11　修缮后的南楼南立面全景，许一凡摄，2009

7-12　修缮改造后的展厅室内，许一凡摄，2009

The reinstatement work meticulously preserved the building's original environment and atmosphere, while keeping the ratio of green space unchanged. In addition, it increased the amount of landscape elements around the building, such as plants, water features, and old-style street lamps. This enriched the spatial complexity of the building and integrated the Shanghainese Shikumen row houses into the adjacent Yanzhong Square Park. According to historical information, the interior layout and detailing were restored to the year of the event. With materials illustrated in the exhibition, visitors travel back in time and receive a full exposure of the site's commemorative significance. The two-row butterfly shingle roof of Shikumen building was restored to its historic appearance by using traditional techniques and construction methods. Grey bricks dominate the building's exterior wall construction; embedded red bricks act as the main decorative feature. Reinstatement of the external wall followed the principle of "maintaining the existing and conserving with care". It started with professional cleaning and the removal of surface additives such as paint. Then grey and red brick walls were reinstated to restore the building's historic appearance. To restore the carvings on the column head, paint remover eliminated the existing red paint and revealed the original color of the grey and red bricks. After that, color enhancement was applied to the grey and red bricks for better effect, as well as a layer of water repellent protection. The archway and top part of the brick carving were cleaned and restored to their original states. Professional sculptors and craftsmen repaired the elaborately carved reliefs with extreme care. Damaged parts were repaired with materials of matching color. Based on the historical appearance, the grout was repointed with specific materials, followed by the surface hydrophobic treatment. After careful research and design, wooden blinds were added, not only to provide better acoustic insulation and shading, but also to better restore the original appearance of the historic building.

7-13　保护复原后的室内陈设

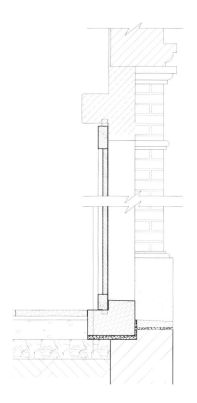

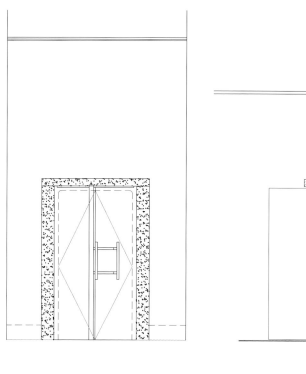

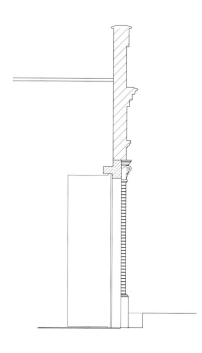

南楼石库门正立面　　　　　　　　　　南、北楼石库门背立面　　　　　　　石库门 1-1 剖面

7-14　石库门修缮示意

7-15　修缮改造后的序厅室内，许一凡摄，2009

终将精心保护的两处原址与纪念馆其他部分有机地贯穿起来。

中共二大会址纪念馆修缮工程是革命历史文物建筑保护利用较为成功的案例，也是一个具有较大社会影响力的项目。设计人员本着"修旧如故"的原则，不仅保护和修复了中共二大会址和平民女校旧址两处文物本体原有的建筑格局和风貌，而且把周边两排具有上海代表性的联排式石库门老式里弄建筑有机组合成了中共二大会址纪念馆。精心修缮后的石库门建筑不仅较好地体现了近代上海的历史原貌，又在环境优雅的延中绿地中得到很好的展示，成为上海市中心一处以上海石库门建筑为特色的爱国主义教育示范基地。项目建成后，参观人员络绎不绝，得到了广大市民和有关领导、专家的一致好评。作为上海市文物保护单位的中共二大会址纪念馆，于2009年5月，被中宣部列为第四批全国爱国主义教育示范基地；于2013年3月5日，被国务院公布为第七批全国重点文物保护单位。

主要设计人员：
盛昭俊、陈民生、许一凡、凌颖松、陆伟民、杨建祖、刘　峰、王榕梅、李代言

The interior of the double-row Shikumen buildings, which were originally designed as residential spaces, was transformed into a memorial space that meets the requirements of modern exhibitions. In the north building, some partition walls were demolished and a partial floor was opened to form a double height antechamber. In the south building, walls were also strategically removed to connect the interior spaces to create a continuous circulation for the "Second National Congress of the CPC" exhibition. On the second floor to the west of the north and south buildings, a steel-structured corridor was added to connect the two rows of the Shikumen buildings, and ultimately to unify the two preserved buildings with other parts of the memorial hall.

原名称：上海基督教青年会
曾用名：青年会宾馆
现名称：锦江都城经典上海青年会酒店
原设计人：李锦沛、范文照、赵深
建造时期：1929年设计，1931年建成
地　　址：上海市西藏南路123号
保护级别：上海市文物保护单位
　　　　　上海市优秀历史建筑
保护建设单位：上海锦江集团青年会宾馆有限公司
保护设计单位：上海建筑设计研究院有限公司
保护设计日期：2008-2009年

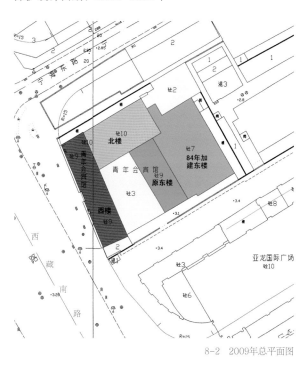

8-1 修缮后全景，陈伯熔摄，2018　　　　　　　　　　8-2 2009年总平面图

08　八仙桥基督教青年会　Shanghai YMCA Building

一、历史沿革

上海基督教青年会位于上海八仙桥地区，由范文照建筑师事务所等于1929年设计，江裕记营造厂施工，1931年9月建成。作为上海基督教青年会总会，兼有办公、社会公共活动以及旅馆等多种使用功能，是基督教教会所属的大型公共建筑，曾承办许多重要社会活动。

"九一·八"事变后，上海基督教青年会将刚建成的八仙桥会所和四川路会所同时开放收容难民；1936年10月8日，第二届全国木刻联合流动展览会在该大楼的九层举行，鲁迅先生带病参加；1945年4月25日，上海市临时联合救济委员会在该大楼举行成立大会。

20世纪50年代大楼一度改名为"淮海饭店"。1959-1966年，上海基督教青年会在此办公。1978产权交还教会。

1984年整幢大楼租给锦江集团青年会宾馆使用，进行了一次较大规模的改扩建，由上海民用建筑设计院设计，拆除东侧原有3层钢结构房屋，建造9层高东楼。

1989年公布为上海市第一批优秀历史建筑，同时列入上海市文物保护单位。

2003年青年会宾馆曾进行过一次局部装修并使用至今，2008因设施及内部装修陈旧，对整幢大楼进行全面修缮装修，2010年完成，现名锦江都城经典上海青年会酒店。

二、建筑概况

青年会宾馆大楼为中国建筑师自己设计的带有鲜明民族形式的大型公共建筑，在上海近代建筑史上有一定的影响，也是上海优秀近代建筑之一。

大楼基地面积2211m²，总建筑面积为12870m²，钢筋混凝土梁柱结构，建筑最高处达11层。大楼由三部分组成，分别为1931年建成的西楼与北楼以及1980年建成的东楼。西楼与东楼均为9层；北楼为10层，局部11层；东、西、北三楼之间为3层裙房。

修缮前大楼一层为商店和办公，二层为办公与会议，三层为办公、美容健身与少量不带卫生间的客房，四层及以上为宾馆客房层，每间客房均设卫生间。

大楼临西藏南路的西楼顶部是钢筋混凝土筑成的重檐琉璃瓦大屋顶，西楼的西立面与南北山墙上部均贴泰山面砖，下部三层基座的外墙为仿石的水泥砂浆墙面（后做灰色喷砂），东楼外墙亦贴泰山面砖，其余部分均为清水红砖外墙。

价值评估与重点保护内容

20世纪早期始，在中国的建筑师中涌现了探索新的民族建筑形式的思潮。同时出现钢筋混凝土结构的现代建筑，在屋顶等重要构件仿照中国传统形式的设计与实践，是对近代建筑的民族形式做出的有益探索。青年会大楼建筑风格反映了当时"传统复兴"的建筑潮流和基督教本地化策略的时代特征。是以现代结构形式探索建造的具有鲜明特色的大楼，屋顶檐部、主入口大门等局部带有民族形式，装修部分也采用中国传统风格的大型公共建筑。在20世纪20-30年代的中国建筑民族化探索中，青年会大楼是成功案例，具有重要的历史、文化价值。

西楼建筑外观仿北京前门箭楼，正立面均为泰山面砖。八层与九层有双重檐，蓝色琉璃瓦屋面，飞檐翘翼，檐下饰斗拱及彩绘。西楼的三层楼板部位设计了以中国传统的"雷云纹"作图案装饰的腰线。北楼与东楼的顶部也为蓝色琉璃瓦，但盝顶不起翘。

8-3　20世纪80年代建筑外景

8-4　20世纪30年代建筑外景

8-5　20世纪30年代室内

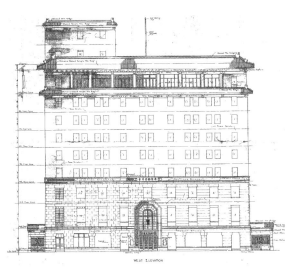

8-6　1929年立面历史图纸

主入口大门为仿宫殿的菱花格心隔扇大门，高达两层的花岗石门框上有古典石雕图案。进门即主楼梯由一层通至二层，磨石子踏步，石制雕花栏杆，楼梯间顶部为彩绘藻井顶棚。

二层大堂水磨石地面，内部装修有浓郁的民族风格，平顶有藻井式彩绘，门窗也仿古而制。

重点保护西楼立面及檐部装饰斗栱和彩绘；各楼立面的泰山面砖、清水砖墙和琉璃瓦屋顶及窗户；底层入口门厅原有平面、空间格局、顶棚线脚及楼梯，二楼大堂基本平面、空间格局、顶棚彩绘等原有装修，直达屋顶原有楼梯的栏杆及踏步。

大楼经过多次改造和装修，修缮前存在后期搭建及临时设备管道，影响了大楼的整体美观。大楼内部因年

The Shanghai YMCA Building is located in the Baxianqiao area and was designed by Poy Gum Lee, Fan Wenzhao and Zhao Shen in 1929. Constructed by a contractor called Jiang Yu Ji, it was completed in 1931. The high-rise building has a reinforced concrete beam-column structure. Upon completion, it housed the Shanghai YMCA General Association, offices, social and public activities, and a hotel, among other functions. It was a large-scale public building belonging to the Christian Association, which hosted many social activities.

Designed by Chinese architects, the YMCA building is a large-scale public facility with distinctive vernacular characteristics and certainly influenced the history of modern architecture in Shanghai. It is included in the first batch of Outstanding Historical Buildings in Shanghai.

8-7 西立面图

8-8 青年会宾馆顶部，陈伯熔摄，2018

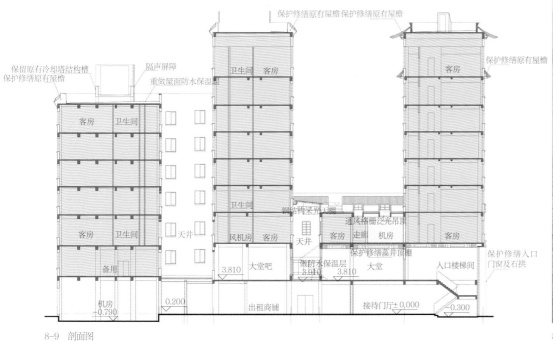

8-9 剖面图

8-10 青年会宾馆大门，陈伯熔摄，2018

8-11　一层大堂实景，陈伯熔摄

8-12　底层门厅全景，陈伯熔摄

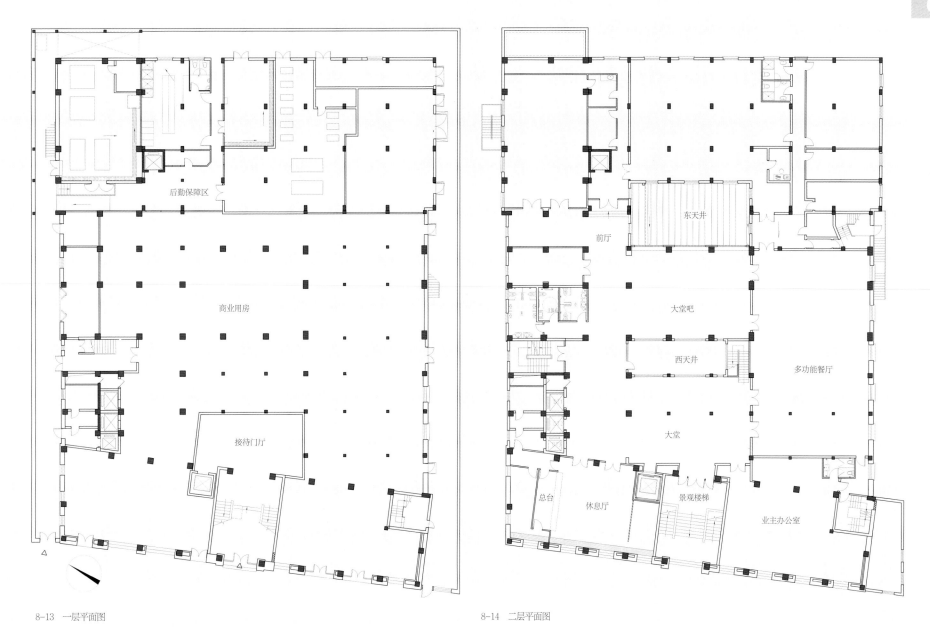

8-13 一层平面图

8-14 二层平面图

久失修、平面布局欠合理，存在安全隐患，并有客流与后勤电梯动线混淆、分区不清、设备老化、宾馆客房的舒适度较差等问题。

三、保护设计技术要点

通过本次保护修缮，尽最大可能全面保护有特色的历史原存部位。基本保留原空间格局，提升保护建筑的文化价值，提高安全性，适应时代需求，提高现代化程度和舒适度，延续建筑的使用寿命。

具体保护修缮分为三类：完整保护修缮、保护性修缮、以恢复和还原历史功能和原状为目的修缮设计，并进行可持续利用优化、更新等技术设计。

整治总体环境和优化交通流线

拆除了历次改造和装修的违章搭建，整体恢复大楼1984年加建时的外观历史风貌，优化环境。整理立面标牌，拆除临西藏南路外墙的各种标牌等。并对底层商户的立面标示标牌提出可逆的安装技术原则，改善外部泛光照明。

以不破坏主入口两层通高的石券及门窗为原则，恢复了主入口曾有的雨篷。

保留原一层商业用房，在重点保护和最小干预前提下，在酒店主入口新增了无机房电梯直达二层大堂，再由大堂北侧两部客梯流向各层。在新建东楼内增设服务兼消防电梯。使客流和服务流线完全分开，同时提升了安全性，整体性完善优化了交通流线。

外立面保护修缮

使用中性清洗剂，对重点污染等部位采取多方案试样比选，以求最佳清洗效果，清洗立面装饰构件等。按原样定制修补屋檐处的琉璃瓦缺损处。

8-15 主楼梯栏杆细部1, 陈伯熔摄, 2010

8-16 主楼梯栏杆细部2, 陈伯熔摄, 2010

8-17 一层西侧主楼梯, 陈伯熔摄, 2010

功能优化, 品质提升

经优化调整, 适当重新组织功能空间以及总台和大堂、多功能厅、大堂吧等重要公共空间的流线。开辟了总台空间使酒店的公共空间大气醒目。

一层除了入口门厅与东侧的后勤设备用房外, 其余部分均为商业用房使用, 基本保留了原来的功能分区; 二层布置有宾馆的大堂、多功能餐厅、大堂吧及宾馆的服务用房, 东侧则为办公、会议等功能; 三至九层均设计为客房层, 重新布置平面, 适当增加客房单元的面积及客房卫生间的面积, 为适应现代使用需求, 补充了必要的后勤使用用房, 经过修缮整治设计显著提高了客房居住的舒适度。

精心保护特色装修

精心保护了一至二层入口门厅原彩色水磨石地面、面砖墙面及大楼梯的水磨石踏步、栏板花饰雕刻、楼梯间顶部彩绘顶棚。

精心保护了三大片具有中国传统特色的藻井吊顶。大楼的中式藻井具有鲜明的特征。该藻井仿古建筑中"平棋"的做法, 包含了"朱、绿、青、赭、黄"等色调的彩画, 并借鉴了清代官式建筑中的"平棋"彩画样式, 有较高的文化价值和历史意义, 是为重点保护区域。

在方案设计及施工工程中陆续发现二层总台休息厅平顶和原业主办公室的平顶内保留原彩绘, 与原有大堂彩绘不同, 其保存基本完整, 图案精美、颜色丰富, 具有较高的文化价值和历史意义, 发现后即被列入重点保护内容, 并及时修改各专业设计, 尽量保留、展示其多样化的藻井式平顶彩绘, 呈现优雅亮丽极富特色的中国文化氛围。

The site area of the building is 2,211 square meters and has a total floor area of 12,870 square meters. It stands up to 11 stories. The building consists of three parts, namely the West Building and the North Building completed in 1931, and the East Building expansion in 1980. The West Building and East Building each have 9 stories. The North Building has 10 stories with parts rising up to 11 stories. A three-story podium connects the three buildings.

8-18 总台休息厅梁头彩画，唐玉恩摄，2010

8-19 二层大堂木门，陈伯熔摄，2010

8-21 二层大堂藻井平顶细部，陈伯熔摄，2010

8-20 二层总台休息厅原吊顶内藻井顶棚，唐玉恩摄，2008

After a renovation and expansion in 1984, the entire building was rented to the Jinjiang YMCA. In 2003, the YMCA Hotel underwent a partial renovation and has been in operation ever since. In 2008, due to the outdated facilities and interior, the entire building was completely reinstated and renovations began. The construction was completed in 2010 and the building was renamed Jinjiang Metropolo Hotel Classiq, Shanghai. A series of conservation works strove to fully protect the unique original parts. It kept most of the original spatial layout and followed the principles of coherency, authenticity, and minimum intervention. The renovation enhanced the historic and cultural significance of the protected buildings while improving safety and extending the lifespan of the building. The enhancements met the needs of the time and strengthened the hotel facility in terms of modernization and comfort, and improved the overall quality of the building.

In addition to the overall conservation and protection of the building, this project also acknowledged and carefully studied cultural relics that were discovered during the course of the renovation. After careful revision of the design, the renovation protected and presented a Chinese colour painted ceiling characteristic in Shanghai historical buildings. The ability to respond dynamically in the preservation design achieved success and has been highly praised.

8-22 二层业主办公室藻井顶棚，陈伯熔摄，2009

8-23 二层大堂东侧中厅藻井顶棚，陈伯熔摄，2010

8-24 二层大堂东侧中厅，陈伯熔摄，2010

保护修缮的特色技术与工艺

修缮中式藻井顶棚彩绘前对木构藻井进行防白蚁检测，并全面测绘顶棚彩绘及藻井图案，勘查污染、缺损状况；以图纸和照片记录修缮前现状原有彩绘图案及原始色彩；先试样，小心清洁彩绘污渍，修补缺损处，参照历史图纸重新彩绘，修复原有图案，严格保证色泽与图案同修缮前现状。

水磨石地面的可逆性保护

修缮前，大堂水磨石地面出现多条大小不一的裂缝，地面凹凸不平，有不同程度的破损。在考证现场后，采取可逆性修缮保护，保留原地面，设保护层后新做面层。本方案具有较好的施工可逆性、对原有地面损坏最小、最大程度保护原有地面等特点。在施工前考证了原有地面的划分及色彩运用，力求做到严格按原地面图案及颜色施工，并做到可逆。

本项目在对建筑整体进行全面保护修缮的基础上，

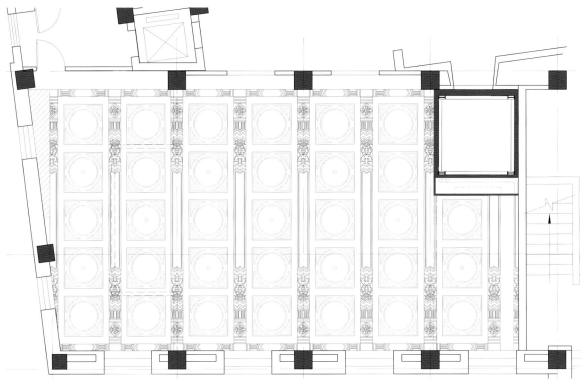

8-25 一层大堂藻井平顶放样图

对项目进行过程中新发现的文物遗存及时列入重点保护内容，进行保护并认真研究，各专业设计经过系统性的详细修改，得以最大限度地呈现和保护在上海历史建筑中非常有特色的中国彩绘吊顶。动态控制的保护设计取得了良好的效果，并得到各界高度评价。

合作设计单位：
金螳螂建筑装饰设计有限公司（室内设计）

主要设计人员：
唐玉恩、姚 军、吴 峰、吴家巍、何自帆、王 湧、陆振华、陆培青、张 阳、阮奕奕

8-26 客房实景，陈伯熔摄，2010

8-27 客房室内窗，陈伯熔摄，2010

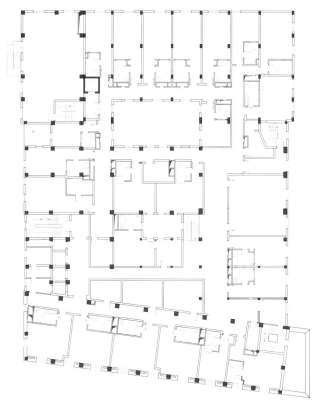

8-28 客房层平面图

9-1 修复后的南京东路沿街立面，许一凡，2018

09 新新公司 Sun Sun Department Store

原名称：新新公司

现名称：上海市第一食品商店

原设计人：鸿达洋行（C. H. Gonda）

建造时期：1923年设计，1926年建成

地　　址：上海市南京东路720号

保护级别：上海市文物保护单位

　　　　　上海市优秀历史建筑

保护建设单位：上海市糖业烟酒（集团）有限公司

保护设计单位：现代集团工程建设咨询有限公司

保护设计日期：2012年7月

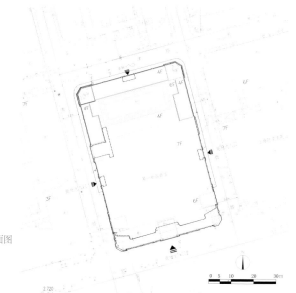

9-2 修缮后总平面图

9-3 历史照片

9-4 历史照片

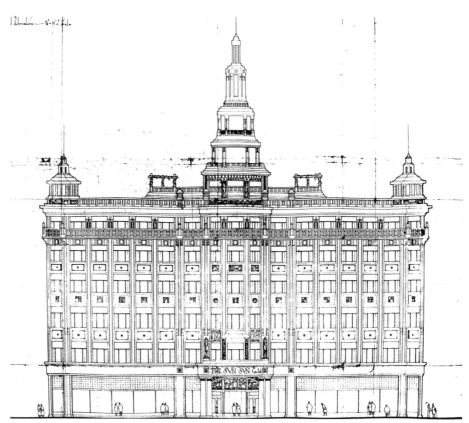

9-5 1924年南京东路沿街立面设计图纸（图纸来源：上海市城市建设档案馆，档案号：D（03-02）0019240002）

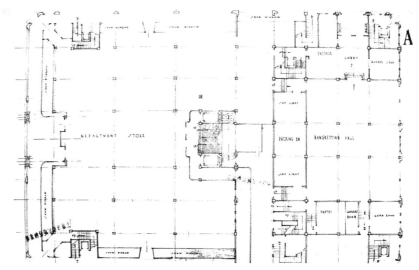

9-6 1924年底层平面设计图纸（图纸来源：上海市城市建设档案馆，档案号：D（03-02）0019240002）

一、历史沿革

新新公司系侨商刘锡基、李敏周于1923年筹建。由鸿达洋行C. H. Gonda（匈牙利）设计师设计，其代表作品有：南京西路大华大戏院（已拆）、南京东路新新公司、四川中路东亚银行、虎丘路光陆大楼、长征路普庆影戏院、淮海中路国泰大戏院与外滩14号的交通银行等。

新新公司自1923年设计，1926年落成开业，一至三层为营业部，四层为粤菜馆，六层为游乐场。[1]

1927年3月19日于六楼设置的四壁皆为玻璃墙的"玻璃电台"——"无线电话台"正式开播，成为第一座由中国人自设的播音电台。

1951年12月，新新公司结束百货部门，将铺面房屋租给中国土产公司上海市公司。[1]

1954年，新新公司大楼大部分楼面已转租给中国食品公司上海市公司。不久，为缓解南京路的人流，底层沿街处开辟骑楼走廊。[2]

---

1 引自：罗小未·上海建筑指南[M].上海：上海人民美术出版社.1996.
2 引自：《上海工商社团志》

二、建筑概况

原新新公司为一幢地下局部1层、地上7层的钢筋混凝土结构的大型百货公司，新中国成立后改为上海市第一食品商店。地下一层是20世纪60、70年代挖的人防工程现为货品仓库。一至三层为食品公司营业厅；四层为仓库及办公用房；五、六层为其他单位用房。建筑占地面积4280m²，建筑面积21175m²，是近代建筑装饰艺术风格在商业建筑中的折中主义案例。采用了高塔式造型，立面处理简洁，既有古典柱式，也有不少装饰艺术风格的细部。大楼属上海市第一批优秀历史建筑、上海市文物保护单位，商业建筑功能沿用至今。根据尽量恢复文物建筑原貌的精神和经营布局需要，2012年8月上海市第一食品连锁发展有限公司开始对该房屋一至四层进行保护修缮。

本次保护修缮设计以尊重历史、精心修缮、顺应时代、可持续利用为设计原则，以精心保护修缮并复原建筑历史风貌为设计目标，力求全面保护修缮并复原建筑的整体风貌，优化完善其功能与性能，延续并提升建筑的价值。

三、保护设计前存在问题

南立面：二层窗户被店招遮挡，骑楼柱式被改动，转角塔楼尖顶被拆除；北立面：搭建夹层后原北立面被破坏，原有四层栏杆被加建部分遮挡，多段增设的风管破坏立面韵律；东立面：多个店招破坏立面完整性，四层加建部分遮挡破坏立面韵律，室外机、管道敷设凌乱，增建雨棚破坏立面完整性；西立面：搭建的塑料雨棚严重遮挡立面，室外机、管道敷设凌乱，多种店招显得杂乱无章。

据史料记载，1951年2月18日，新新公司大楼上的塔楼顶部塌落，险些酿成惨祸。之后拆除了塔楼上层，为此不再修复仅存塔楼两层构架。

四、保护设计技术要点

保护与整治原总体布局与出入口

1995年7月15日，南京东路实施周末步行街，拉开了南京东路功能开发的序幕，使南京东路整条街的商业更加繁荣。人行主入口设置在南京东路步行街，保留原位置。保留原天津路、贵州路、广西北路次要出入口作为人行次入口，去除原天津路、贵州路转角出入口（离天津路出入口过近，出入口作用不明显）。基地以南为南京东路步行街，东面广西北路为南向北单行线，西面贵州路为南向北单行线，第一食品公司货运流线仅可能是天津路进入、贵州路出，在沿天津路的一侧设货运出入口。优化流线设计，使商业流线更明确，南北、东西贯通，货运流线由天津路东进，贵州路由南向北出，天津路卸货、临时停车。

Founded by overseas Chinese merchant Liu Xiji and Li Minzhou in 1923, the Sun Sun Department Store was designed by C.H. Gonda and opened to the public in 1926. The first to third floors were the sales department, the fourth floor was a Cantonese restaurant, and the sixth floor was a playground. In December 1951, the Sun Sun Department Store closed its doors. In 1954, most of the floors were rented to the China Foods Ltd. Shanghai office to host the Shanghai First Foodmall. Soon after, in order to ease the high volume of foot traffic on Nanjing Road, the storefronts on the street level were expanded into an arcade corridor.

9-7 修缮前的状况 魏辰摄，2011

9-8 修复前楼梯、扶手、栏杆 魏辰摄，2011

9-9 修复前立面线脚 魏辰摄，2011 　　　　9-10 修复立面线脚效果图 　　　9-11 修复转角亭子效果图

重点保护部位

1.外立面修缮

恢复外立面装饰、线脚；恢复屋面亭子，修复损坏的铸铁栏杆；恢复转角亭子，修复顶尖装饰。

The Shanghai First Foodmall is a large-scale department store with a reinforced concrete structure—one-level basement and seven stories above the ground—covering a site area of 4,280 square meters with a total floor area of 21,275 square meters. It is an example of an eclectic architectural style applied to a commercial building with a modern Art Deco design. The building employs a high tower and simple façades with the juxtaposition of classical columns and Art Deco detailing. The basement of the building was originally used for a civil air defense project in the 1960s and 1970s and then a storage warehouse. The first to third floors were store spaces for China Foods Ltd. The fourth floor accommodated storage and office spaces. The fifth and sixth floors fulfilled other business functions.

This project included the preservation and remediation of the original overall layout and entrances, while restoring the detailing and mouldings of the façades, the damaged cast iron railings in the roof pavilions, and missing decorations in the corner pavilion. While keeping the original structural system unchanged, the mezzanine floor of the shopping mall was demolished to eliminate the height difference. Partial floor slabs and non-structural elements, such as secondary beams, were also removed. An atrium was created to enhance the space without altering the existing load bearing system. By re-planning the locations of the elevator and egress staircases, modifying the existing escalators, and adding means of vertical traffic, the overall circulation of the mall was significantly improved. In addition to the reinstatement of key areas and reinforcement of the original structure, key protected historic features such as stairwells and unique ornaments were carefully restored.

9-12 修复后的南京东路沿街立面，许一凡，2017

9-13 修复前底层商场平面图

2.增设中庭提升空间

在保持原有结构不变的前提下，拆除一层后商场夹层部分，将原有高差做平；调整电梯和疏散楼梯间的位置，移至东西两侧，恢复西北角楼电梯间，兼作货运出入口；通过专家论证，局部增设中庭，仅将局部楼面板、次梁非结构元素移除，原结构的框架梁、柱仍保留，不改变原结构的受力体系，对结构整体抗震性能没有影响。

3.增设自动扶梯

结合增设中庭加装自动扶梯，使整个商场的交通流线更加顺畅。

4.保护原有特色

在重点保护修缮并加固原有结构的同时，精心修缮重点保护楼梯间及特色装饰。

5.修缮要点

修缮重点保护部位，尽量恢复原貌；拆除外墙面强弱电线、雨水管、室外机及金属构架。店招在不影响广告效益的原则下，以不破坏外立面为前提清洗外墙面，对有自然损坏的部分进行维护与修缮。恢复外立面原有色彩（暖白色）。 外窗不作改动，条件允许的情况下恢复部分损坏的铝合金窗框。

随着时代的发展，大楼原有的商业布局已无法满足现代商业的使用要求，需要重新调整商场的空间布局。在此次修缮保护的同时，结合现代商业模式，合理组织功能流线，增加中庭设计提升了空间效果，增建自动扶梯使交通流线更加顺畅。通过本次的修缮保护再利用极大提高了商场的整体环境和档次，让这栋辉煌的老建筑继续焕发勃勃生机。

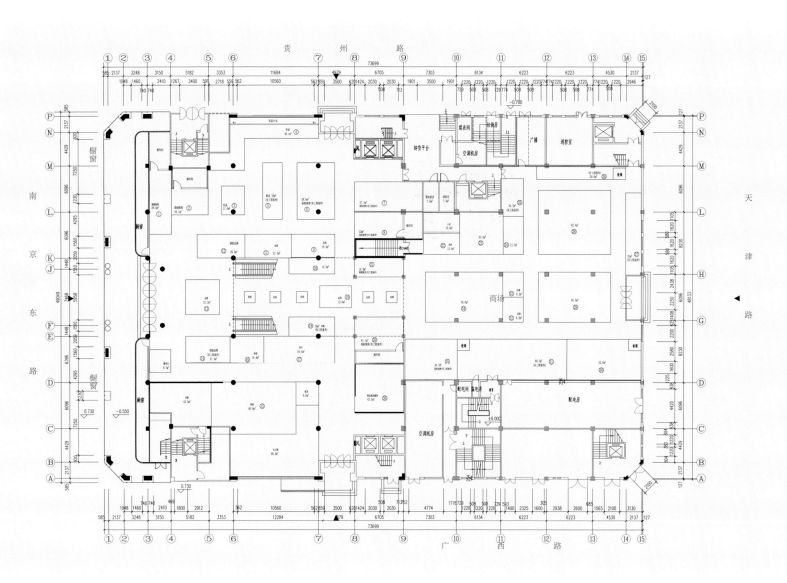

9-14 修复后底层商场平面图

9-15 主立面修缮效果图

合作设计单位：
Cada Design Group（底层商场设计）

主要设计人员：
盛昭俊、芮海燕、王　岫、肖　凡、魏　辰、
沈南生、陆俊彬、傅　杨、顾　超、彭远普

参考文献：

[1] 上海档案馆，中山市社科联. 近代中国百货业先驱——上海四大公司档案汇编 [M]. 上海：上海书店出版社，2010.
[2] 沈寂. 老上海南京路 [M]. 上海：上海人民美术出版社，2003.
[3] 上海城市规划局，上海城市建设档案馆，上海测绘院. 上海历史文化风貌和保护建设地图 [M]. 上海：中华地图学社，2008.
[4] 伍江，王林. 历史文化风貌区保护规划编制与管理 [M]. 上海：同济大学出版社，2007.
[5] 上海通志编纂委员会. 上海通志 [M]. 上海：上海科学院出版社，2005.

9-16　竣工后室内实景　陈伯熔摄，2014

9-17　竣工后室内实景　陈伯熔摄，2014

基督教圣三一堂
Trinity Church

原名称：基督教圣三一堂
现名称：基督教圣三一堂
原设计人：斯科特爵士和威廉•凯德纳
（Sir George Gilbert Scott & William Kidner）
建造时期：1866–1869年
地　　址：上海市黄浦区九江路219号
保护级别：上海市文物保护单位
上海市优秀历史建筑
保护建设单位：中国基督教协会
中国基督教三自爱国运动委员会
保护设计单位：华东建筑设计研究院有限公司
保护设计日期：2005–2010年

一、历史沿革

　　圣三一堂是英国基督教圣公会在中国最早建造的教堂，现存的建筑由英国著名建筑师乔治•吉尔伯特•斯科特爵士（Sir George Gilbert Scott）初始设计，并由在沪开业的英国建筑师威廉•凯德纳（William Kidner）负责设计修改和实施，英国番汉公司（Messrs. S.C.Farnham and Co）承建，1869年建成。1875年，经坎特伯雷大主教批准，升级为安立甘系统北华教区主座教堂（Anglican Cathedral）。

　　1893年，教堂东北角增建了方形钟楼和距地48.46m高的红砖尖顶，成为当时上海最高的建筑，被称作"红礼拜堂"。钟塔内安装了当年远东地区最大的八音大钟，能按圣诗的音韵打钟。

　　1914年教堂加装了当时远东最大的带电动鼓风机的管风琴。

　　1928年，教堂的北侧拆除了教区学校旧有建筑，重新建造了四层钢筋混凝土校舍（现为九江路219号）。教堂西部南侧建造了两幢房屋，一幢为两层砖木结构的教长住宅，另一幢为单层钢筋混凝土结构的健身房（现为汉口路210号）。

　　1950年，英国侨民因无力承担地产税，将圣三一堂交给上海市人民政府，仍提供宗教服务。1958年起，教区学校交由黄浦区中心医院使用，同时教堂成为上海市卫生局的门诊部。1966年，钟楼尖顶被拆除。

　　1977年11月，结合大修，教堂内部主堂侧窗下用混凝土梁和预制板进行了加层改造。加层上部用作办公室，原顶棚被木吊顶覆盖，加层下部改做地面升起并设

10-1　修复后东立面全景，邱茂新摄，2016

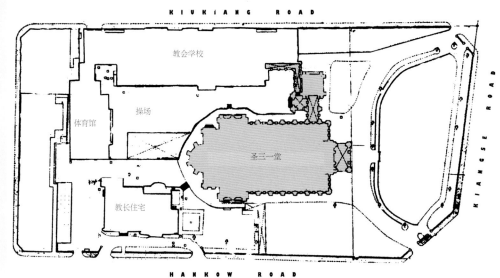

10-2　20世纪30年代历史总平面图

有固定座椅的多功能礼堂，至圣所改建为舞台。教堂东门外草坪改建为街心花园。

2005年5月~2010年4月，圣三一堂进行了整体保护修缮设计及施工，上海世博会前修缮工程基本竣工。

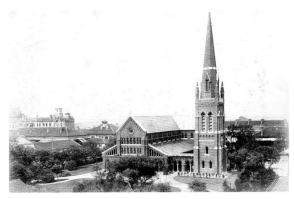

10-3 教堂街区历史照片

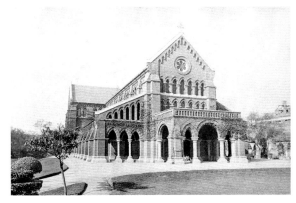

10-4 东立面主入口历史照片

二、建筑概况与价值评估

基督教圣三一堂位于上海市黄浦区江西中路、汉口路、河南中路、九江路围合的街区内，占地3500m²，主堂长约47m，宽约18m，高约19m，建筑面积接近2240m²。主堂南临街道，北侧现为基督教全国两会办公楼（原教会学校），东侧为城市公共花园（原为教堂入口前草坪），西侧为街坊内院（原为教堂生活后院）。教堂平面布局为传统的拉丁十字式，采用砖砌墙体结构上覆木构屋架，呈现出英国维多利亚时期比较典型的哥特复兴式教堂建筑风格。

圣三一堂是上海租界内最早的侨民教堂，也是19世纪末远东最大的英国国教教堂。作为上海开埠早期外滩地区最具标志性的建筑，不仅自身具有鲜明独特的建筑艺术风格，同时也见证了整个外滩建筑风貌的形成和变迁，具有很高的历史文化价值。1989年，基督教圣三一堂被列为上海市文物保护单位和上海市第一批优秀历史建筑。

Trinity Church is the earliest project by the Church of England in China. It is located on the block bordered by Jiangxi Road, Hankou Road, Henan Road, and Jiujiang Road in Shanghai's Huangpu District. The building sits on the west side of a 3,500-square-meter site and faces east. The main hall runs about 47 meters long, 18 meters wide, and 19 meters high, with the gross floor area of about 2,240 square meters.

Trinity Church was designed by Sir George Gilbert Scott, a renowned British architect, and was modified and delivered by William Kidner, another British architect who opened his office in Shanghai. British-owned company Messrs S. C. Farnham and Co. was contracted to construct the building, and the main hall was completed in 1869. In 1893, a square-shaped bell tower was added to the northeast corner of the building. Inside the spire—48.46 meters above the ground—an eight-tune bell played hymns. The tower made Trinity Church, called the "Red Chapel", the tallest building in Shanghai at the time. Subsequently a boys school and a pastor residence were added to the complex, forming the building's present layout. In 1966, the bell tower was demolished. In November 1977, newly added concrete beams and prefabricated slab panels divided the interior into two levels along the side windows of the main hall. The upper level was used for office spaces, and the lower level functioned as a multi-purpose performance hall with a raised floor, permanent seating, and a stage adapted from the sanctuary. From May 2005 to April 2010, a comprehensive plan of conservation and restoration was devised and implemented. The restoration project of Trinity Church was completed shortly before the opening of the Shanghai World Expo.

10-5 修复前全景

10-6 修复前西立面

10-7 修复前扶壁和券廊

10-8 中殿历史照片

10-9 修复后的中殿，邱茂新摄，2016

三、重点保护部位

圣三一堂为坐西朝东的大空间建筑，建筑结构与装饰浑然一体。教堂外围护墙体由英制尺寸红砖砌筑而成，侧廊柱及地面踏步为花岗石，顶部屋架为洋松木，屋面外覆油页岩瓦，檐沟为铸铁成形，每3m设铸铁滴水兽用于自然排水。钟楼也是砖木结构，钟楼尖顶用与墙体同样的砖砌筑而成。

教堂室内无过多墙面装饰，以与外观相同的清水红砖墙本色呈现。地面通道处用四叶草纹饰地砖铺设，座席区铺设柚木地板，圣坛部分地面保留原有的马赛克拼花，精致古朴。教堂主堂天棚绘有不同纹样的描金素色花卉图案，圣坛区域顶部则为精美的红、蓝彩绘，辅以金箔贴花装饰，熠熠生辉。圣坛区域墙面柚木雕刻的墙裙装饰与柚木座椅相呼应。

由于不同历史时期的毁损、改建对圣三一堂原始空间结构和建筑装饰的破坏巨大，保护修缮工程的内容不仅仅涵盖砖墙面、木门窗、石柱饰、铁檐兽等局部特征性构件的复原，更涉及钟楼尖顶复建、主堂砖券结构重筑、东门廊侧倾矫正、石板瓦屋顶防水构造提升等关乎整体结构寿命延续的各个方面。

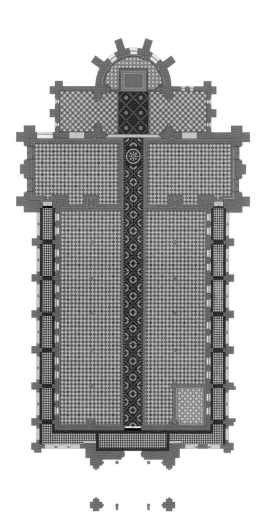

10-10 教堂平面图

四、保护设计技术要点

由于圣三一堂开始修缮时已有百多年历史，其使用功能及建筑形态已被完全改变，其原有构件半数以上已不同程度破坏或老化，因此不论建筑外观还是内部功能都存在很严重的问题。

结构

教堂结构曾被加建一层楼板并损毁了三轴处的拱券，部分木梁、木构件也遭受过蚁食虫蛀，结构体系岌岌可危。修缮时通过激光检测逐步拆除楼板，切割加建的梁柱，之后重新恢复屋顶处拱券和二层石壁柱。用同等质地的老洋松替换了损坏的木质屋架结构，加固受损构件，重做防水，铺设补齐被损坏的油页岩瓦，仿制铸铁天沟及滴水兽。

10-11 各种历史材料研究

10-12 修复后东侧入口门廊，邱茂新摄，2016

10-13 修复后东立面主入口，邱茂新摄，2016

With a century-long history, the functions and architectural forms of Trinity Church have been completely changed, in which more than half of its original components suffered different degrees of damage or deterioration. There were serious problems with both the external appearance and internal functions. After extensively researching archive materials and surveying the site, the goal of the conservation was to restore the building to its original appearance. The restoration of the external walls involved demolishing the nearly collapsed existing walls, clearing weeds in the area, rebuilding the defective parts, and reinforcing the brick wall system by grouting.The same type of brick powder was applied to repair the damaged brick after it was first cleaned. A modern steel structure was used to reconstruct the third axis arch and columns on the second floor. The use of bricks and granite decoration on the exterior was to ensure the consistency of appearance. Old pine lumber with a similar texture was used to replace the damaged wooden roof structure and to reinforce defective members. Floor tiles, floorboards, red face bricks, and woodcarvings on the wall dados were reproduced based on the originals. The ceiling and its mural were restored based on the historical remains. Stained glass windows were also remade based on the original patterns. In addition, a VRV air conditioning system and a zoned lighting control system were implemented.

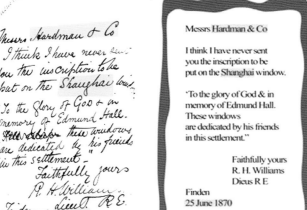

Messrs Hardman & Co

I think I have never sent you the inscription to be put on the Shanghai window.

'To the glory of God & in memory of Edmund Hall. These windows are dedicated by his friends in this settlement."

Faithfully yours
R. H. Williams
Dieus R E

Finden
25 June 1870

10–14　关于彩色玻璃窗的信件

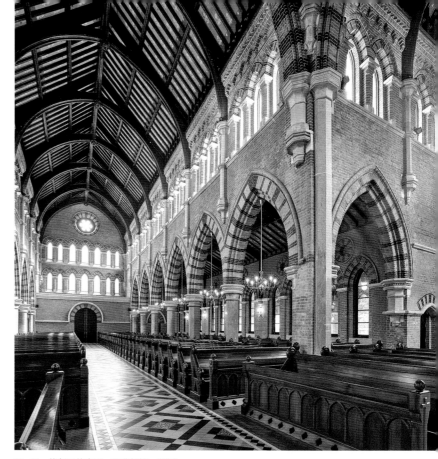

10–15　修复后的中殿，邱茂新摄，2016

10–16　修复后的彩色玻璃窗，邱茂新摄，2016

10–17　彩色玻璃窗图案

10-18 修复设计南立面图

钟楼

钟楼内部曾被加建三层楼板，尖顶被破坏。恢复尖顶前拆除了加建楼板结构。通过计算机3D技术建模与老照片对比，确定尖塔高度，用钢结构搭建尖顶结构。用花岗石、红砖饰面砌筑尖塔外貌，使之重获新生。

外立面

教堂为国内生产的英制红砖砌筑。经过多年的风雨侵蚀，60%左右的砖墙都需要重新修补和清洗，加之自然界的风雨变迁，砖缝中长出若干小树使得砖墙多处开裂、塌陷。修缮时拆除几近崩塌的残垣断壁，铲除植物根系，重新砌筑缺损部位，注浆加固砖墙体系。受损砖面清洗后用同类型砖粉进行修补，保证砖墙结构的原真性。

内部装饰

教堂内部曾被改作剧场使用，地坪被抬高，墙面被粉刷，顶面被封闭。经过详细的历史资料查找，结合现场所发现的历史残留构件，重新仿制了地面地砖、地板、墙面红砖以及墙裙木雕。根据顶面绘画遗迹重新修复天棚造型及绘画图案，同时根据原有图案样式定制彩色玻璃窗。

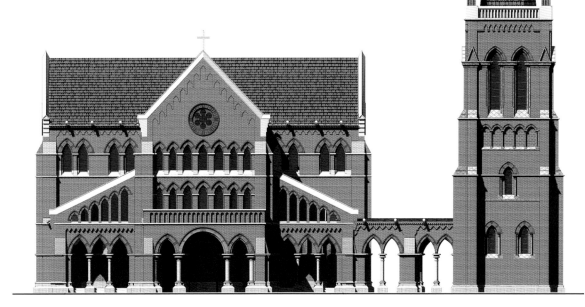

10-19 修复设计东立面图

10-20 神龛方向横向剖立面渲染

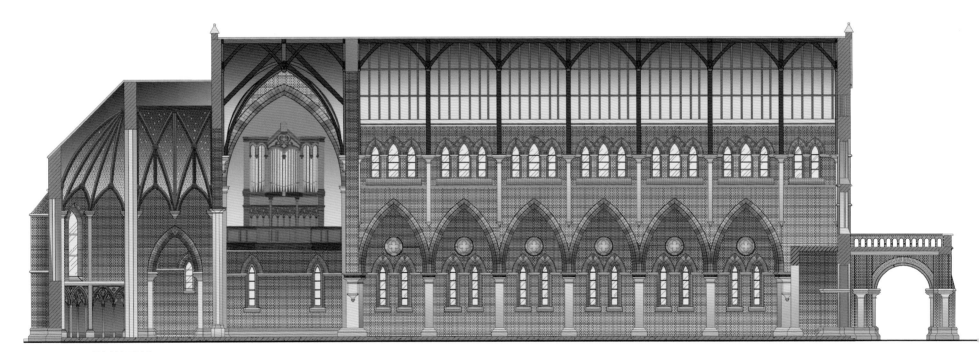

10-21 纵向剖立面渲染

参考文献：
[1] 郑时龄.上海近代建筑风格 [M].上海：上海教育出版社，1999.
[2] 伍江.上海百年建筑史 1840-1949 [M].上海：同济大学出版社，1997.
[3] 张长根.走近老房子——上海长宁近代建筑鉴赏.上海：同济大学出版社，2004.
[4] 黄国新，沈福煦.名人.名宅.轶事——上海近代建筑一瞥.上海：同济大学出版社，2003.

10-22 修复后全景，邱茂新摄，2016

现代化改造

　　根据时代发展及功能需要，本次修缮在教堂中增设了地出风式VRV空调、分区控制灯光照明系统及电声系统。所有管线皆为暗敷处理，少量露明处颜色与砖墙相同，灯饰选型现代与古典结合，既贴近历史又不失其当下功能性。

　　本次修缮依据现行文物保护法规，运用上海本地成熟的修缮技术，完整恢复了基督教圣三一堂的历史原貌和初始功能，使它可以重新融入上海的当代城市生活，成为了外滩腹地一处被重新发掘的历史观光点。从社会学意义上讲，圣三一堂的修复过程澄清了中国近代基督教在上海发展的一段历史，并为研究早期英国侨民在沪生活复原了重要的历史实物证据，其修缮过程曾多次被英国报刊报道。从建筑学意义上讲，圣三一堂的修复结果基本复原了整个街区的历史场景和宗教氛围，钟塔尖顶的复建完善了上海外滩地区的历史风貌轮廓线和城市行走空间指向。在修复过程中所使用的一系列专业技术为上海本地同类砖木历史建筑的修缮提供了良好的参考样板。

合作设计单位：
上海章明建筑设计事务所（外墙修缮设计咨询）

主要设计人员：
杨　明、侯　晋、罗　羚、赵　樱、
陈春晖、董　涛、梁葆春、陈　涛

11 王伯群住宅 Residence of Wang Boqun

原名称：王伯群住宅

现名称：长宁区少年宫

原设计人：协隆洋行（柳士英）

          （A. J. Yaron, Architects）

建造时期：1930-1934年

地   址：上海市长宁区愚园路1136弄31号

保护级别：上海市文物保护单位

          上海市优秀历史建筑

保护建设单位：长宁区教育局基建校产管理站

保护设计单位：现代集团历史建筑保护设计研究院

             现代集团都市建筑设计院

保护设计日期：2008-2011年

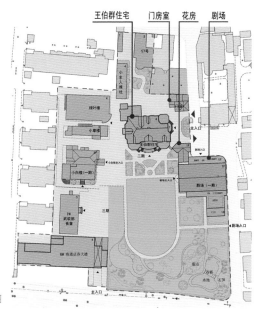

11-2 王伯群住宅现状总图

一、历史沿革

王伯群住宅建成于1934年，原国民政府交通部长王伯群与夫人保志宁婚后便居住于此。抗战爆发后，该楼被汪精卫收作伪政府驻沪办公处，俗称"汪公馆"，随后又作为敌产被国民党军统接收作为招待所。

20世纪50年代，该楼曾为长宁区政府使用，1960年至今，该楼划归长宁区少年宫使用。

二、建筑概况

王伯群住宅是一座有城堡建筑特征的英国哥特复兴式砖石混合结构建筑，建筑高度17m，用地面积7200m²，总建筑面积2158m²。原设计人为协隆洋行（A. J. Yaron, Architects）柳士英[1]。主楼共4层，底层为辅助用房，一层为主要会客区，上部楼层为家庭用房。

该楼是上海近代由中国人设计和使用的风格独特的城堡式花园住宅，细部精美，用材高档，建造质量优良，具有较高的建筑艺术价值，体现了当时建筑师深厚的设计功底、工匠精湛的建造技艺和品质追求、使用者卓越的审美品位。

11-3 南立面历史照片，长宁区少年宫提供

11-4 南立面现状实景，凌颖松摄，2008

11-5 南立面修复后实景，许一凡摄，2014

11-6 修复后的西立面，许一凡摄，2014

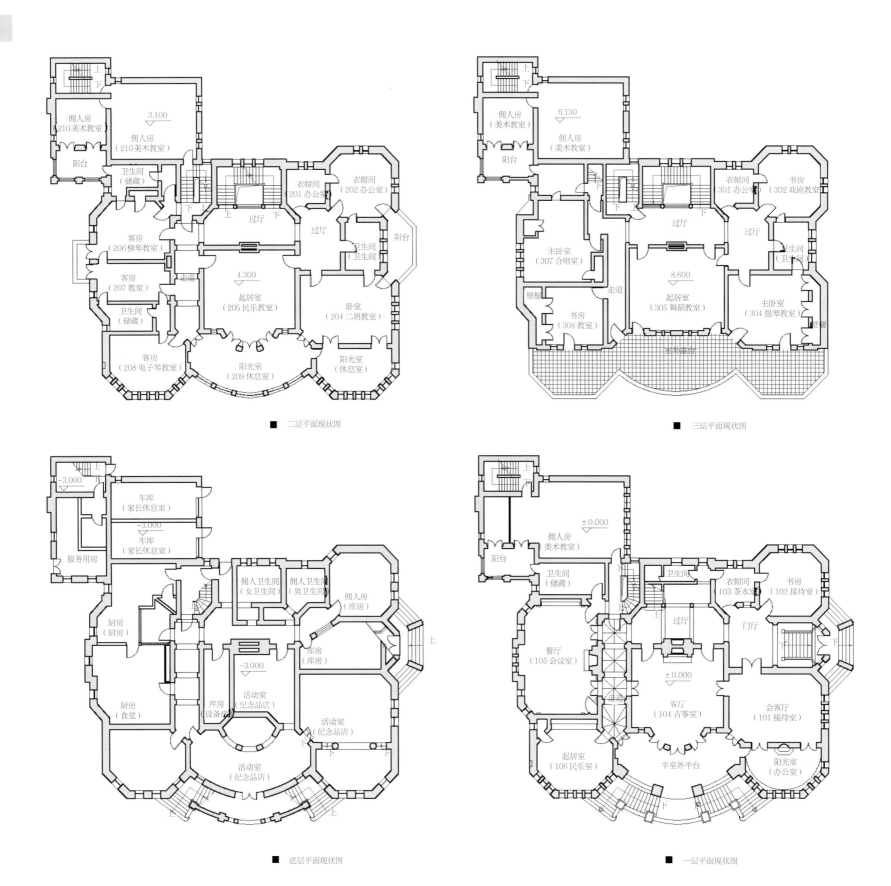

■ 二层平面现状图

■ 三层平面现状图

■ 底层平面现状图

■ 一层平面现状图

11-7　各层现状平面图

11-8 修复后的104室，许一凡摄，2014

Wang Boqun Residence, originally designed by Liu Shiying of Yaron Architects, was built in 1934. Wang Boqun and his wife Bao Zhining lived there after they were married. The house, known as the Wang Mansion, was used during the Second Sino-Japanese War by Wang Jingwei, the head of Japan's puppet government. After 1949, it was used by the Changning District Government, and since 1960 it has been the home of the Changning Children's Palace.

Resembling certain features of a castle, the Wang Boqun Residence is a British Gothic Revival building with a mixed masonry structure. The building is 17 meters high. The site area is 7,200 square meters and the total floor area of the building is 2,158 square meters.

室内装饰精美，一层尤为突出，公共部位为彩色陶瓷锦砖拼花地坪、墨绿色水磨石墙裙、浅黄色墙面砖，房间内有柚木拼花地板、墙裙、精致的顶棚线脚、大理石壁炉等装饰，楼层越高装饰越趋于简练。楼内热水汀、壁炉、冷热水系统、卫生洁具等设备一应俱全，还安装有极为罕见精致的隐藏式铜制弹簧纱窗。

1989年，王伯群住宅被公布为上海市文物保护单位和上海市第一批优秀历史建筑，二类保护要求。修缮时要求其建筑立面、结构体系、基本平面布局、空间格局和有特色的内部装饰不得改变。

11-9 修复后的一层门厅，许一凡摄，2014

11-10 修复后的一层过厅，许一凡摄，2014

11-11 修复后的二层楼梯厅，许一凡摄，2014

三、保护设计前存在问题

该楼虽历经多次使用变迁，但历任使用者，特别是长宁区少年宫在使用中有较好的保护意识，建筑环境、立面外观、平面格局、室内装修基本保持历史原貌，只是机电设备老旧，无法满足少年宫的教学使用要求。

四、保护设计技术要点

设计过程中没有找到历史图纸，也罕有历史照片，只得结合现场调研和现代检测技术，参照同时期类似建筑的方法，尽可能提供完善保护修缮设计与施工依据。

总体设计目标

还原王伯群住宅的总体环境、外立面风貌、室内重点保护部位原有风貌，替换和更新原有机电设备，满足新的使用需求；对建筑结构、材料进行加固修缮，延续使用寿命；在优先保护重点保护部位的前提下，巧妙增加消防、空调等设备设施，提高建筑安全性和舒适度。

解决水患侵扰

每逢雨季大楼都会出现雨水倒灌的现象，阴雨天室

内墙裙常会渗水，长年累月的反复过程对建筑墙体、室内装饰都造成了一定的破坏。

修缮旨在彻底解决建筑的水患侵扰，在建筑周边开挖排水暗沟，保留地势较低处的挡水坎。通过现场踏勘，逐一核实不同部位的室内外高差，确定避潮层位置，使用药剂注射法修复墙体避潮层，防止墙基渗水。

重现经典风貌

修缮前该楼的墙面、隔石、石质窗套上涂刷粉红色涂料，与暗红色泰山砖极不协调。现场通过采用不同压力的清水冲洗墙面，清洗历年覆盖的涂料，露出黄色基层。根据施工经验及现场分析，判断建筑外立面原采用含砂量较高的水泥粉刷饰面，墙面呈现暗黄色。设计过程中，恰巧找到一张珍贵的彩色历史照片，对比后验证了此推测。

清洗过后的水泥粉刷墙面颜色斑驳，且有许多细小裂缝。综合考虑原有墙面粉刷工艺已不再使用，且耐久性较差，经过专家讨论，最终确定采用与原水泥粉刷质感、颜色相近的真石漆喷涂代替，恢复历史风貌的同时也增强了外墙的耐久性。

二层南侧敞廊因后期增加钢窗成为室内空间，考虑钢窗样式及分格与周围风格协调，且此处更适合作为室

内使用，最终决定保留现状，此次修缮不恢复敞廊。

The building is counted as one of the better examples of a stand-alone garden house in modern Shanghai. The building is of high architectural value and has consistent skillful detailing, high quality materials, and excellent construction. The original building came with radiators, fireplaces, a hot and cold water system, and sanitary ware, as well as a very rare example of an exquisitely designed window screen with a concealed copper spring.

In 1989, it was listed as a Shanghai Municipal Protected Cultural Relic and is among the first batch of Outstanding Historic Buildings in Shanghai.

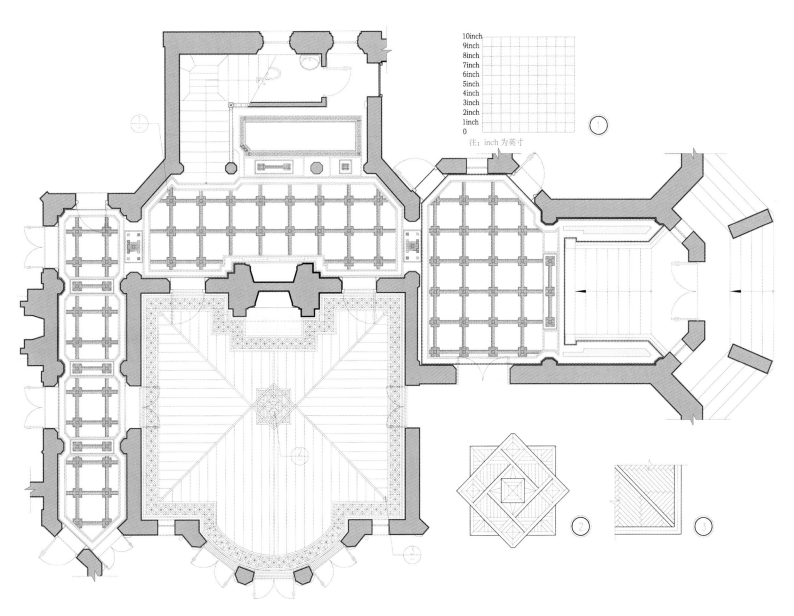

11-12 席纹、陶瓷锦砖铺地

巧妙地增设空调系统

王伯群住宅的初始设计未设置空调，在少年宫使用期间，少数办公室安装窗式空调，破坏了外立面风貌。修缮后大楼作为少年宫美术馆使用，需安装空调系统从满足新的使用要求。针对建筑内部重点保护部位繁多，选择对重点保护部位影响最小的安装方案。

该楼内采用两组VRV空调系统，底层、一层为一组，底层室内装饰简洁无保护要求，顶棚兼做水平走管层，空调冷媒、冷凝水管通过楼板接入一层重点保护房间，设落地式空调机柜。二层、三层为一组，阁楼层兼水平走管层，利用现存的壁柜、壁炉烟道等上下贯通的次要部位作竖向穿管，设置落地式空调机柜，使室内装饰及空间均得以完整保留。

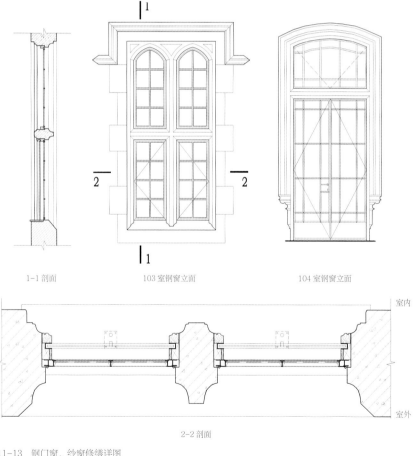

1-1 剖面   103 室钢窗立面   104 室钢窗立面

2-2 剖面

11-13 钢门窗、纱窗修缮详图

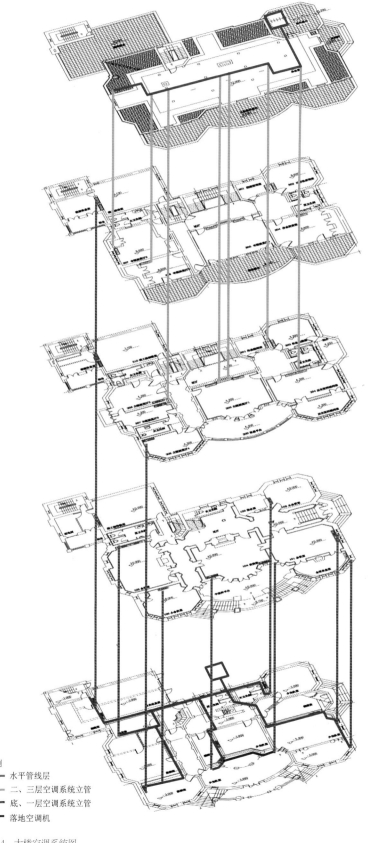

图例
—— 水平管线层
—— 二、三层空调系统立管
—— 底、一层空调系统立管
—— 落地空调机

11-14 大楼空调系统图

From 2008 to 2011, the Wang Boqun Residence underwent a conservation program. The restoration addressed the overall site, façade appearance, and the original look of character-defining interior features. The replacement and upgrading of the original MEP system now meets new needs, while reinforcement and repair of building structure and materials extends the building's lifespan. Additional new systems such as fire protection and air conditioning improved safety and comfort while giving priority to the preservation of character-defining features.

After removing the paint that had accumulated on the outer walls over the years, it was discovered that the original yellow cement wall finish was splotchy and had small cracks. Considering the original wall finishing method is no longer in use and had poor durability, the specialist team decided to replace it with a spray-on stone finish with similar colour and texture. This restored the historical appearance and enhanced the durability of exterior wall.

The building employs two separate VRV air-conditioning systems. The basement and ground floors were grouped into one unit. As the basement interior is plain and requires no preservation, utility pipes were embedded in the ceiling; air conditioning refrigerant and water pipes were channelled into the key protected rooms on the ground floor through the floor. The second and third floors were grouped into the second unit. The attic houses the horizontal routing of the system. Vertically connected secondary spaces such as closets and fireplace flues accommodate the vertical routing of the system to keep the interior decoration and space intact.

11-15 南立面修缮图

11-16 东立面修缮图

11-17 卫生间复原修缮图

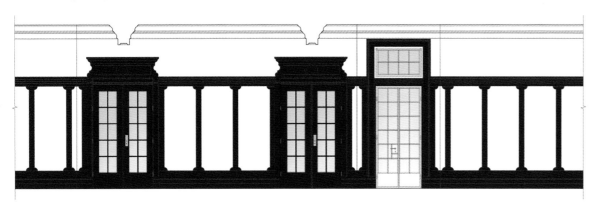

11-18 204室复原修缮图

11-19 修复后的101室，许一凡摄，2014

公用卫生间的改造

该楼内部卫生间原为独立式，且多有两、三扇门，不适合公共场所使用，修缮后将其改造为男女分设的公用卫生间，利用原有上下水管位置，尽可能多的布置洁具。位于重点保护房间上部的卫生间采用同层排水，避免破坏楼下房间的顶棚吊顶装饰，同时将多余的门扇用隔断封堵。

为了尽可能多地保留历史原物，楼内完整地保留了一间原有卫生间，平面格局、墙面砖、开关面板、梳妆镜、洗手池、马桶、浴缸等均为历史原物。

对历史建筑进行修缮强调保护与利用并重，保护的

The original unisex bathroom was divided into separate men's and women's facilities while keeping the original plumbing in place. For bathrooms located directly above key protected rooms, plumbing and drainage ran on the same floor in order to avoid damaging the ornamental ceiling underneath it. One original bathroom was preserved entirely, including all the historical parts such as spatial arrangement, wall tiles, switch panels, vanity mirror, wash basin, toilet, and bathtub.

同时应兼顾使用，所以在设计阶段应认真调研，分析现状情况，理解保护要求，权衡利弊，提出更合适的保护修缮方案。

现场施工时，往往会发现一些历史原物，或与房测资料不符的地方，根据这些发现，建筑师需及时记录、更正、优化设计。历史建筑保护工作不同于新建建筑，是一个需要反复推敲、更加细致的全面过程。

主要设计人员：
陈民生、盛昭俊、崔　莹、凌颖松、吕稼悦、
郑沁宇、张　瑾、吴英菁、程世红

11-20　修复后的楼梯厅，许一凡摄，2014

修复后的105室，许一凡摄，2014

1 郑时龄·上海近代建筑风格 [M]. 上海：上海教育出版社，1995:333.

参考文献：
[1] 杨天亮 . 北四行联合发行中南银行钞票评述 [J].
[2] 吴景平，马长林 . 上海金融的现代化与国际化 [M]. 上海：上海古籍出版社，2003.
[3] 武月星 . 中国抗日战争史现代史地图集 1931-1945[M]. 北京：中国地图出版社，1999.
[4] 唐振常 . 上海史 [M]. 上海：上海人民出版社，1989.
[5] 吴健熙 . 老上海百业指南 [M]. 上海：上海科学院出版社，2008.

12-1 西墙修缮后外景，邵峰摄，2015

12 四行仓库 Sihang Warehouse

原名称：四行仓库、大陆银行仓库

现名称：四行仓库抗战纪念馆、老四行创意园

原设计人：通和洋行（Atkinson & Dallas Architects and Civil Engineers Ltd.）

建造时期：大陆银行仓库约1930年设计建造

四行仓库1931年设计、1935年建成

地　　址：上海市光复路1号、21号

保护级别：上海市文物保护单位

上海市优秀历史建筑

保护建设单位：上海百联集团

保护设计单位：上海建筑设计研究院有限公司

保护设计日期：2014-2015年

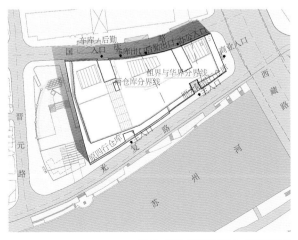

12-2 四行仓库总平面图，刘寄珂绘制

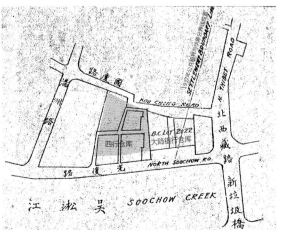

12-3 租界分界线示意图，刘寄珂绘制

12-4 修缮后远景鸟瞰，邵峰摄，2015

一、历史沿革

本项目由两座仓库构成，1930年大陆银行在西藏路桥西北侧计划兴建仓库；1931年金城银行、中南银行、大陆银行、盐业银行合组的"北四行"联营开设四行储蓄会，在之前兴建的大陆银行仓库西侧修建四行仓库，1935年建成。1937年该仓库更名"四行信托部上海分部仓库"。

1952年公私合营，两仓库更名为公私合营银行上海分行光复路第一第二仓库。后收归上海市国营商业储运公司所有。1976年加建第六层，1996年加建第七层，曾作为家具城、文化用品批发市场。2003年商业储运公司划入百联集团，归下属河岸公司管理，作为创意办公和商业出租使用。

四行仓库是上海市区仅存的抗战纪念遗址。

1937年10月27日，第八十八师的加强营扼守"四行仓库"，以掩护主力部队向西撤退，打响了名震中外

The project consists of two warehouse buildings. In 1930, the Continental Bank built one warehouse on the northwest side of Xizang Road Bridge. In 1931, the Sihang Warehouse was built on the west side by the "Northern Four Banks"—Kincheng Banking Corporation, the China & South Sea Bank, the Continental Bank, and the Yien Yieh Commercial Bank—which together opened the Joint Savings Society Bank. In 1937, the Sihang (Four Banks) Warehouse was renamed the "Sihang Trust Department Shanghai Branch". In October of that year, the Sihang Warehouse Defense Battle started in these two adjacent warehouses. In 1976, six additional floors were built. In 1996, the seventh floor was added, and was once used as a furniture mall and a wholesale market for industrial and cultural goods. In 2003, the commercial storage and the transportation company merged into the Bailian Group, under the management of Shanghai Riverside Development Co. Ltd., and used the building for office space and commercial rental for creative industries.

12-5 四行仓库鸟瞰历史照片，来源：网络　　　　12-6 四行仓库保卫战中奔跑的国军士兵，来源：四行仓库抗战纪念馆

的四行仓库保卫战。副团长谢晋元率领420余名战士对外号称"八百壮士"在此与日军激战四昼夜，打退日军多次进攻。孤军奋战、殊死守土，直至31日凌晨受命撤入租界。战斗中，四行仓库西墙遭受日军平射炮轰击而严重受损，诸多打穿墙体的炮弹洞口是惨烈的历史创伤，激起中外民众公愤。这场中国军民同仇敌忾、反抗侵略的战斗鼓舞了抗战士气，也赋予了这座近代仓库建筑特别的重大历史价值，彰显了民族和国家精神。在建筑内曾设置上海四行仓库八百壮士英勇抗日事迹陈列室。此次修缮改造后，四行仓库也成为上海公众铭记和缅怀这场全民族抗战的重要纪念地。

二、建筑概况

四行仓库共含两座仓库，其中，西半部的光复路21号为原四行信托部上海分部仓库，东半部的光复路1号为大陆银行仓库，两座仓库之间曾有隔墙，后被拆除，得以相互连通。两座仓库原均为地上5层，无地下室，片筏基础，上部为钢筋混凝土无梁楼盖体系。

修缮前建筑面积约29900m²，7层，占地面积约为4550m²，建筑高度为34.7m；修缮后建筑面积为25500m²，六层，建筑高度为27.7m，其中抗战纪念馆约占3900m²。

西墙是反映四行仓库保卫战最重要的遗址墙面，是重点保护部位。但受损墙体在战后即被多次修补、粉刷，如何区分与展示历史原状是该文物建筑保护设计的重点。

南立面是重点保护部位。其中壁柱、柱头、门头、女儿墙上方山花等部位的装饰艺术派装饰细部是其装饰

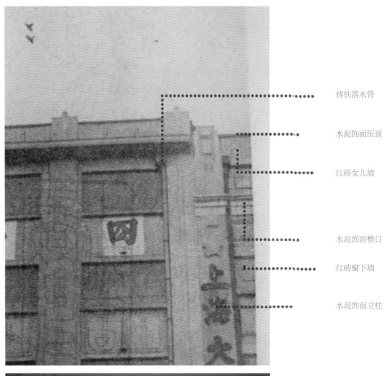

铸铁落水管

水泥饰面压顶

红砖女儿墙

水泥饰面檐口

红砖窗下墙

水泥饰面立柱

钢框中悬窗

钢框固定扇

排水孔

四行仓库北侧通廊楼梯间顶部高窗，来源：游斯嘉摄

四行仓库窗下墙内抹灰剥除情形位置
左：四行四层南墙中庭西侧第二跨
右：四行四层北墙中庭西侧第一跨
来源：游斯嘉摄

大陆银行三层北墙东数第二整跨窗下墙内抹灰剥除情形
来源：游斯嘉摄

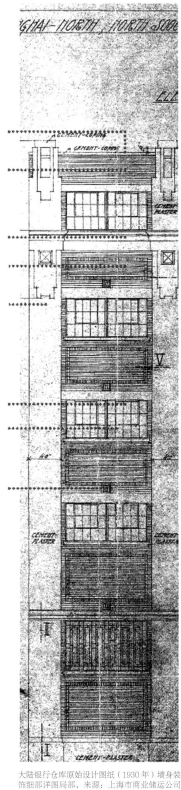

大陆银行仓库原始设计图纸（1930年）墙身装饰细部详图局部，来源：上海市商业储运公司藏历史图纸

12-7 四行仓库保卫战后的南立面，来源：四行仓库抗战纪念馆

12-8 原设计立面图和现场情况比对示意图，游斯嘉制作

12-9　修缮前西立面外景，邹勋摄，2014

12-10　修缮前南立面外景，邹勋摄，2014

12-11　修缮前北立面外景，邹勋摄，2014

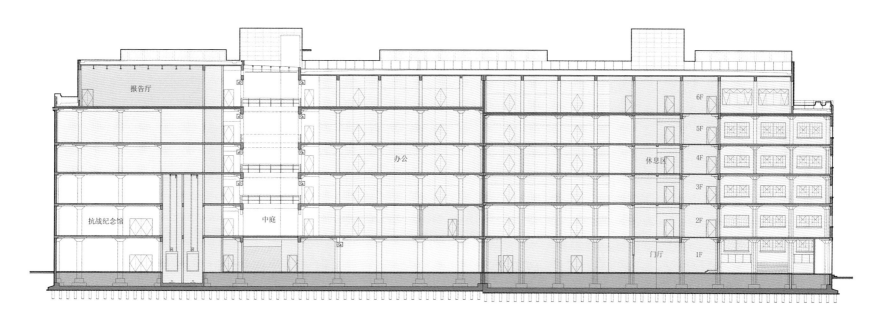

12-12　东西向1-1剖面图，游斯嘉绘制

剖切位置示意图

重点。高外窗、实墙比例大等设计手法体现了仓储建筑的设计特点，现状留存的红砖墙、铸铁排水口、铸铁落水管等均需要重点保护。两座仓库均在南面中心设置主出入口，连接南北贯通的中心通廊作为主要交通空间，两侧分层设置仓储空间，布局高效科学；同时，针对交通和仓储空间不同的使用要求，结构分别采用了梁柱框架和无梁楼盖体系，反映了现代建筑功能主义特点。

三、保护设计前存在问题

修缮前，原建筑体量、立面均变化较大，完全无法识别当初的立面风貌和战斗遗迹。20世纪60年代封堵了天井，补齐原南面的门斗空间。1976年以钢筋混凝土结构加建了第六层；20世纪90年代室内重新分隔，加设电梯、楼梯，修改外立面窗饰，以钢结构形式加建了第七层。外立面原有的粉刷和装饰均已不存。在大楼西侧陆续搭建了多层的临时建筑，完全遮挡了西立面。修缮前，该栋建筑风貌缺失、环境杂乱。

The west wall, the most important evidence from the historic Sihang Warehouse Defense Battle, is the primary preservation area. However, the damaged wall had been repaired and painted over many times. Distinguishing and presenting the historical state is the focus of designing restorations of cultural relics. The Art Deco details including the south façade pilaster, column cap, door ornament, and pediment above the parapet wall are the primary decorative details. The original structure uses a flat slab floor system.

四、保护设计技术要点

整治总体环境，部分拆除后期扩建，恢复历史风貌

修缮前，四行仓库周边城市环境品质较差，缺乏抗战遗址地的纪念性，周边城市道路尺度较小，缺乏有效的沿河公共空间，车行、人行流线需要梳理。文物建筑本体及周边搭建附建较多，影响文物建筑风貌。

拆除建筑本体及周边的搭建附建。保留六层有产权的加建，拆除七层加建，六层外立面内退原文物建筑立面。整体高度由36m下降至28m。

清理西墙一侧的城市空间，形成纪念广场，完整展示修缮后的西墙。

将博物馆流线和日常办公流线合理分区，增加沿光复路、国庆路入口的前区公共空间。

1937年抗战遗迹——西墙的保护展示

西墙是四行仓库保卫战中战斗最激烈、受损最严重的部位，如何保护西墙是本次设计的重大课题。

面对现状整片粉刷墙面，设计采用多种技术方法探查西墙抗战时炮弹洞口遗迹。先以红外热成像仪对西墙内是否有洞口进行无损勘察；再以摄影测量技术分析记录有战斗洞口的西墙历史照片，在立面图纸上准确还原洞口位置；经与历史照片比对，内墙侧勘察原墙体为红砖砌筑，1937年战后曾用青砖封堵炮弹洞口，后作内外粉刷。青红砖砌筑边界基本反映了当时的墙体洞口情况，从而留存了极其重要的历史信息。

本次修缮以准确定位、长期安全为原则，部分展示打穿墙体的炮弹洞口、展示战斗中受损而暴露的部分钢筋混凝土梁柱以及砖墙，力求真实还原历史。这些炮弹洞口位于钢筋混凝土梁或柱边，在周边加固让现存墙体可与结构连接，确保西墙墙体安全。西墙五层高处原有"四行信託部上海分部倉庫"字样的标记，战斗中局部破损，修缮过程查发现原标记早已不存，此次根据原历史照片放样进行恢复。同时应用现代材料和修缮技术，进行详细、深入的深化技术设计，确保建筑安全、内部使用不受影响。

"南、北、东立面"的保护与部分设计

根据现状留存构件、通和洋行原设计图纸等资料恢复南、北立面历史风貌。

恢复原南面两个主入口的内退空间；恢复原南北立面壁柱柱头、入口门头、女儿墙上方的山花等部位的装饰艺术派特征装饰；复原大陆银行仓库南北立面窗下墙原为红砖砌筑、间以青砖勾边的特色装饰；根据四行仓库北侧楼梯间顶层发现的历史原有钢窗，按原开启扇、固定扇的框料尺寸、五金件样式等，选用了新型窄框的断热铝型材中空玻璃窗扇，划格与原物一致，提高建筑保温性能。

西墙历史照片复原图

弹孔痕迹及破坏类型分析

■ 墙体被炮弹穿透的洞口破坏
■ 表面粉刷层震落，砖面暴露
■ 表面粉刷层震落，钢混凝土结构暴露
　受破坏较小的粉刷墙面

针对不同破坏类型的修缮方法

■ 原位保护展示炮弹洞口，内侧加固
　原位保护展示青砖封堵的炮弹洞口，表面增强、憎水处理
■ 原位保护展示的砖墙面，表面增强、憎水处理
■ 原位展示暴露的钢混凝土结构，局部加固
　保持粉刷饰面，墙面清理修复

12-13　西墙保护技术路线图

照片像素放大

西墙内局部去除抹灰层后砌筑砖墙墙体现状与历史照片比对情况
位置：四行仓库五层西墙内南数第二整跨—第四整跨

12-14　西立面炮弹洞口定位图，邹辰卿绘制

12-15　西立面炮弹洞口历史照片，来源：Visual Shanghai网站

12-16　修缮前南立面主入口，邹勋摄，2014

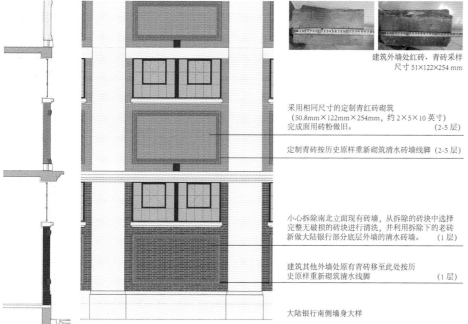

建筑外墙处红砖、青砖采样
尺寸 51×122×254 mm

采用相同尺寸的定制青红砖砌筑
（50.8mm×122mm×254mm，约 2×5×10 英寸）
完成面用砖粉做旧。　（2-5 层）

定制青砖按历史原样重新砌筑清水砖墙线脚（2-5 层）

小心拆除南北立面现有砖墙，从拆除的砖块中选择
完整无破损的砖块进行清洗，并利用拆除下的老砖
新做大陆银行部分底层外墙的清水砖墙。（1 层）

建筑其他外墙处原有青砖移至此此处按历
史原样重新砌筑清水线脚　（1 层）

大陆银行南侧墙身大样

12-17　南立面修缮分析图，游斯嘉绘制

12-18　修缮后南立面入口，邵峰摄，2015

原中心通廊改造为新中庭

中心通廊是近代仓库建筑的特色空间，因后期被封堵导致建筑中部采光不足。本次设计恢复其布局，增设天窗，形成明亮大气的新中庭空间，改善两侧无梁楼盖大空间的采光。在此区域加设楼梯间、卫生间、管井等，尽可能降低对无梁楼盖结构部分的影响，对原结构体系最小干预。

中庭室内设计既注重保留原有仓储空间的简朴元素，又注重对纪念馆入口区域气氛烘托。通过设计浅暖色橡木板材铺装的大台阶和背景墙，与原有灰、白色调的仓储空间、深色墙地面的入口区形成对比。

12-19 修缮后的西立面弹孔，邵峰摄，2015

Prior to the restoration, the original building volume and elevation had been significantly changed. It was completely impossible to identify the original façade features and battle remnants. In the 1960s, the courtyard was closed off and the foyer on the south side was filled. In 1976, the sixth floor was built with a reinforced concrete structure. In the 1990s, the interior was re-partitioned, elevators and stairs were added, and the façade window decoration was modified. The seventh floor was added with a steel structure. The original paintings and decorations on the façade no longer existed. A multi-story temporary structure was erected on the west side of the building, completely blocking the west façade. The building had lost its original appearance and the overall environment was out of order.

12-20 修缮前中庭效果，邹勋摄，2014

12-21 保留原楼板底面的仓储标号，邹勋摄，2015

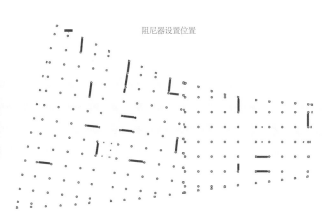

12-23 施工中的软钢阻尼器,邹勋摄,2015

12-24 设阻尼器位置平面示意图

12-22 修缮后的中庭,邵峰摄,2015

12-25 四行仓库一层平面图,吴霄婧绘制

部分加固原结构体系

四行仓库为无梁楼盖结构体系,如何才能在不改变原有结构体系的前提下提高结构的抗震性能成为要解决的核心问题。

根据地震记录、结合抗震鉴定标准的规定,确定本项目抗震鉴定类别为A类。同时,通过设计计算增设软钢阻尼器,构成阻尼器-板柱体系,提升整体抗震能力为六度设防、七度大震不倒塌。

12-26 四行仓库抗战纪念馆序厅，唐玉恩摄，2015

12-27 四行仓库抗战纪念馆内部展览，邵峰摄，2015

从近代仓库到当代纪念馆、创意办公

文物建筑是城市的一部分，"保护为主、合理利用"，应使其有尊严地融入城市功能当中。秉持上述设计理念，在确保文物建筑安全的前提下，设置抗战纪念馆、创意办公等功能空间。

根据现有展品情况，在四行仓库西侧的一层至三层设置了约4000m²的抗战纪念馆，其中一层至二层为常设展馆，三层设置了临时展览和办公用房。

除西侧纪念馆以外，其他空间为可灵活使用的创意办公和商业配套。增设了电梯、卫生间、屋顶室外平台等，提高了办公功能的舒适度。为展现无梁楼盖的结构特点，室内直接暴露原有楼板结构。在内部粉刷时，小心保留了历次仓库使用时涂刷的库位文字标记等历史信息。因北立面为非重点保护部位，其窗台后期改造时已降低，为利于今后使用，本次修缮维持窗台高度。

In order to recover and preserve the vestige on the west wall of the 1937 Chinese People's Resistance Against Japanese Aggression, the positions of bullet holes were determined with the assistance of photogrammetry and other technical means. The openings were restored and reinforced to ensure the safety and stability of the entire wall. The original decorative design of the south façade was restored. As a later addition to the building, the seventh floor was removed, though the sixth floor was kept, and the design of the façade differentiates the fact. The interior function of the building has two parts: one for the Chinese People's Anti-Japanese War Memorial and the other for creative industry business offices. The original central corridor was changed into an atrium space. The building's spatial movement was streamlined, and a fire escape stair was added. The original structural system was partially reinforced with additional wall dampers for seismic protection. Preserving and displaying the unique materials and techniques employed in the original industrial heritage, such as beamless floor slabs, cement facings, and exposed brick walls, were paramount for the restoration.

12-29　从西藏路桥看四行仓库，邵峰摄，2015

　　为确保原立面的完整性，对保留的六层加建部分在东、西、南三面进行了退进。该立面采用了与下层相近的水泥砂浆面层做饰面。

　　建筑的细部设计中也多处吸取了原仓库建筑的特点加以利用。

　　当文物建筑的保护改造不能完全满足现行消防规范要求时，经与市消防主管部门反复沟通讨论，确定本建筑消防设计的具体要求。重新划定了消防分区，增设安全出口和报警、喷淋系统，大大提高了建筑消防安全。

主要设计人员：

唐玉恩、邹　勋、刘寄珂、吴霄婧、邱致远、游斯嘉、张　莺、邱佳妮、邹辰卿、英　明、干　红、陈叶青、徐雪芳、周海山、汪海良

12-28　修缮后的中庭台阶，邵峰摄，2015

参考文献：

[1] 杨天亮. 北四行联合发行中南银行钞票评述 [J].
[2] 吴景平，马长林. 上海金融的现代化与国际化 [M]. 上海：上海古籍出版社，2003.
[3] 武月星. 中国抗日战争史现代史地图集 1931-1945[M]. 北京：中国地图出版社，1999.
[4] 唐振常. 上海史 [M]. 上海：上海人民出版社，1989.
[5] 吴健熙. 老上海百业指南 [M]. 上海：上海科学院出版社，2008.

135

13-1 汉口花旗银行大楼L形气派外廊，郑宁摄，2014

13 汉口花旗银行　Hankou Citibank

原名称：汉口花旗银行大楼
现名称：中国工商银行湖北省分行
原设计人：亨利·墨菲（Henry Killam Murphy）
　　　　　理查德·德纳（Richard Henry Dana Jr）
建造时期：1919-1921年
地　　址：湖北省武汉市汉口沿江大道97号、青岛路1号
保护级别：湖北省文物保护单位
保护建设单位：中国工商银行股份有限公司湖北省分行
保护设计单位：现代集团历史建筑保护设计研究院
保护设计日期：2010-2013年

一、历史沿革

　　花旗银行于1902年5月在上海成立远东首家分行，而后相继在当时中国境内设立了10家分行。花旗银行汉口分行老楼于1910年建造，选定英租界鄱阳街景明大楼附近为行址。1919年第一次世界大战结束，汉口分行报经花旗总行同意，投资建造新楼。汉口花旗银行大楼建成至今已有近百年历史，其建筑风貌与体量未有明显变化。

金融办公建筑时期（1921-1949年）

　　花旗银行汉口分行新大楼（以下简称花旗银行大

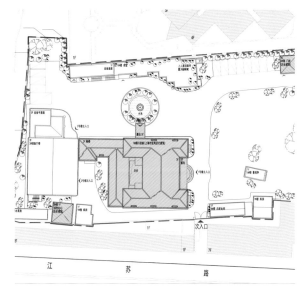

13-2　汉口花旗银行大楼总平面

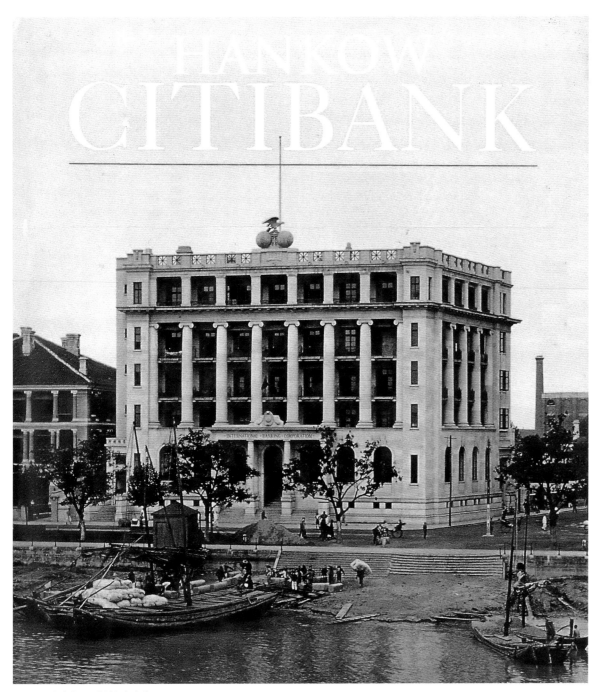

13-3 历史上的汉口花旗银行大楼

13-4 滨江外廊，郑宁摄，2014

13-5 露台修复后夜景，李东浩摄，2014

楼）于1921年建成，是汉口近代金融建筑的代表之一，是花旗银行在中国成立的第4个分支机构，也是汉口江滩历史建筑群的重要组成之一。1938年武汉沦陷，花旗银行汉口分行被日军占领并停业。1940年后大楼流转给日本中江银行，虽遭战乱但建筑几乎没有损坏。1945年抗战胜利后，美孚石油公司租用该大楼作为办公场所，直至1949年。

政府办公大楼时期（1949年至今）

1949年底，花旗银行大楼被中国人民解放军进城部队接收，先由荣军管理局租用，后由武汉军事管制委员会租用。1954年武汉市公安局某处进驻，至2008年搬出。此后大楼房产为武汉市城市建设投资开发集团有限公司所有，至本次修缮前，花旗银行大楼处于空置状态。修缮后的大楼现已由中国工商银行股份有限公司湖北省分行作为办公业务场所使用。

二、建筑概况

花旗银行大楼为一幢地上6层的钢筋混凝土结构多层建筑，建筑面积5500m²，建筑东侧面向长江，西侧有一庭院，北隔青岛路与原汇丰银行相邻，南邻世通物流大楼。原设计师为美国建筑师亨利•墨菲和理查德•德纳，原承建方为魏清记营造厂。

The original building of the Citibank Hankou Branch was built in 1910, and the new building was completed in 1921. The fourth branch established by Citibank in China, it is an example of modern financial institution architecture in Hankou and an important element of the historic building complex along Hankou Yangtze River. After 1949, it had been used as government offices. In 2008, Wuhan Urban Construction Investment and Development Group Co., Ltd. took over the building property. Now, Industrial and Commercial Bank of China Hubei Provincial Branch owns and occupies the building as its office space.

Citibank Hankou is a six-story reinforced concrete structure with a site area of 5,500 square meters. The east side of the building faces the Yangtze River and a courtyard to its west. It was designed by American architects Henry Killam Murphy and Richard Henry Dana Jr. and was constructed by Wei Qing Ji Construction Firm.

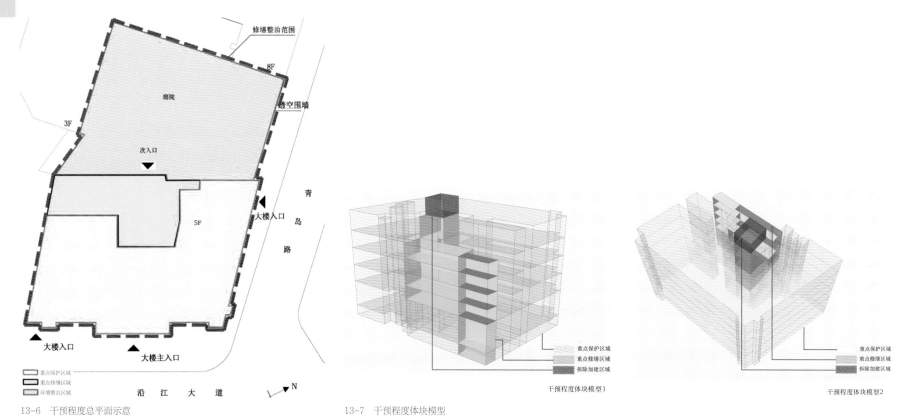

13-6 干预程度总平面示意

修缮整治范围
8F
镂空围墙
庭院
次入口
大楼入口
3F
青岛路
5F
大楼入口
大楼主入口
沿江大道
N

重点保护区域
重点修缮区域
环境整治区域

13-7 干预程度体块模型

重点保护区域
重点修缮区域
拆除加建区域

干预程度体块模型1

重点保护区域
重点修缮区域
拆除加建区域

干预程度体块模型2

THE NATIONAL CITY BANK OF NEW YORK

13-8 主入口细部，2015

三、重点保护部位与价值评估

艺术风格

花旗银行大楼为带有横三段式立面构图的折中主义建筑，建筑沿江呈左右对称，加高基座，门头突出。"L"形三层巨柱贯通的外廊是其最大特色，视野开阔、雄伟气派。室内装饰风格则简约、沉稳。大楼的外观设计毫无疑问受到了位于美国纽约华尔街55号旧海关大楼修缮工程的影响，历史学家郭伟杰（Jeffrey Cody）对它的评价是"酷似老华尔街的设计"。

重点保护部位

花旗银行大楼属于汉口江滩优秀历史建筑群，紧邻武汉江滩国家风景区，1992年12月6日被湖北省政府公布为湖北省文物保护单位。其外部重点保护部位包括：东向主立面、北向次主立面、南立面、西立面、天井立面、二层至五层外廊等。室内重点保护部位包括入口门厅、一层大厅、楼梯间、电梯间、特色装饰如木护壁、特色粉刷吊顶花饰和壁炉等。

价值评估

花旗银行大楼是现存汉口江滩的近代金融类建筑的代表之一。大楼建筑外观设计造型大气简洁，建筑立面细部中运用了一些古典特征元素。建筑立面以浅色花岗石和划格仿石的水刷石墙面为主色调，水平向装饰带醒目，三层高爱奥尼巨柱列柱围廊使立面富于韵律感，室内装饰精美华丽，具有很高的艺术价值。

大楼的建造做工较为考究，用材用料丰富，格局高敞，装饰精美，设施先进，体现了同时代建造工艺的较高水准。

花旗银行是20世纪早期最初入驻汉口的几家外资银行之一，见证了近代银行业在汉口的发展历程。较同时期其他城市的分行而言，其建筑更高，体量更大，而其特殊的地理位置也造就了其独特的建筑外观，"L"形三层巨柱贯通的外廊和有着精美花饰栏杆的阳台构成了汉口江滩一道亮丽的风景，彰显出花旗银行昔日在汉口业务的繁荣景象。

13-9　北立面保护修缮图

13-10　东立面保护修缮图

13-11　朝向内院的西立面

13-12　沿江外廊细部

13-13　巨柱柱头细部

四、保护设计前存在问题

2001年，大楼曾在建设武汉外滩时进行整修。至本次修缮前，大楼整体风貌基本保存完好，西立面、天井立面及屋面现状质量一般，局部破损，搭建严重。

五、保护设计技术要点

总平面与环境：本体最小干预，兼顾场地利用

总体平面与环境设计的要点是沿用主立面上的现有人行出入口，利用西侧立面做内部主入口，新增无障碍坡道，利用后院场地做车行出入口。

经专项评估，利用后院场地新增地下设备用房与机械式停车库，将大楼设备提升所必需的主机房安置于其中，做到对保护建筑本体的最小干预，同时兼顾设施合理布局、高效利用。后院重做场地排水，沿街围墙也参照历史样式进行复原。

风貌特征保护：重现原建风貌，细节特征修复

整体保护清洗修缮了花旗银行大楼的东沿江和北沿街两向主立面的浅米灰色花岗石饰面，清洗修复了西、南侧立面和内天井立面的水平划格仿石粉刷饰面。除对建筑东立面多处镌刻的文字浅浮雕、爱奥尼巨柱和檐部的装饰线脚进行重点修缮，还参考历史照片资料复原了入口门楣上方的山花雕饰以及东立面女儿墙上方的"鹰踏地球"造型雕塑等细节。

大楼的外门窗具有金融建筑特色。首层外窗为弧拱形造型，采用了当时进口的实腹钢框玻璃窗，高敞气

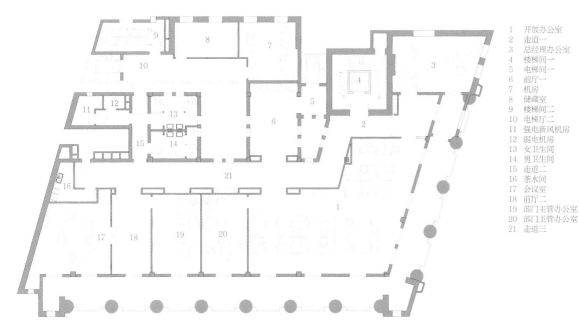

1	开放办公室
2	走道一
3	总经理办公室
4	楼梯间一
5	电梯间一
6	前厅一
7	机房
8	储藏室
9	楼梯间二
10	电梯厅二
11	强电新风机房
12	弱电机房
13	女卫生间
14	男卫生间
15	走道二
16	茶水间
17	会议室
18	前厅二
19	部门主管办公室
20	部门主管办公室
21	走道三

13-14 1层平面

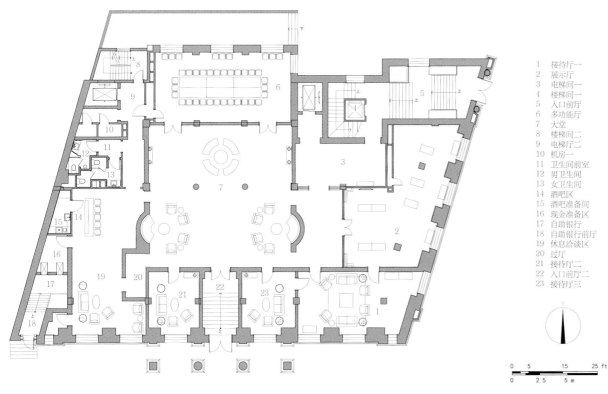

1	接待厅一
2	展示厅
3	电梯间一
4	楼梯间一
5	入口前厅
6	多功能厅
7	大堂
8	楼梯间二
9	电梯厅二
10	机房一
11	卫生间前室
12	男卫生间
13	女卫生间
14	酒吧区
15	酒吧准备间
16	现金准备区
17	自助银行
18	自助银行前厅
19	休息洽谈区
20	过厅
21	接待厅二
22	入口前厅二
23	接待厅三

0	5	15	25 ft
0	2.5	5 m	

13-15 G层平面

The eclectic architecture has a horizontal tripartite composition. The main façade of Citibank Hankou is bilaterally symmetrical with a raised plinth and prominent door head. The L-shaped, three-tier verandah lined with pillars is its most prominent feature, endowing it with a broad view and majestic momentum. The interior design is simple and calm. The key protected exterior areas include: the east main façade, the north, south and west façades, the courtyard façades, and the verandahs from second to fifth floor. The key protected interior areas include the entrance foyer, first-floor lobby, stairwell, elevator, and decorative features such as wood wall panels, stucco ceiling ornaments, and fireplace.

The site plan design was guided by the existing pedestrian entrances and exits on the main façade, using the west façade as the interior main entrance, adding a wheelchair accessible ramp, and using the backyard space as a vehicle exit. After specialist assessment, a new underground equipment room and mechanical parking garage were built within the backyard area, which also houses the main engine room as part of the building equipment upgrading. This allowed minimum intervention on the main body of the protected architecture and achieved a rational layout and efficient utilization of the facilities. Ground drainage was re-programmed in the backyard. The streetwall was restored to the original style based on available historical information.

The light-gray granite finish of Citibank Hankou's river-facing east façade and street-facing north main façade were cleaned and reinstated, as were the west and south façades and the horizontal grid faux stone plaster facing of the inner courtyard. On the east façade, multiple reliefs with engraved texts, Ionic orders, and the decorative mouldings of the cornice were cleaned and restored with special attention. Referencing historical photographs, the decorative carving on the pediment above the entrance lintel and the sculpture of "an eagle upon a globe" on top of the parapet of the main façade were restored.

13-16　一层大厅，拆除后加封堵墙体，恢复历史格局与装饰

派。上部楼层则采用外侧外平开实木百叶（百叶可调节方向）、内侧内平开实木框玻璃窗。修缮过程中，保留沿江立面两端的各一扇落地窗，采用传统蜡刻工艺做实木框复原。其余外窗因年久失修、糟朽严重，采用断桥铝合金框中空玻璃窗仿原有木窗样式、色泽进行更换，采用摇柄金属百叶替代原拉杆实木百叶，兼顾了风貌重现、细节保留与节能性能提升。

功能空间利用：优化银行功能，附属服从主体

大楼原有平面格局主从分明，沿江沿街的主楼层高较高，装饰丰富，格局宽敞；靠近庭院的副楼层高较低，装饰简单，隔间紧凑。

本次修缮设计对内部空间功能的利用以保护为先、兼顾优化银行功能、附属空间服从主体空间为重点。对于主楼的空间利用，首先经充分考证后拆除部分房间的后期加建夹层与隔墙，按历史样式复原入口层大堂的格局与装饰，作为银行的大厅及展示接待空间。沿用底层

的原有金库作为银行的保管箱业务使用，增设了必要的管理用房。将二层、三层作为核心办公区使用；四层、五层作为客户洽谈区使用。主楼内的特色铁栅式电梯，经整修更换设备仍然继续使用。

对于风貌价值较低、现状质量较差的副楼，进行整体加固，与主楼自二层以上保持楼面标高一致，解决疏散问题，并作为行政办公和机房使用。副楼朝向西院的历史原有外立面仍然整体修复，副楼朝向中庭的内立面则采用低透射率玻璃幕墙，映衬主楼的米灰色划格仿石粉刷饰面。此外，通过改造副楼内现有的小楼梯，在副楼增设消防电梯和货梯等措施，提升了大楼整体的疏散安全性与使用便捷性。

原有的上人平屋面经拆除违章搭建、重做防水层、新增保温层、新增防护栏杆、新铺防腐木地板后，成为可上人的屋顶花园，大大提升建筑滨江的整体景观价值。

In the restoration of the exterior doors and windows of the building, two floor-to-ceiling windows on the two ends of river-facing façades were preserved. The traditional wax carving process was applied in the restoration of the original wooden windows. The rest of the exterior windows, in disrepair and badly damaged, were replaced with broken bridge insulation aluminum windows. The replacements follow the style of the original wooden windows but with a different color. The original tilt-rod solid wood blinds were replaced with crank metal shutters, reproducing the historical appearance and preserving the detailing while improving the energy saving performance.

特色装饰细部：保护兼顾展示，体现年代价值

花旗银行大楼内的特色装饰细部总体上基本保存良好，局部缺损，修补痕迹明显。保护设计重点对室内格局、一层大厅、电梯、壁炉、装饰线脚、木护壁等进行整体保护修复，恢复原有装饰的风采，同时兼顾设备设施的隐蔽安装与消防性能的提升。

一层大厅为重点保护空间，经考证拆除了后加隔墙，恢复了原有的房屋格局。因吊顶局部损坏严重，结合消防性能的提升，对大厅顶棚多边形粉刷线脚进行整体脱模后，适当降低顶棚高度并原样恢复，顶棚内增设了必要的消防喷淋、烟感报警等设备。对回纹围边、异色拼铺陶瓷锦砖地坪的局部缺损之处进行了修补，对大厅两侧弧形墙面上原镶嵌的深色实木护壁和皮面固定靠椅进行完整的保存修复。结合空调送风的安装，大厅两侧侧墙新增了装饰花板，避免设备管路进入重点保护区域，也达到了较好的舒适度。

全楼二至五层共有11只壁炉，样式或繁复或简约，壁炉的装饰面均为实木饰面，有背面带厂牌标志的耐火砖砌筑炉膛、釉面瓷砖贴面，色彩各不相同，上面均镶嵌有带火焰券轮廓的铸铁炉罩。本次修缮也对其进行了完整的保护、补配以及原位安装。

铁栅推拉门电梯经考证为A. B. See公司出品，其轿厢、内饰、动力设备均为原物。轿厢内有黄色镶边绿色饰面的金属面板内饰、弧拱形顶棚侧边带铁艺镂空通风篦子，可载重1000kg。电梯镶嵌于大楼梯间的楼梯井内，沿大楼梯栏杆扶手做金属镂空护壁，非常考究。经整体清洁、修补内饰、更换动力设备与选层器，并新增必要的安全防火玻璃井道与安全门后，仍作正常使用。

3-17 恢复室内原有格局

3-18 一层大厅，修复特色弧形固定家具

Rehabilitation of the interior functions prioritized preservation. It optimized the banking functions and ensured the ancillary space is subject to the main space. In the case of character-defining decorative details, preservation was combined with presentation to showcase the historical significance, through which 11 areas, including fireplaces and ironwork sliding door elevators, were preserved and reinstated.

13-19 根据历史照片恢复花旗银行雕塑

13-20 修复后的楼梯栏杆细部与新增的安全透明防火玻璃电梯井

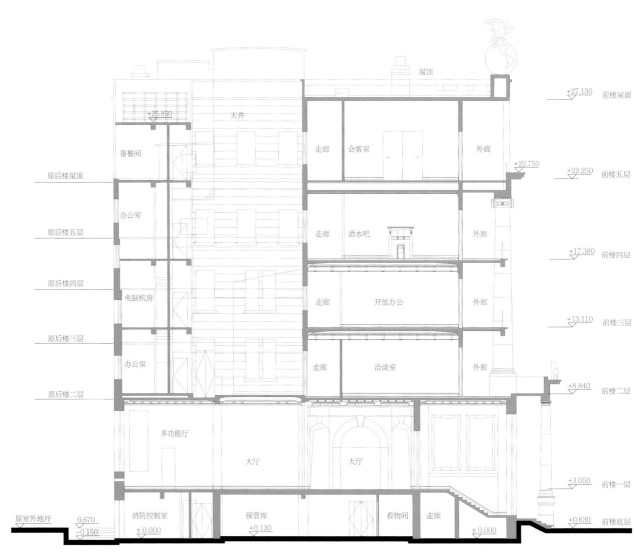

13-21 保护修缮剖面图

设备设施更新：全面提升性能，最小干预为先

　　花旗银行大楼在修缮前已停用多年，设备设施均老化陈旧、缺损严重。大楼保护修缮以二类普通高层建筑标准设计，对给排水、暖通空调、电气照明、消防设施进行了全面的升级换代，增设自动喷水灭火系统、火灾自动报警系统。新增的水泵房、变电所等安置于后院地下室内，主要设备管路由东侧室外后院引入，减少对大楼主体空间的占用和荷载的增加。

　　给排水设备设施的添加、新敷设的电气设备管线桥架尽量避让重点保护部位，尽量避让现存装修花饰、线脚，部分无法避开的尽量采用隐蔽、可逆性方式安装。主要系统设备、空调冷媒管等均设在副楼区域，尽量减小对主楼的影响。

MEP system were upgraded. In addition, a new automatic fire alarm and sprinkler system enhanced the overall building safety and performance. During the upgrades, key protected areas and existing decorative detailing and mouldings were avoided when possible. For areas that could not be avoided, installations were concealed and reversible to maintain historical integrity.

13-22　恢复原有壁炉和实木护壁

13-23　参考历史样式仿制走廊拼花石材地坪

　　本次保护修缮与整治设计工作，根据建筑各部分价值的不同，采用了不同干预程度的保护修缮及加固复原乃至扩建措施——精心保留现存较为完整的各部分，修复其原有风貌；合理利用、延续其作为银行的功能，并进行全面性能升级，不仅真实地再现其历史形象，更加提升建筑品质及其所承载的价值。

主要设计人员：
张皆正、陈民生、郑　宁、项　箐、
赵兴元、还文海、顾懿卿、朱浩洁

参考文献：
[1] 李传义，张复合，村松伸，寺原让治，主编.中国近代建筑总览·武汉篇 [M].北京：中国建筑工业出版社，1992.

14-1 世博村A地块近代别墅群修缮后全景，许一凡摄，2010

14 中国酒精厂近代建筑群 China Alcohol Factory Contemporary Building Group

原名称：中国酒精厂近代建筑群
曾用名：上海溶剂厂近代建筑群
现名称：世博A地块近代建筑群
原设计人：世界实业公司
　　　　　（W. L. Painter & Company）
建造时期：1934-1936年
地　　址：上海市世博村路
保护级别：上海市浦东新区文物保护单位
保护建设单位：上海世博土地控股有限公司
保护设计单位：现代集团历史建筑保护设计研究院
　　　　　　　华东建筑设计研究院有限公司
保护设计日期：2008-2010年

一、历史沿革及建筑概况

　　世博村A地块近代建筑群原为上海溶剂厂近代建筑群，位于上海浦东新区南码头路200号。上海溶剂厂前身为由前国民政府实业部与印尼侨商黄宗贻、黄宗孝于1934年4月合资创办的中国酒精厂，1936年初正式投产，是当时远东规模最大、设备最先进的酒精厂。1947年，原致公党主席、全国政协副主席、著名爱国人士董寅初先生担任印尼建源公司上海分公司总经理，并任中国酒精厂厂长。1954年10月，重工业部化学工业管理局与中国酒精厂实行公私合营，次年12月政府投资更新改建，并改名为上海溶剂厂，逐步发展成为兼具生物化工和有机合成的现代化工企业，曾被列为全国500家大企业。

　　早在1934年建厂之初，厂方在黄浦江南岸厂区近江处兴建了9幢花园别墅，作为厂方高级管理人员办公生活用房。该建筑群基地面积为24631m²，共9幢一至二层花园洋房，总建筑面积为1611m²，位于原南码头路200号的上海溶剂厂区（今世博村A地块内），地处浦明路、世博村路、沂南路与雪野路之间，北邻原中国酒精厂主厂房（现新建的世博洲际酒店），均为坡屋顶清水红砖墙建筑。董寅初先生曾居住在1号楼，这些

14-2 上海溶剂厂动迁前

14-3 修缮前

建筑见证了中国民族工业的发展历程。

2002年1月14日，由这9幢别墅建筑组成的上海溶剂厂近代建筑群被公布为浦东新区文物保护单位。

该建筑群由9幢形式各异、具有西班牙式建筑风格的四坡顶西式花园别墅组成，错落有致地坐落在绿树成荫的花园之中。典型的清水红砖墙与绿树相映成趣，形成了浦江两岸中国民族工业遗产中的一抹颇有特色的风景，也成为上海工业遗产中别墅建筑的典型代表。

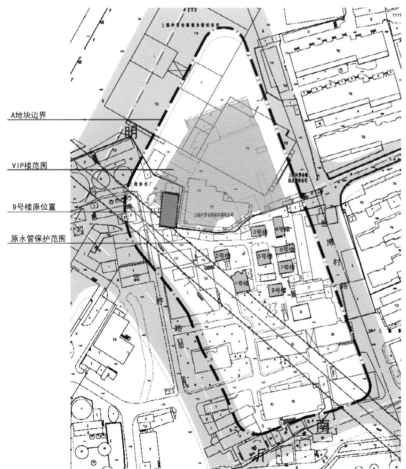

14-4 修缮前总平面图

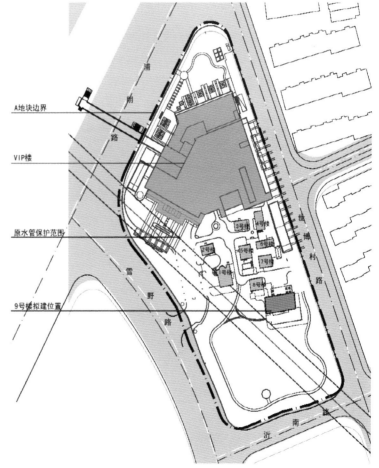

14-5 修缮后总平面图

14-6 修缮前清水砖墙损坏情况

14-7 修缮后的全景鸟瞰，许一凡摄，2010

Formerly known as the Shanghai Solvent Factory, the Shanghai World Expo Village Plot A is located at No. 200 South Wharf Road, Pudong District, Shanghai. Built in 1936, it was originally known as China Alcohol Factory and renamed Shanghai Solvent Factory in 1955. The modern architecture complex witnessed the development of China's national industries. In 2002, it was listed as the Pudong District Cultural Relics Protection Units. The complex consists of nine distinct Spanish-style garden villas with hip roofs nestled in leafy gardens. A typical mixture of grey and red brick walls contrasts with green trees. This constitutes a unique landscape amidst the Chinese national industrial heritage on both sides of the Huangpu River. It is also a case study of villa architecture of Shanghai's industrial heritage.

二、保护设计前存在问题

修缮前，该建筑群建成已逾80年，厂区环境绿化一直未得到维护和修整，总体显得杂乱无章。部分建筑结构基本维持尚可使用状态，但由于后期功能更换、又经过多次改扩建及日常维护不够等原因，造成年久失修，建筑的结构、外立面、屋面以及室内装饰都受到严重损坏；多数房屋存在明显的向西北方向倾斜现象；砖混结构中部分立面承重砖墙严重风化、泛碱、渗水发霉；屋面破损，部分木构件开裂、腐烂、渗水；各楼门窗、落水和给排水管道等亦有损坏。

三、保护设计原则和要求

　　2002年12月上海申博成功后，建筑群所在区域被划入2010年上海世博村A地块VIP生活楼基地内。2006年8月，上海世博会事务协调局宣布，位于A地块内的上海溶剂厂近代建筑群将进行保护性修缮和功能置换，功能更新为新建酒店的VIP客房和配套服务会所，在保护中国近代工业建筑遗产和挖掘历史文化资源的同时，实现"人文世博"的构想。作为浦东新区文物保护单位，保护要求为：不得改变原有立面、结构体系和有特色的室内装修。

　　建筑群原为宿舍、办公、会议和仓库等用房，本着"修旧如故，以存其真"的原则，根据20世纪30年代的原设计图和现状的分析，修缮设计中保持原有群体空间格局和原有大树，拆除后期加扩建部分，结合更新后的使用功能，合理布局，充分处理好新旧关系、建筑与景观的关系。在保护中国近代工业建筑遗产的同时，传承历史文化，让原有历史建筑重新焕发生机。

14-8　修缮后的2号楼南立面，许一凡摄，2010

14-9　修缮后的2号楼外景，许一凡摄，2010

14-10　修缮后的整体环境，许一凡摄，2010

After Shanghai won the bid in 2002 to host the Expo, the area where the complex is located was zoned for the VIP living area of Shanghai World Expo 2010 Village Plot A. From 2008 to 2010, the Shanghai Solvent Factory modern architecture complex went through a series of conservation and adaptive reuse projects before becoming the VIP suite and the supporting service club of the newly built InterContinental Hotel.

14 11 修缮后的1号楼. 许 凡摄, 2010

四、保护设计技术要点

总体设计中, 1-8号楼为原址保护, 9号楼经上海文管委论证批准后, 以易地重建的方式保护, 移至建筑群东南隅。同时在5号、6号和7号楼间增设玻璃敞廊, 以遮挡雨水, 适当整合9幢建筑的功能及其组团关系。设计中着重保护环境格局, 特别保护基地内的大树, 并在洲际酒店和原建筑群之间营造绿化庭院。同时合理组织内外流线, 避免相互干扰, 减少对保护建筑的影响。建筑修缮后功能更新为VIP特色客房、会议室、西餐厅、酒吧和多功能厅等, 为洲际酒店提供特色服务。

历史建筑风貌的保护和修缮是设计成功的关键, "修旧如故, 以存其真" 的原则始终贯穿于设计和施工之中, 所有原有建筑风貌都得到了充分保护修缮。9幢别墅均为砖木结构、清水红砖墙、红瓦四坡屋顶, 其中1号楼的建筑艺术价值最高, 是保护的重中之重。该建筑是带有西班牙式建筑风格的四坡顶西式花园别墅, 平面布局自由合理, 阁楼老虎窗和欧式烟囱出屋面, 轮廓线生动; 内装饰朴素大方, 富有特色; 底层南侧有敞廊, 面对原有的英式花园; 二层阳台的门楣处挂有于右任先生所书 "继武前徽" 匾额。

保护设计中, 严格按照保护原则, 整体修缮各幢建筑的外立面和屋面。如1号楼, 拆除了一楼南面后封的墙和木门窗, 恢复原底层面向花园敞廊原貌; 各特色装修均得以保护, 房间格局按照新功能进行调整, 二楼卫生间放大并重新布置; "继武前徽" 匾额也得到清洗和补损, 并外涂保护剂, 使原建筑的历史底蕴得到了挖掘。除异地重建的9号楼外, 其他8幢楼都按照同样的原则和方法得到整体保护和修缮。

清水红砖墙是建筑群的重要特色, 也是重点保护对

14-12　连廊，唐玉恩摄，2010

14-13　修缮前的1号楼

象。根据设计要求，施工前都对外墙进行详细检测，并拍照存档。根据砖墙面的不同破损，分别采用了清洗、增强、修补和替换等方法，并涂渗透型憎水防护剂，达到了修旧如故的效果。

由于4号楼与洲际酒店新建建筑的间距无法满足消防要求，经主管部门审查同意后，保留围护结构，原有木屋架和楼板分别置换成钢屋架和钢筋混凝土楼板，相邻外门和外窗玻璃分别置换成防火门和防火玻璃，各相关部位均作耐火防护处理，从而提高耐火性能。

该建筑群的屋顶构造为机平瓦、挂瓦条、顺水条、油毡、屋面板、木板条密肋，无保温层，按现行公共建筑节能设计标准要求增加了保温层。部分钢门窗采用

In the master plan, an in-situ conservation approach was applied to Buildings No. 1-8, while Building No. 9 was relocated to the southeast corner of the complex. Meanwhile, a glass loggia was added to connect Buildings No. 5, 6, and 7. The plan focused on the protection of site configuration and green space, organization of internal and external circulation, avoidance of interference with each other, and reduction of impact on protected buildings.

14-14 修缮后的4号楼楼梯间，许一凡摄，2010

Building No. 1 is a Spanish-style garden villa with hip roof and a fluid floor plan. Dormer windows and a European-style chimney project beyond the roof to provide a lively silhouette. The interior is simple and generous. The front porch on the south side faces the original English garden. A plaque of Mr. Yu Youren's calligraphy adorns the lintel of the second-floor balcony. The reinstatement project retains the original structure and floor plan and focuses on the restoration of the entrance awning, staircases, fireplace, chimney, unique wood ornaments, and hardware. Later additions of wood doors and windows were removed to restore the loggia's original design. During the construction, grey and red brick walls were examined in great detail and photo documented. Depending on the condition of deterioration, the brick walls were cleaned, enhanced, repaired, and replaced as appropriate, as well as treated with a water-repellent protective layer to achieve a historical look.

As an energy-saving rehabilitation, some steel-wood frame doors and windows were treated with a special technique of "energy-saving windows with original structure". That is, replacing original glass with hollow insulating glass while retaining and repairing the original steel door and window frames and mullions. A 40mm thick extruded polystyrene board insulation layer was added to the roofing assembly. Inside the external wall insulation, an energy-saving mortar insulation system was applied to protect the appearance of the original building while meeting the low-carbon energy requirements.

Responding to the inspection company's survey on structural damage and to meet new functional requirements, the project addressed many issues. The foundation was reinforced by adding concrete to increase the width of footings. Deteriorated wood parts were removed and replaced with new material and treated for pest control. The wood components with insufficient bearing capacity were reinforced. The lower chord of the roof truss was replaced by steel girders or steel joist girders were added to ensure the structural safety without damaging the original floor plan. In upgrading MEP system to meet modern needs and to enhance comfort, the cooling and heating source at the InterContinental Hotel was utilized to support the HVAC system. Cold and hot water pipes were connected to each individual unit through embedded ducts. Indoor air handlers were hidden in the suspended ceiling to avoid corrupting the integrity of original architecture space.

"原型材改造节能窗"的专项技术，利用原钢窗框，在保留修缮原钢门窗型材与分格的基础上，将原普通玻璃替换为中空保温玻璃；外墙内侧采用保温砂浆节能措施，在保护原建筑外貌的基础上，提升了低碳节能水平。

在部分结构构件受损处，结合新功能荷载要求，基础采取混凝土围套加大条基宽度的方法加固，对局部腐朽的木构件将腐材切除后更换新材并作防白蚁处理，对承载力不足的木构件、屋架下弦等采用置换钢梁或增设钢托梁等方法进行加固，在不破坏原有建筑布局前提下确保结构安全性。

利用洲际酒店冷热源增设空调系统，冷热水管通过直埋管道接到各单体，室内

14-15 修缮后的5号楼酒吧，许一凡摄，2010

14-16 修缮后的5号楼会议室，许一凡摄，2010

采用风机盘管空调方式，暗藏于吊顶内，尽量不破坏原有建筑空间，整体提升了建筑的现代化和舒适度。

建筑是历史文化的载体，承载着社会发展的印记。历史建筑的可持续利用，是历史赋予建筑设计人员崇高使命。世博村A地块近代别墅群文物保护工程的实施，是"人文世博"贯彻"保护就是发展"的体现，修复后的9幢别墅获得了新的生命，其历史内涵提升了洲际酒店的品质与格局，保护历史的同时，也在传承文化。

主要设计人员：
唐玉恩、张皆正、王晓帆、许一凡、粟轶君、
邹勋、高钢、凌颖松、陆伟民 、张聿、
叶俊、王峻强、方飞翔、王意岗

15 新怡和洋行（益丰洋行） New Jardine Matheson Building (Abraham Co. Building)

原名称：新怡和洋行

现名称：益丰大楼

原设计人：玛礼逊洋行[1]（Scott&Carter Architects）

建造时期：1906-1911年

地　　址：上海市北京东路31-91号

保护级别：上海市优秀历史建筑

保护建设单位：上海新黄浦（集团）有限责任公司

保护设计单位：现代集团历史建筑保护设计研究院

　　　　　　　现代集团工程建设咨询有限公司

保护设计日期：2007-2010年

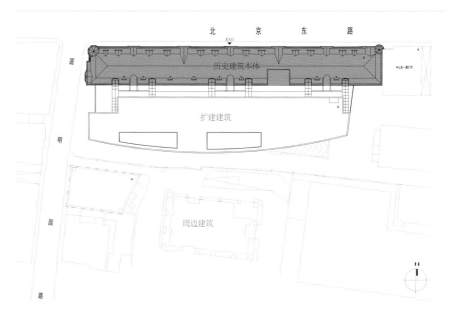

15-2 总平面图

15-3 南立面历史照片，上海图书馆 馆藏

15-4 北立面历史照片，上海图书馆 馆藏

15-5 北立面修缮前，张皆正摄，2008

一、历史沿革

新怡和洋行由玛礼逊洋行于1906年设计，1911年建成。后改名为益丰洋行，作为办公室及宿舍。20世纪50年代后改为住宅。大楼为砖木混合结构、地上5层（4层加夹层，后改为5层）。1994年2月15日被公布为上海市第二批优秀历史建筑，四类保护。

二、建筑概况

建筑为英国安妮女王复兴风格。平面呈长条形，东西方向总长度约123m，南北方向总宽度约19m，可谓上海最长的清水红砖建筑。

大楼立面沿北京东路直线展开，以顶部三角形山墙作间断分隔，清水红砖外墙。底部为半圆券拱门窗，二、三层为弧形券拱窗，顶层为平券窗，一至三层窗券饰饰锁心石，西北角和东北角顶部设圆穹顶等巴洛克式装饰，并以东、西两端的穹顶作为收头。主要出入口与西北出入口有精致的雕饰。屋面为孟莎式折坡瓦屋面，间布清水红砖砌筑的带弧形与三角形窗套的老虎窗。

原结构体系为砖墙、钢柱、钢梁、木楼盖、木梁和木屋架共同承重的混合结构。其外墙外侧为清水红砖砌筑、内侧为青砖砌筑，墙厚自下而上层层减薄，分别为：一层墙厚为640mm，二层为560mm，三、四层为420mm，五层为240mm。大楼原设计图纸精美严谨，原建筑外观气派舒展、细部精致丰富、砌筑工艺精湛，

The Yifeng Building, formerly known as the Abraham Co. Building, was originally developed for both commercial and residential use. It was designed by British firm Scott & Carter in 1906 and completed in 1911. The brick and wood structure stands five floors above the ground (the original four floors plus one mezzanine level were later changed to five floors). The Renaissance style building has a rectangular plan about 123 meters in total length from east to west and a total width about 19 meters from north to south. It is considered the longest red brick building in Shanghai. Spreading out along East Beijing Road, the building is divided by triangular gable roofs and enclosed by red brick walls. Baroque style cupolas can be found on the tops of the northwest and northeast corners. The main entrance and the one on the northwest side are decorated with exquisite ornaments. Red brick arches and triangular architraves of gable windows dot the mansard roof. The original structural system is a mix of brick walls, steel columns and beams, and wooden floors, beams, and trusses. The outer side of the exterior wall is composed of red brick without plastering, and the inner side is composed of grey bricks. The wall becomes thinner as it goes higher. The exquisite masonry work reflects the high-level of construction skills at the time.

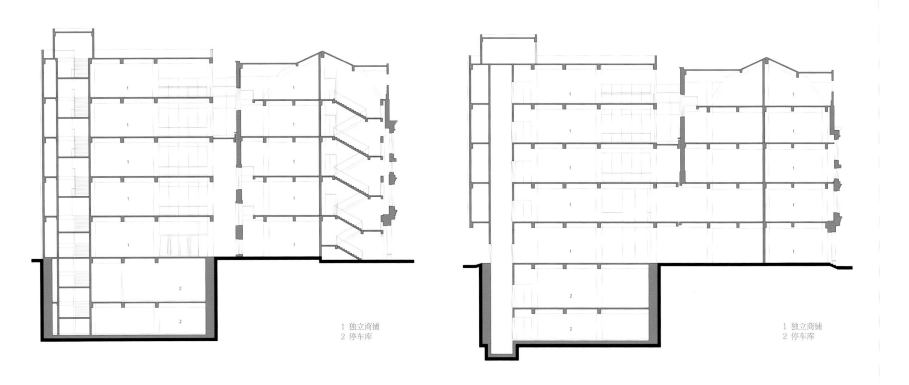

1 独立商铺
2 停车库

1 独立商铺
2 停车库

15-6 剖面

体现了同时期建筑设计施工的较高水平。

作为上海优秀历史建筑保护与可持续利用实践的一个特例，在几次论证后，经评审确定了"整体保护修缮北、西外墙，部分保留南侧外墙"的保护修缮目标，大楼内部结构则进行换胆式改建，并在毗邻大楼的空地扩建建筑、新旧衔接，高度不超过历史建筑。

三、保护设计前存在问题

益丰大楼已历经百年风雨，年久失修，亟需保护修缮。所处地段地价昂贵、交通便利，保护与再利用价值较高。根据主管部门以及业主要求，将保护修缮目标定为：整体保护修缮益丰洋行大楼，并在大楼南侧新建体量接近的新厦，功能变更为商业用途。

大楼屋面由于使用空间的扩充需求，原来的折坡屋面后期已被改为简易的双坡屋面；大部分老虎窗、出屋面的烟囱等不存，仅存部分西立面砖砌烟囱；北立面上原有砌筑精美的6片山花则被覆盖为三角形抹灰墙面。

大楼二至四层清水红砖外墙被后期粉刷了暗红色涂料、白色勾缝，一层清水红砖外墙大部分被零乱的后加店面外装材料和招牌所覆盖。水平向层间装饰线脚被损坏。一层的砖砌拱心石缺损。

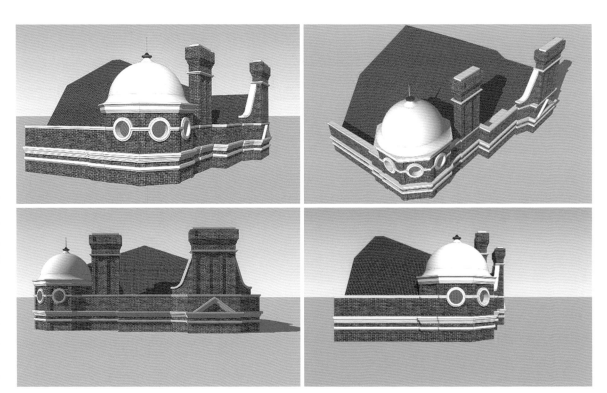

15-7 屋顶修复推敲三维模型

15-9 修复后外立面夜景，刘文毅摄，2018

Through the study of historical drawings and photos in comparison with current conditions, as well as alternative options and suggestions put forward by specialists, the mansard roof was restored to its original form. The mansard roof not only recovered the fifth facade of the building and the original appearance of street interface, it also provides more usable open interior space.

After careful consideration of multiple rounds of proposals and large-scale physical model studies, seven pieces of exposed red brick pediments in four different kinds and twenty gable windows of similar style and various sizes on the north and south facades were restored based on the original style and scale.

15-8 修复后北立面，刘文毅摄，2018

15-10　修缮后清水红砖墙面细部，刘文毅摄，2018

四、保护设计技术要点

去伪存真、恢复风貌的修复设计

修复设计难点在于需要克服外墙现状损伤不一、历史图档不全、始建用材质量不均、后期改造痕迹过多等困难，去伪存真。本次修复设计的重点主要包括：重点保护修缮沿街北、西外墙，部分保留南侧外墙。重点对孟莎式折坡瓦屋面与山花进行复原；重点对清水红砖墙身进行整体保护修缮与加固；并对线脚、花饰、拱心石等建筑细部进行保护修缮与修补。

按照历史样式复原孟莎式折坡瓦屋面

原有孟莎式折坡瓦屋面，为木屋架结构，起坡角度较陡、上坡较缓，屋面上有若干老虎窗和烟囱，并以东西两端的穹顶收头。经历史图纸、照片与现状的比对，结合比选方案，并根据专家意见，确定了"孟莎式屋顶的起坡点从女儿墙退后一定距离，以保证转角圆顶和屋面处理的合理性"的修复原则。

修复后的折坡屋面，既还原了建筑第五立面及沿街界面的原有风貌，又提供了更为开敞、流动的内部可利用空间。所选机平瓦，与原有尺寸一致（长约300mm）、色泽接近（暗红色）；按历史图纸复原起坡角度（为55°）；同时优化了屋面的保温与防水性能。

可识别性复原清水红砖山花与老虎窗

本建筑的山花、老虎窗以及外墙线脚等清水红砖的砌筑工艺精美、线脚繁复、尺度均衡、富有节奏和韵律感。大楼南北立面上共有4种7片山花和20个宽窄不一、造型相近的老虎窗需要修复。通过对原有照片、图纸的矢量化还原，色彩比较，多方案比选，大比例实体模型制作等多种方式，逐步推敲，最终确定了"还原其历史风貌特色、复原其历史尺度、比例、细部、材质、色彩，并在原有历史图样基础上适当简化，以体现时代特征，并充分尊重历史原物、原样"的设计思路。据此，山花及老虎窗外形按历史样式及尺度复原，外砌清水红砖、局部带多层混水装饰线脚，线脚样式适度简化。

完整保护北立面的技术措施

在整片砖墙内衬100mm厚现浇钢筋混凝土墙，并与砖砌体作拉结设计。修复所选红砖，优先选用从南立面拆下的老砖，清理后使用，采用一顺一丁砌筑、元宝缝勾缝的传统砌筑工艺，并做到上下楼层垂直向砖缝隔皮对位。

针对不同干预程度的清水红砖墙身与细部进行保护修缮。

清水红砖墙身在整幢建筑立面中几乎占4/5的比例，设计中从整体保护的思路出发，经多试样比选，针对性地制定了不同的保护修缮措施。

对一层面层破损风化严重的红砖墙面，采用老红砖局部切片镶砌、局部整砖补砌、补色，重勾元宝缝的方式修缮；对二至四层外观较完好、后期经粉刷的红砖墙面，采用清洗面层、局部修补、补色，重勾元宝缝的方式修缮；对五层女儿墙，结合结构加固需要，新增钢筋混凝土内衬墙，拆除后原位原料原样重砌，对局部缺损部位优先选用老砖、采用传统的磨砖工艺进行补砌；西立面现存两只烟囱，均按历史图纸恢复烟囱原有高度及顶部清水红砖线脚，清水红砖砌筑方式为一顺一丁，补砌所用红砖，优先选用从南立面老墙上拆下的红砖，烟囱内部做钢筋混凝土结构加固，并与外侧砖砌体做拉结处理，压顶构造采用传统工艺，按图样曲线以砖铺砌成压顶，上做混水粉刷。

Depending on the condition of deterioration, various degrees of intervention were considered in the wall restoration. For the severely deteriorated surface on the first floor, partial bricks were cut off and repaired, while in other areas new bricks replaced missing ones. Other reinstatement methods included color wash and repointing of mortar joints. For the more recently painted walls in better condition on the second through fourth floors, reinstatement methods included surface cleaning, partial repair, color wash, and re-pointing of mortar joints. For the parapet on the fifth floor, the conservation added new reinforced concrete lining walls, removed and reconstructed the parapet in place and in the same fashion reusing the original material. Salvaged bricks were preferred in replacing the missing pieces along with traditional repointing techniques. Scientific approaches such as holistic preservation, targeted restoration, and minimal intervention were applied in restoring the keystones and mouldings on the exterior surface.

15-11 修缮后的西南角，许一凡摄，2018

15-12 修缮后室内照片，可见局部保护修缮的南立面外墙，刘文毅摄，2018

15-13　修缮后新老建筑之间的主入口，刘文毅摄，2018

The original foundation was reinforced, and the old building's original structure was demolished and replaced by a reinforced concrete frame structure with a large column grid. After the replacement, the original smaller units of space became a flexible, open space fitted for commercial purposes. The column grid avoids the existing building's load-bearing walls in the stairwells and the foundation pedestals. This grid in the old building is consistent with the column grid in the new building to the maximum extent possible. Floor slabs were reconstructed and the floor height was modified according to the building code for commercial zoning, while respecting the positions of original exterior window openings. Reinforced concrete walls were added from inside, consistent with the configuration of original walls. The original staircases were all removed and replaced by three new egress stairs and two passenger elevators whose heights remained under the original roof. The space generated by the restored sloping roof is repurposed into a loft to maximize space utilization. The south exterior wall of the old building is connected to the new building with a shared vertical space. With five stories above ground and two levels under, the new building does not exceed the height of the old building, and it connects to the old building on each level with a new sky bridge going through the original exterior window openings.

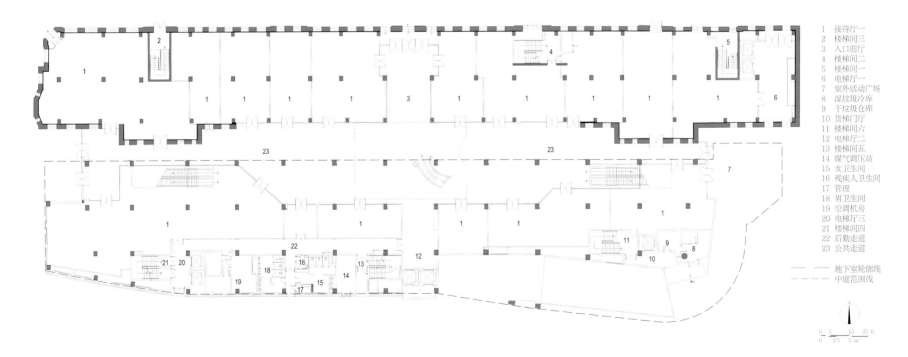

1　接待厅一
2　楼梯间三
3　入口前厅
4　楼梯间二
5　楼梯间一
6　电梯厅一
7　室外活动广场
8　湿垃圾冷库
9　干垃圾仓库
10　货梯门厅
11　楼梯间六
12　电梯厅二
13　楼梯间五
14　煤气调压站
15　女卫生间
16　残疾人卫生间
17　管理
18　男卫生间
19　空调机房
20　电梯厅三
21　楼梯间四
22　后勤走道
23　公共走道

——— 地下室轮廓线
- - - 中庭范围线

15-14　底层平面图

15-15　老楼南立面图

15-16　修缮后的东南角，许一凡摄，2018

拱心石是本建筑重要的结构与装饰构件，主要有砖砌和青石两种，各层拱心石尺度相近，但细部雕饰略有区别。对砖砌拱心石，按原有保留完好的红砖拱心石加工砖材，现场切割，砖材需无杂质，并按原样镶砌修补，风化及破损部分采用调配相近颜色的砖粉修补；对青石拱心石，局部缺损处以相同材质碎石与胶水混合料调色修补、表面采用斩斧处理，并用中性清洁剂进行清洗。由于拱心石表层均附着有多层后加涂料，经施工现场采用多种方式做清洗试样后，均不能完全彻底清洗表面污垢，如采用机械打磨，则对原材料表面损伤过大。综合考虑修缮的整体性与最小干预原则，最终确定了在拱心石表面清理后施涂浅灰色薄型涂料、与水平混水线脚色泽保持一致的施工方案。

益丰大楼现有装饰线脚，主要分为两种材质，一种是青石线脚，一种挑砖磨砖线脚。青石材质线脚主要位于层间水平装饰带、窗台以及墙身勒脚等部位；挑砖磨砖线脚主要位于层间水平装饰带、立面窗套等清水装饰部位。重点修缮一至二层间水平线脚，重点复原二至三层间和四至五层间水平线脚。各层水平线脚均为上部混水线脚、下部清水线脚相结合的装饰带。各层线脚的尺度与细部，则考虑部位、视线以及尺度，而略有区别。

经过分析、调查、研究与考证，采用整体保护、针对性修缮、最小干预等科学措施，对益丰洋行大楼的外墙、屋顶及山花、细部等进行了系统的保护修缮与修复设计，使其建筑艺术的光彩得以还原；并作为城市记忆的可读界面，在历史街区中延续其价值。

新旧融合、更新提升的扩建设计

加固与扩建设计难点在于新旧建筑风貌协调、功能更新、新旧建筑空间衔接、以及开挖地下室和加固措施对历史建筑本体重点保护部位的最小干预。

内部改建：遵循"可识别性"原则，充分尊重优秀历史建筑的原状，慎重对待历史建筑的内部改建。既尽量保留前者，又使后者与原状保持相当的可识别性。内部改建以尽量不破坏原有基础为前提，减少对外墙重点保护部位的搭接，并尽可能避让原门窗洞口；内部改建的框架柱尽量避让改造后的主要通道空间；尽量满足商业空间所需的大柱网；新楼与老楼应有较多的对位关系。

结构体系置换及外墙加固：对原有基础进行整体加固；拆除老楼内部原有结构，并置换为钢筋混凝土框架结构；重做楼板，层高根据商业功能重新设定，但尽量避让原有外窗洞口；按历史样式采用钢筋混凝土屋面复原孟莎式折坡屋顶；在保留历史原有墙体的内侧进行现浇钢筋混凝土墙体加固，并随老墙内侧轮廓逐层收分。

平面结构柱网布局：主入口位置柱网开间扩大，并避让改造后的主通道空间；新建柱网避让老建筑中现有楼梯间横承重墙及其基础大方脚；老楼内的新建柱网尽量与新楼柱网保持一致；为尽量避让原门窗洞口，沿外墙一侧柱距作相应调整，局部采用斜梁搭接。

功能变更：将原有单元式小空间经结构体系置换后，变为灵活商业大空间。拆除原有楼梯，新建3部疏散楼梯与2部客用电梯，电梯不出老楼屋面。新增空调机房。充分利用复原后的折坡顶空间，作为"阁楼"，增加空间使用率。老楼原南外墙与新厦以垂直共享空间相连，新厦高度不超过老楼，地上5层，地下2层，与老楼之间，利用原有外墙窗洞架设天桥层层连通。

整体保护与可持续利用兼顾的设计观

在益丰大楼的修复与扩建设计中，以体现历史风貌、还原建筑光彩、契合时代需求为设计宗旨；以兼顾历史建筑整体保护以及可持续利用为设计要务。

清水红砖传统砌筑工艺的魅力再现

修缮设计与施工中，充分尊重清水红砖的传统砌筑工艺、注重对传统工艺的保护与传承，如沿用一顺一丁的砌筑方式、元宝缝（即内凹式凸缝）的勾缝工艺、传统人工刨磨方式修复等。

全过程设计与施工配合

修复设计是一种"牵一发、动全身"的再设计工作，具有特殊性与复杂性。设计中，充分引入全过程设计的理念，注重与业主沟通、向专家汇报，并与施工方的密切配合。在设计方案、论证评审、施工图设计、施工方案设计、试样制作、施工配合等各个阶段，不断完善、深化，以确保修缮设计的有效实施。

15-17　修缮后原益丰洋行西立面，刘文毅摄，2018

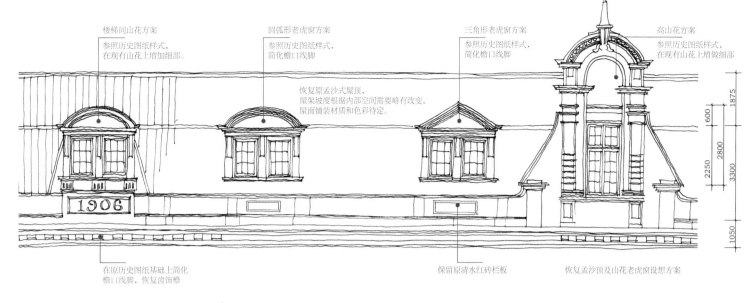

楼梯间山花方案　　　　　　圆弧形老虎窗方案　　　　　　　三角形老虎窗方案　　　　　　　高山花方案
参照历史图纸样式，　　　　参照历史图纸样式，　　　　　参照历史图纸样式，　　　　　参照历史图纸样式，
在现有山花上增加细部。　　简化檐口线脚　　　　　　　　简化檐口线脚　　　　　　　　在现有山花上增做细部

恢复原孟沙式屋顶，
屋架坡度根据内部空间需要略有改变，
屋面铺装材质和色彩待定。

在原历史图纸基础上简化　　　　　　　　　　　　　保留原清水红砖栏板　　　　恢复孟沙顶及山花老虎窗设想方案
檐口线脚，恢复齿饰檐

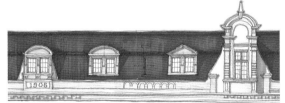

益丰洋行北立面
恢复孟沙顶及山花老虎窗设想方案
上海现代建筑设计集团有限公司历史建筑保护技术研究学科中心绘

屋面色彩设想示意图

15-18

15-19　修缮后的南立面中段，许一凡摄，2018

15-20　修缮后西北立面转角细部，刘文毅摄，2018

主要设计人员：

张皆正、林文蓉、郑　宁、杨慧南、刘文毅、高　钢

沈南生、童敏杰、张海崎、张永炼、张海霞、杨　刚

注1：原设计图纸上标明此楼的业主方为怡和洋行，未标明原设计师。在《上海1908》一书中，写明本建筑由玛礼逊洋行设计。该书根据劳埃德大不列颠出版有限公司1908年出版的《20世界香港、上海和中国其他通商口岸印象》编译，并未改变原作者观点。

参考文献：

[1] 夏伯铭.上海1908[M].上海：复旦大学出版社，2011.

16-1 修缮后的仁济医院西院老病房楼2号入口，张菁菁摄，2014

16 麦家圈医院 Medhurst Circle Hospital

原名称：麦家圈医院

曾用名：雷士德医院

现名称：仁济医院西院老病房楼

原设计人：德和洋行

　　　　　（Lester, Johnson & Morriss Architects）

建造时期：1930年设计，1932年建成

地　　址：上海市山东中路145号

保护级别：上海市优秀历史建筑

保护建设单位：上海交通大学医学院附属仁济医院

保护设计单位：上海现代华盖建筑设计研究院有限公司

保护设计日期：2010-2013年

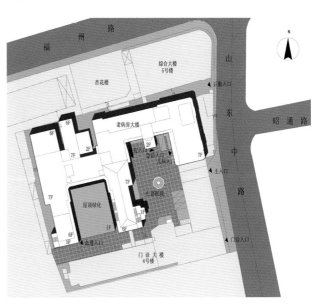

16-2 总平面图

16-3 早期的仁济医院——小南门外民宅

16-4 中期的仁济医院——"麦家圈"三层砖木结构

16-5 20世纪30年代建造的仁济医院——"麦家圈"6层钢筋混凝土结构

16-6 20世纪80年代历史照片

一、历史沿革

道光二十四年（1844年）2月，英国医生骆•威廉与英国传教士麦都思一起在大东门外开设了上海第一家西式教会医院，取名"华人医院"，是仁济医院前身。麦都思传教士圈买了现山东路附近的土地，称为"麦家圈"，医院迁至此处，名为"仁济医馆"，又称"麦家圈医院"，有60张病床的病房和门诊部，建筑为3层砖木结构。

1927年，麦家圈旧屋全部拆除。1930年，由地产商雷士德（Henry Lester）捐资，在原址上新建6层钢筋混凝土结构的综合楼（即现仁济医院西院老病房楼），1932年建成，更名为"仁济医院"，又称"雷士德医院"。

1946年10月，仁济医院重组了董事会，经过整顿，至解放初期，医院已具一定规模，床位数增至333张，并分设特等病房、二等病房、普通病房。

"山"字形平面的建筑分为3个部分。其中1号楼西北角原设计为2层，1949年后经数次加建增至6层；西翼南部原为5层，后加建2层；西翼中部原为6层，后加建1层；东翼南部原为5层，后加建2层；东翼北部原为5层，20世纪80年代加建2层；2号楼原为6层，1985年加建1层；3号楼原为5层，1948-1949年加建1层，1986年又加建1层。现状建筑主体结构为7层。

The Old Ward Building of Renji Hospital West is located at No.145 Middle Shandong Road amidst a bustling downtown area. It is China's oldest and most comprehensive Western hospital. In 1844, British surgeon and missionary William Lockhart and British missionary Walter Henry Medhurst opened the first western-style church hospital in Shanghai. Known as the Chinese Hospital at the time, it was the predecessor of Renji Hospital. From 1861 to 1931, Medhurst purchased a piece of land near Shandong Road, formerly known as Medhurst Circle (Mai Jia Quan), and built the new "Renji Hospital" there, which is the second iteration of Renji Hospital. From 1927 to 1930, the old building at Mai Jia Quan was demolished and a new six-story general hospital building with a reinforced concrete structure was erected at the same site. Designed by Lester, Johnson & Morris, it was completed in 1932 and became the "Lester Chinese Hospital". In the early years after liberation it was renamed Renji Hospital.

1994年2月，仁济医院西院老病房楼由上海市人民政府公布为上海市第二批优秀近代保护建筑，三类保护。大楼的东立面、南立面为外部重点保护部位，原有门窗及其他原有特色装饰等为内部重点保护部位。

二、建筑概况及价值评估

仁济医院西院老病房楼地处市中心繁华地段，是我国历史最悠久的综合性西医医院之一。老病房楼是仁济医院西院的主要建筑，历史悠久，至今还发挥着重要作用，内部有急诊、各科室门诊、血液透析、手术室、日间病房、产房及其他附属用房等。

建筑立面采用了简约的装饰风格，外墙下部为水磨石饰面，上部为泰山砖贴面，配有装饰艺术风格的栏杆和窗框。特色的钢质门窗、铜质扳手和搭勾使用至今，操作良好。1号楼东立面的钢结构辅助疏散楼梯体现了德和洋行当时的建筑设计风格。2号楼门楣处采用经过简化的古典风格券拱形门洞，并配以浅色水磨石，使整个建筑外形庄重，挺拔俊朗。大楼内部装饰采用简化和几何图案化的古典装饰，以表现材料本身质感和肌理为主，用色冷暖相间，朴实无华。室内楼梯的造型和材料基本保留原状，足以体现当时的装饰艺术品位。

2010年起，上海现代华盖建筑设计研究院有限公司设计对仁济医院西院老病房楼进行保护修缮，修缮面积18368m²，地上7层、地下1层。修缮前，经过历年改造、加建，场地已经十分拥挤，老病房楼周边已经没有更多发展空间，内部空间也不能满足现代医疗护理单元的需求，长期以来存在建筑、水、电、气、消防等设施老化严重、内部功能分区不合理、病房设施不能满足正常医疗需求、手术室及ICU不符合规范、历史建筑重点保护部位亟待修葺等情况。

设计人员找到的历史图纸和历史照片，使得保护修缮复原有了依据。另外，项目过程中还请到了修缮历史建筑经验丰富的工人师傅，为泰山砖和原金属构件的修复提供了宝贵的参考经验。

16-7 修缮前的3号入口　　　　　16-8 修缮前的南立面外廊

16-9 3号入口夜景，张菁菁摄，2014

三、保护设计技术要点

让老建筑的历史风貌重放光彩

1.外立面的保护修缮复原

大楼的东、南立面为外部重点保护部位。经现场勘察并对照历史图片资料，现存的立面除个别部位外基本保存完好，符合历史原貌。原有立面以暗红色的泰山砖和水刷石为主要材料，配有装饰艺术风格的栏杆和窗框，修缮以恢复原有风貌为目标，修旧如旧。

建筑南立面采用简约装饰风格，外墙以水磨石和红色面砖砌筑为主。3号入口处门楣的复古风格构件基本保存完好，后加的就诊标识牌显得突兀，破坏了原有的建筑风味。南院外廊只有二层曾经进行过修缮，依旧保留原貌。

一层外墙与非机动车停车棚间设置了玻璃雨篷连廊。三、四、五层的外廊，后期封堵外墙，作为房间使用。"山"字形平面南端的疏散楼梯间原为外廊式，后期封堵外墙，失去原有风貌。

本次修缮过程中，根据档案馆现存的大楼原始设计图纸和本次修缮设计中查证发现的历史图片，拆除了2号门入口上方的照明用路灯。根据原始图纸立面设计并参照历史图片和同时期类似建筑资料，设计并采用了与原有风格一致的壁灯。

本次修缮替换了外墙20世纪80年代的铝合金窗，按历史原貌的窗扇分格设计、制作新的钢质窗扇，按原样定制补齐窗拉手、风钩等五金件。还重点拆除了同时期在原外墙上新加的铝合金窗和墙体，恢复了原有外廊风貌。

修缮后重新设计的就医标识位置，坚持以不影响建筑整体形象和不破坏建筑重点保护元素为基本前提，依据"可逆性"、"可识别性"原则，在1、2、3号楼入口门楣部位等处设计、悬挂相适应的标识，并重新设计有简约复古风格的大楼英文铭牌。

2.保护修复技术与工艺

大楼南立面与西、北立面的暗红色泰山砖外墙及南、东立面的水刷石外墙保存较完整，是立面重点保护部位。本次修缮以清洗、修补、保护为主，对于外墙少

16-10　修缮后南立面外廊敞开，但四层因特殊需要增设了轻质铝合金外窗，张菁菁摄，2014

16-11　按原样定制的钢质窗拉手，张菁菁摄，2014

16-12　定制的铸铁雨水管，张菁菁摄，2014

16-13　按原样定制的栏杆扶手，张菁菁摄，2014

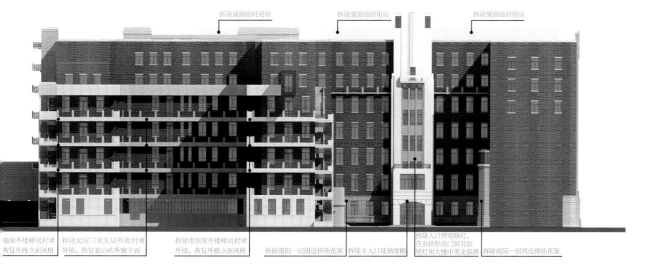
16-14　南立面修缮示意图

量空鼓、裂缝部位的泰山砖进行替换。按原有泰山砖实物的规格尺寸、清理后的颜色选择专业厂家进行模仿定制。对拆除后待修补处基面凿毛，定制好的泰山砖在凿毛的基层上涂刷专用界面剂、黏结剂，严格按原有墙面分格进行修补粘贴。

大楼外墙上的钢门窗基本保存较好。对于保持完好的钢窗、拉手做一般清洗，洗去表面污垢即可，不追求全新效果；对于无法使用及缺损的窗扇，根据钢窗材料检测分析，按原质、原样重新制作。

室内重点保护部位的楼梯均为水磨石踏步，颜色以黑色、藕色为主。3号门楼梯二层平台为水磨石拼花地面，楼梯踏步多处磨损，水磨石地面平整度与完整程度

The Old Ward Building is the main building of Renji Hospital West. It has a total floor area of 18,368 square meters, with seven floors above ground and a one-level basement. In 1994, it was listed among the second batch of Outstanding Modern Protected Buildings in Shanghai. The building's east and south elevations are the primary exterior preservation areas. The original windows, doors, and other original decorative features are the primary interior preservation areas.

16-15 修缮后的外立面局部，张菁菁摄，2014

16-16 修缮后的走廊

16-17 修缮后的室内疏散梯

16-18 修缮后的室外疏散梯，张菁菁摄，2014

The façade features a simple décor. The exterior wall is made of terrazzo veneer and Tarzan brickwork paired with Art Deco railings and window frames, distinctive steel framed windows and doors, copper wrenches and hooks, which are still in use. The lintel of Building No. 2 adapted a simplified classical retro style and a vaulted doorway. Together with the light terrazzo, the entire building looks solemn yet magnificent. The steel structured staircases of the emergency exit on east façade of Building No.1 represents Lester, Johnson & Morris's design style at that time. The interior of the building is decorated with simplistic and geometric patterns to express the texture of material itself, contrasted with cool and warm colors, simple and straightforward. The form and material of interior staircase generally remained intact, reflecting the taste for Art Deco style at the time.

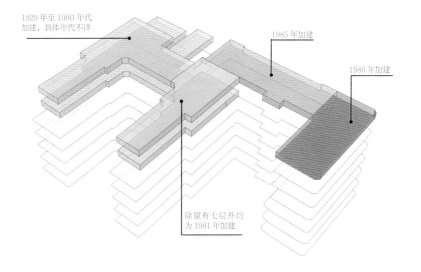

1929 年至 1980 年代加建，具体年代不详

1985 年加建

1986 年加建

除原有七层外均为 1981 年加建

16-19 历年加建示意图

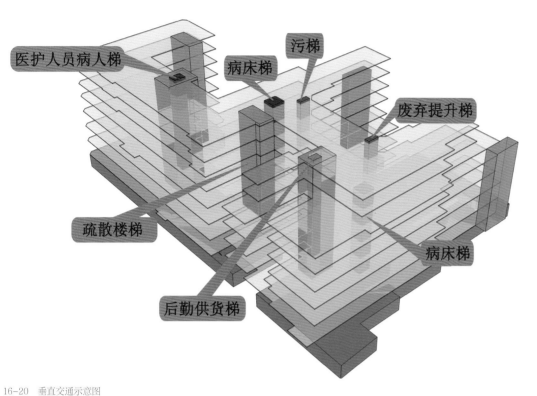

医护人员病人梯
病床梯
污梯
废弃提升梯
疏散楼梯
病床梯
后勤供货梯

16-20 垂直交通示意图

不佳，有宽度及走向各异的不规则裂缝，修缮时采用相同成分、配比的水泥及相同颜色的石子进行修补。先在实验室制作多种配方的不同试验样板（样板尺寸大于30cm×30cm），再到现场进行实作样板实验，最终确定修补效果。

拆除屋面临时用房
往门诊楼连廊
往综合楼连廊
拆除南端室外楼梯间封堵外墙，恢复外廊立面风格
拆除南院一层周边铸铁花架
恢复原建筑风格的铸铁外门
拆除原有的铸铁雨水管，将新的铸铁雨水管布置在立面隐蔽处

16-21 主入口广场西立面修缮示意图

16-22　修缮后的2号入口及小广场，张菁菁摄，2014

16-23　清洗后的泰山砖外墙面，张菁菁摄，2014

16-24　按原样重制的铜质外门增加了医院标志，张菁菁摄，2014

16-25　清洗后的水刷石外墙面，张菁菁摄，2014

16-26 楼梯扶手

16-27 修缮后的水磨石拼花地面，张菁菁摄，2014

16-28 修缮后的3号门室内疏散梯

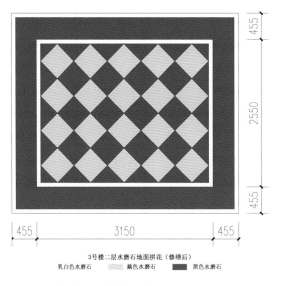

3号楼二层水磨石地面拼花（修缮后）
乳白色水磨石 　　蓝色水磨石 　　黑色水磨石

16-29 楼梯间水磨石拼花地面修缮设计

From 2010 to 2013, the building underwent a series of preservation and rehabilitation work, including a reorganization of the overall plan which had become chaotic over the years, removal of the structures added to the building after the original construction, removal of exposed cables and pipes on the building façade, and restoration of the building appearance dated to the 1980s. The reinstatement approach of the façade mainly followed the principle of restoring to the original style. The medical space inside the building has been reorganized—the original four indoor stairs were changed to enclosed staircases to improve their fire safety rating, which allowed the vertical circulation system to be streamlined, better utilized, and more user-friendly.

16-30 大病房历史照片

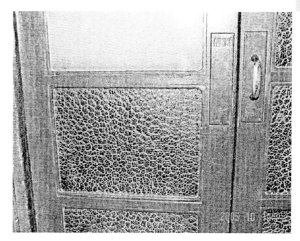

16-32 铜质推拉扶手及双层夹丝压花玻璃

16-33 英国伦敦伍尔夫汉普顿广场
的吉本斯地弹簧

16-34 内部楼梯间通道的
双开弹簧门

医疗空间重新划分，更好地利用原有的楼电梯系统

本次老病房楼修缮工程对医疗空间进行了重新划分。平面布局遵照病区分明、清污分流、医患分区的原则进行设计。地面一层是整栋大楼的出入枢纽，二、三、五、六层为各个科室门诊用房，四层设置有手术室和日间病房，七层为产房及其附属用房。

本次修缮工程将原4部室内楼梯改造为封闭楼梯，提升其消防安全等级。历年改建过程中增加的4部人员电梯保留作为人员上下的主要通道，4部物品提升梯分别根据新的功能流线承担新的专属功能（病房病床梯、手术病床梯、送餐梯和后勤物品供货梯）等。重新合理划分职能空间后，使得老楼的交通系统更符合了现代医疗功能的需要，改善了原来人、物不分，清、污不分的情况。

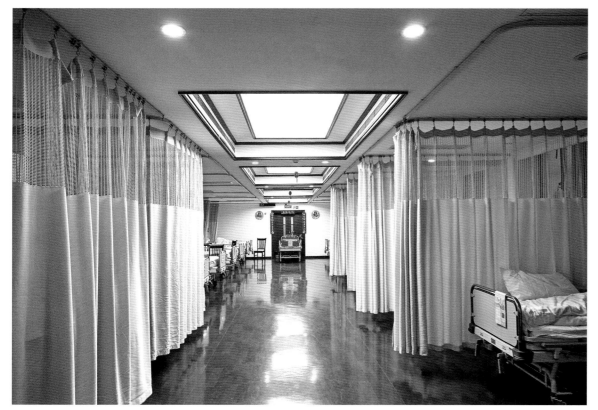

16-31 修缮后的大病房，张菁菁摄，2014

16-35　修缮后的1号入口，张菁菁摄，2014

　　再次启用的老病房大楼将极大地改善仁济医院西院的医疗环境和整体品质，为医生和病员们提供一个更人性化，更舒适的医疗工作环境、就医环境。在此次的修缮设计过程中，项目团队里每一位参与者一丝不苟的工作精神和团结紧密的合作精神受到了医生和病人们的极大认可。在各界人士的关心下和设计团队的努力下，仁济医院西院老病房楼顺利地通过此次修缮工程重新焕发了异彩，它是仁济人心目中永远的骄傲和精神力量。

主要设计人员：
姚　激、陈炜力、梁赛男、汪　洁、蔡　宇、
陆　伟、居　里

参考文献：
[1] 上海市档案馆编.上海珍档——上海市档案馆馆
藏珍品选萃.上海：中西书局，2013.

16-36　修缮后的2、3号入口，张菁菁摄，2014

17-1 礼和洋行，许一凡摄，2018

17 礼和洋行 Carlowitz & Co. Building

原名称：礼和洋行

现名称：江西中路255号大楼

原设计人：玛礼逊洋行

          （Scott & Carter Architects）

建造时期：约1898年设计，1901—1904年间建成

地   址：上海市江西中路255号

保护级别：上海市优秀历史建筑

保护建设单位：上海礼和酒店管理有限公司

保护设计单位：上海建筑设计研究院有限公司

保护设计日期：2013—2016年

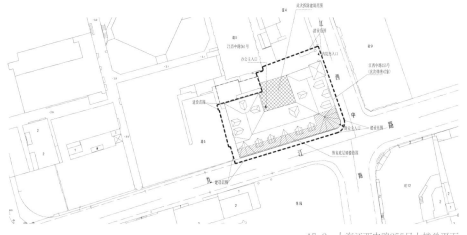

17-2 上海江西中路255号大楼总平面

一、历史沿革

1898-1919年

江西中路255号大楼约建于1898年，建成之后，由德商礼和洋行购下并使用。礼和洋行在一战爆发以后，于1918年撤退回国。之后该地块的注册业主雷纳将此地转给雷士德（Henry Lester）。1919年4月，此地块复转回雷纳，同年9月被"驻华敌产管理部门"没收。

1920-1949年

1920年3月，驻华敌产管理部门将大楼所在的2952号契全地转与老沙逊洋行租用。1935年6月，老沙逊将全地转与新沙逊租用。根据"上海市行号路图录"记录，新华信托储蓄银行于1947年迁入江西中路255号大楼（见图17-4）。

1949-2009年

1949年以后，江西中路255号大楼先后为黄浦旅馆、区服务公司等单位使用，后一直为黄浦区政府各部门使用。先后有数十个单位进驻：审计局、民政局、黄浦时报、法制办等，部分又被转租给企业。1994年新黄浦集团成立，此建筑归新黄浦集团所有，并部分作为出租办公。

2009年后

2009年，大楼被出售给上海东捷集团。2014年东捷集团将大楼整体出租给上海礼和酒店管理有限公司经营，继而着手修缮。经修缮一层用于精品商业，二至四层改为办公。

No. 255 Jiangxi Middle Road Building was constructed around 1898. After completion, it was purchased and used by the German company Carlowitz & Co. In September 1919, the Office of the Custodian of Enemy Property in China confiscated the property and in March 1920 transferred the deed of No. 2952 to the David Sasson and Sons Company, which then transferred the lease to the E. D. Sassoon in June 1935. After 1949, various departments of the Huangpu District government used the building. The Shanghai Dongjie Group bought the building in 2009 and leased the entire building to Shanghai Lihe Hotel Management Co., Ltd. in 2014. Subsequently the restoration process took place.

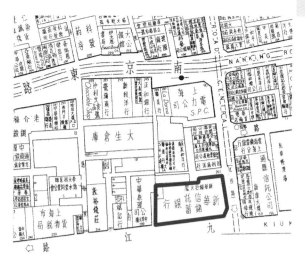

17-4 民国36年（取自上海市行号路图录）

17-5 原礼和洋行，取自城建档案馆

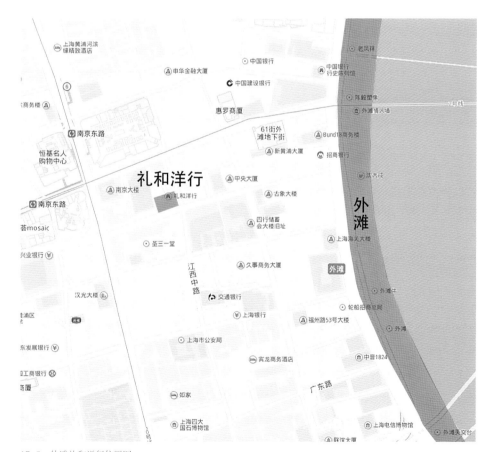

17-3 外滩礼和洋行位置图

17-6 礼和洋行的记忆，http://www.sohu.com/a/136605642_61131 7a/136605642_611317

二、建筑概况与价值评估

上海外滩，是近代上海繁华的见证，承载着这座城市的记忆和精神。而江西中路255号大楼建造于19世纪末20世纪初，是外滩地区留存至今的最早建筑之一。1994年2月18日被列为第二批上海市优秀近代建筑保护单位。由于建造时特殊的时代背景，这一建筑兼具了上海开埠初期殖民地外廊式风格和中期装饰华丽的双重特征，具有重要的史料研究价值。

建筑为简化的安妮女王复兴式风格。在维持九江路、江西路立面严格对称的基础上，平面采用不对称U字形。既尊重古典法则的设计手法，又表现了建筑的灵活性，具有较高的建筑艺术价值。

大楼共4层（五层为夹层），建筑高度18.4m（室外地面至檐口），用地面积1595m²，总建筑面积6067m²，其中，历史保留面积5155m²。建筑保护等级为三类，其重点保护部位为建筑的各立面，其中包括：装饰石材、立面栏杆、石材雕塑、红砖外墙、半圆券橱窗、三角形山花等，顶部的屋面瓦、烟囱等；以及室内东侧与西侧两部木楼梯。

三、保护设计前存在问题

在2014年保护设计前，大楼内部一层使用单位为市长途电话局中国移动通信九江路营业厅，二至四层则为新黄浦集团使用。在全面质检勘测中，发现大楼整体结构、外立面装饰都受到一定程度破坏，且存在扩建、搭建等不当的装饰。

大楼原结构体系主要采用砖木混合结构，垂直交通仅为保存尚好的两部木楼梯（重点保护部位），在使用中部分砖墙已被拆除，部分区域经扩建、改建及后搭夹层，并增设了部分混凝土柱、木柱、钢梁及现浇混凝土楼盖等，房屋的原有结构体系受到一定程度的破坏。

百余年间，外立面（重点保护部位）曾经重新粉刷，原有外廊已加装玻璃窗封闭，南北立面一层部位，原清水红砖外立面已被后贴石材完全覆盖，同时墙面及屋面部分细部装饰破损，且存在扩建、搭建及不当的装饰等，房屋的整体风貌受到一定程度的破坏。

17-7 修缮前礼和洋行，李颖春摄，2009

17-8 砖结构破损及粉刷剥落，Jorge摄，2014

17-9 木楼梯老化，唐大舟摄，2014　17-10 被封闭的内廊，Jorge摄，2014

17-11 出现裂缝的栏杆，Jorge摄，2014

17-12 木结构老化，Jorge摄，2014

17-13 礼和洋行全景，陈伯熔摄，2018

17-14 立面细部，陈伯熔摄，2018

四、保护设计技术要点

设计原则与总体要点：尊重历史

1.设计原则

尊重历史，精心设计，力求全面保护修缮江西中路255号地块整体风貌以及大楼的原有外观，谨慎评价历史建筑各时期的风貌添改，对风貌破坏较大的予以拆除，对确为实际所需的予以保护。

2.整体设计

总体整治了出入口，现建筑一层西南侧作为办公出入口及门厅，西北侧增设后勤入口，其余精品商业区结合骑楼对外开放，原立面外部搭建及扩建装饰全部拆除，停车部分考虑与靠近周边的公共停车结合使用，适应当代使用原则。

3.保护及修缮要点

本次修缮设计中，各外立面、屋顶及两部木楼梯为重点保护及修缮部位，其余部分根据业主功能需求，一层改为精品商业，二至四层改为办公。

The Building is among the second batch that received the designation of Outstanding Historic Building in Shanghai. It is of great historical significance in terms of research interest and architectural and artistic style. Its primary preservation areas are: the façade including the decorative stone, railings, stone sculptures, red brick, semicircular display windows, the triangular pediments; roof elements including roofing tiles, chimney; and two wooden staircases on the east and west sides of the interior.

The current building has four floors with a fifth-floor mezzanine and rises 18.4 meters, measured from the street to the cornice. According to the title deed, a total site area of 1,595 square meters houses a total floor area of 6,067 square meters, of which 5,155 square meters is historical area. Before the restoration, a comprehensive quality inspection survey found that the overall structure and façade decorations were damaged in various degrees, and there were improper decorations such as the expanded structures.

17-15　骑楼外立面，李扬摄，2017

17-16　二层复原装饰栏杆，张文杰摄，2018

17-17　石雕细部，陈伯熔摄，2018

17-18　修复后的骑楼拱券，张文杰摄，2018

重点部位保护及修缮：恢复风貌

1.两部木楼梯

本次重点部位之一为两部木楼梯，其破损较为相似，年久失修严重，楼梯踏步木材表面脱落，积灰严重。对木材进行修复，并替换了破坏严重的部分。墙面后期毁坏严重，有多次上涂料的痕迹。洗去墙面后期涂料，恢复原貌，并对破坏严重处进行修补。扶手后期涂刷油漆，失去原有木材的质感，对其进行清洗，并对木材进行修复，同时恢复原有花纹样式。

2.外立面及装饰线脚等

体现九江路、江西路立面的外廊风格，恢复建筑立面简化的安妮女王复兴外廊式风格。

本次保护修缮重点恢复外墙的红砖材质。原九江路正立面以清水红砖作为基

17-19 雕饰细部大样

17-20 石材雕饰细部，2018，张文杰摄

结构体系与空间使用：重塑核心

1.原结构体系的保留及加固

主体结构保护设计时，结合现行结构设计规范和新的建筑平面，仍然采用原有承重结构体系，以建筑外墙和内部钢结构框架为承重构件，楼板采用压型钢板现浇混凝土组合楼板；抗侧力构件主要以建筑外墙为抗震第一道防线和钢框架为抗震第二道防线。

2.空间功能与利用

在确保两部木楼梯不变的情况下，适应当代使用环境及功能，新增办公门厅及两部办公电梯，并其中一部根据规范要求兼作为消防及货物运输电梯设置，加强垂直流动性。

合理设置再利用所需要的功能空间，根据业主要求修缮后改为精品商业与办公。

其中以电梯为分界线的整个一层东侧全部作为精品商业，并结合沿九江路及交接江西中路处外墙内退3m形成的骑楼，作为开放空间为城市街道服务，内退同时保留原历史结构承重结构，形成连续装饰拱券。

调，重点部位装饰石材。窗间墙柱、窗下栏杆、原九江路和江西路转角处的拱门入口，全部采用在西方传统中用于纪念性建筑的石材雕饰，后由于历史原因立面被粉刷成如今现状，本次设计一并将其历史基调恢复原貌。

原先一层沿街清水红砖立面及装饰有锁石的半圆券橱窗已简化为石材贴面，沿九江路的三处入口原装饰有古典式的石砌三角形山花，也已全部毁坏，本次修缮去除石材贴面，恢复清水红砖外墙，修复石材装饰细节。同时考虑到九江路较为狭窄，而原建筑物至人行道边缘不足1.5m，建筑使道路的空间产生压迫感，因此在修缮过程中，设计为底层连续拱券门廊，外墙内退形成骑楼形式。二层立面栏杆已全部毁坏，以三、四层扶手式

样仿制修复。

北立面存在后期搭建，窗户、屋檐有明显区别。本次修缮对搭建部分进行拆除，洗去内部的白色粉刷，仿制并参照其余立面进行修复。

3.顶部屋面瓦、烟囱等

根据现存史料记录和反映的历史状况，建筑屋顶上方原有一排烟囱修缮前已然消失，设计基于史料对烟囱进行了恢复，保留了原有颜色，使用全新的材料，可能的情况下亦考虑未来为现有餐饮空间作为烟道使用。保持屋顶标高坡度及造型不变加固修缮屋架，继续沿用现状瓦材——红色机平瓦。

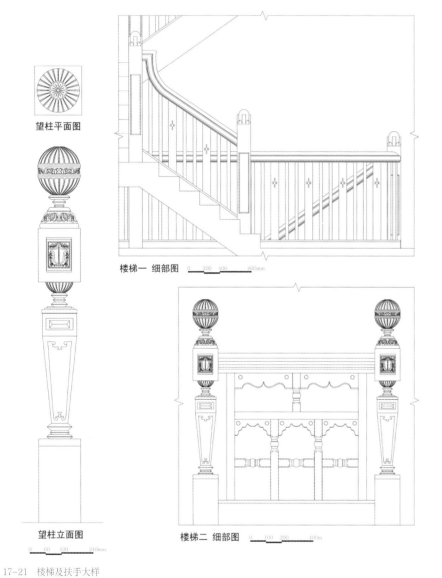

二至四层全作为内部办公空间处理，北侧划分主次走廊，主廊为主要交通疏散空间，而采光较好的次廊作为办公交流空间，卫生间则置于最隐蔽的西北角。同时在一层预留了直接通往后院的空间，作为次级的下客及疏散区域。

根据现行政策法规，本次修缮对存在安全隐患和违规的部分予以合理改造。重点保护部位的两部紧急疏散楼梯都在建筑的短边，一定程度上也提升了所在区域的安全性及功能性。

人亦建筑，建筑亦人，都有历史的记忆与沧桑。作为历史建筑保护团队，就应该去抚平沧桑，留住曾经最美好的记忆……

望柱平面图

楼梯一 细部图   0 200 400   800mm

望柱立面图

0   60   120   240mm

楼梯二 细部图   0 100 200   400mm

17-21 楼梯及扶手大样

17-22 修复后木楼梯，李扬摄，2017

17-23 修复后木楼梯，李扬摄，2017

17-24　南立面，陈伯熔摄，2018

17-25　沿九江路骑楼，陈伯熔摄，2018

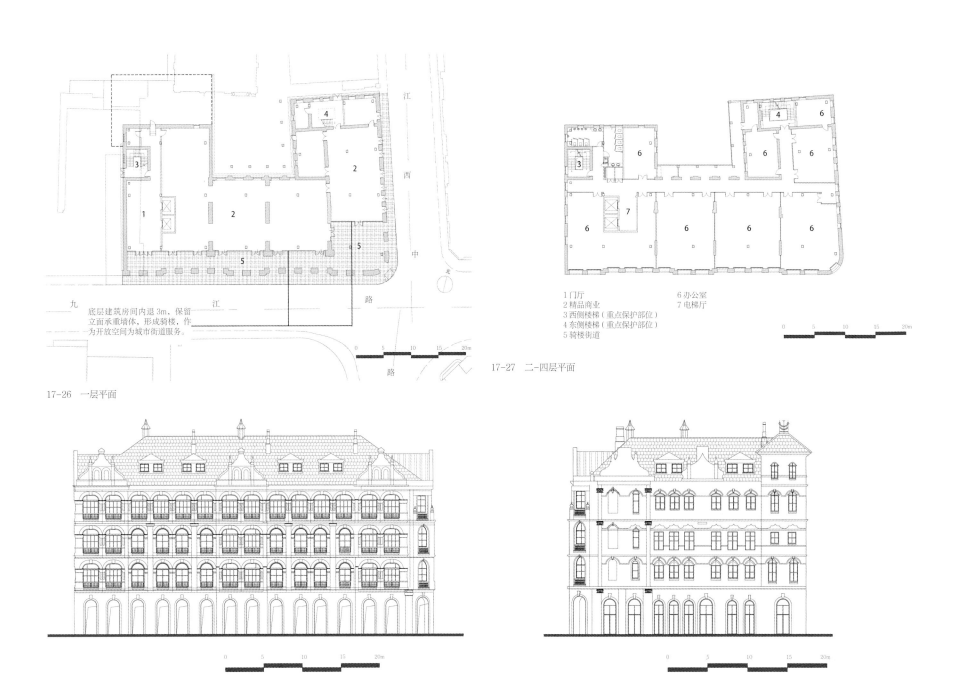

17-26 一层平面

17-27 二-四层平面

1 门厅   6 办公室
2 精品商业   7 电梯厅
3 西侧楼梯（重点保护部位）
4 东侧楼梯（重点保护部位）
5 骑楼街道

17-28 南立面图（底层内退形成骑楼，改善九江路街道空间）

17-29 东立面图

底层建筑房间内退 3m，保留
立面承重墙体，形成骑楼，作
为开放空间为城市街道服务。

17-30 新增办公门厅，陈伯熔摄，2018

17-31 修缮后办公空间1，李扬摄，2017

17-32 修缮后办公空间2，李扬摄，2017

Following the guideline of respecting history and meticulous design, the project strove to protect the overall style of the land parcel at No. 255 Jiangxi Road in a comprehensive manner, including the original appearance of the building. The project carefully measured the additions and the alterations to the historic features, removed the areas considered as damage, and preserved the areas identified as worthwhile. According to the owner's functional requirements for the building, the first floor of the building was converted into boutique store spaces and the second through fourth floors were converted into office spaces. In addition, the entrances and exits were rectified. The southwest side on the first floor is used as the entrance for the lobby of the office spaces. A service entrance was added to the northwest side, and the public can access the rest of the commercial area through the arcades.

主要设计人员：

吴 文、廖 方、叶 菡、张文杰、
贾水钟、潘其健

参考文献：

[1] 常青 . 都市遗产的保护与再生：聚焦外滩 [M]. 上海：同济大学出版社，2009.

原名称：都城饭店

曾用名：新城饭店

现名称：锦江都城经典上海新城外滩酒店

原设计人：公和洋行（Palmer & Turner Architects and Surveyors）

建造时期：1929年设计，1934年建成

地　　址：上海市江西中路180号

保护级别：上海市优秀历史建筑

保护建设单位：上海锦江国际酒店发展股份有限公司新城饭店

保护设计单位：上海建筑设计研究院有限公司

保护设计日期：2013-2016年

左图18-1　修缮后大楼外景照片，邵峰摄，2016

18-2　总平面图

都城饭店（远处）与
□大楼（近处）历史照
□49，Virtual Shanghai

都城饭店建造时历
□，Virtual Shanghai

18-5　都城饭店与汉弥尔顿大楼，1934，In Far Eastern Waters

18-6　总平面鸟瞰照片，邵峰摄，2016

一、历史沿革与建筑概况

20世纪30年代，新城饭店（原都城饭店）所在的上海江西中路180号及相邻的170号原汉弥尔顿大楼地块均属英商新沙逊集团。新城饭店大楼占地面积1331m²，建筑面积10540.2m²，钢框架结构体系，地下1层、地上14层，建筑高度49.98m。大楼八层以上台阶式退台形成高耸感；底层沿街外墙采用花岗石饰面，主入口及建筑顶层、塔楼檐部等处有典型的装饰艺术图案，是带有装饰艺术元素的早期现代建筑风格的高层旅馆建筑。

大楼自1935年开业至今，仅在1958-1964年间调拨上海市化工局等作办公之用，此外长期用作酒店功能。1964年恢复酒店业务时归属锦江集团管理，在1988年、2000年、2013-2016年多次进行整体装修修缮。

1994年，新城饭店被公布为上海市第二批优秀历史建筑，二类保护。

历史文化价值

大楼位于上海繁华的江西中路与福州路路口东北侧，其与该路口东南侧的原汉弥尔顿大楼分立于福州路两侧，是同期建造、布局对称、立面相同而蔚为壮观的姊妹楼。

处于同一街口四角的新城饭店与原汉弥尔顿大楼、建设大厦的3幢高层及原工部局大楼，分别在临街转角处作建筑后退形成凹形弧面外墙并设置转角主入口，通过道路空间和建筑界面的共同围合，形成上海城市历史街区中具有鲜明特征的街心空间，在上海街道历史中极具研究价值。

大楼是20世纪公和洋行在上海公共租界高层建筑中的典型代表作品之一，自1934年建成之初就为当时上海最高、最豪华的酒店之一，曾为引领"都市时尚"之地。

建筑艺术价值

大楼立面比例严谨，装饰线条简洁优美，设计手法成熟。主入口和建筑退台、檐部等重点部位有精美的装饰艺术派（Art Deco）风格石或仿石雕饰，体现了20世纪30年代国际流行的建筑思潮，是带有装饰艺术元素的早期现代高层建筑风格。

科学技术价值

大楼是20世纪30年代采用先进结构体系、建造技术和建筑材料的优秀案例。

18

187

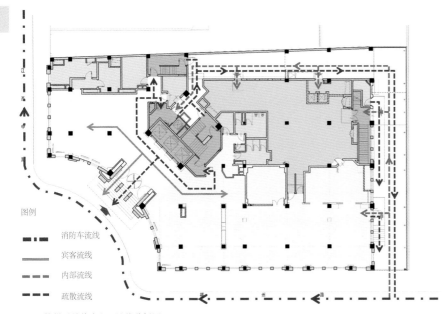

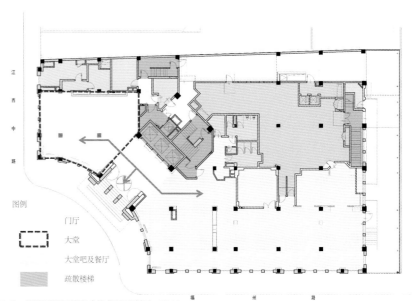

18-7　修缮后总体出入口流线分析图，2016

图例

- —··— 消防车流线
- —— 宾客流线
- ---- 内部流线
- — — 疏散流线

18-8　修缮后底层平面功能分区示意图，2014

图例

- ☐ 门厅
- ☐ 大堂
- 大堂吧及餐厅
- 疏散楼梯

18-9　修缮后过街楼立面，邵峰摄，2016

18-10　修缮前过街楼沿街立面，邱致远摄，2015

该楼是上海地区施工技术中较早使用深桩施工[1]的案例，通过施工过程的有效控制，未影响紧邻的金城银行大楼，且仅用1年工期完成了大楼施工。该楼采用先进的全钢结构体系，墙体采用了当时国内领先、由英商中国汽泥砖瓦公司生产的"汽泥砖"，不仅具有轻质的优点，其微小气孔构造又提升了墙体的保温隔声性能。

建筑重点保护部位

建筑重点保护部位为大楼的总体环境，西、南立面和基本平面布局等，原地下室酒吧间，底层门厅、大厅和一层大餐厅、"紫来厅"，原楼梯间及壁炉、铁艺栏杆等特色细部装饰。

---

1 沙似鹏著《上海名建筑志》

Since the completion of the Xincheng Hotel, formerly Metropole Hotel, in 1934, the building has continued functioning as a hotel, except for the short-term use as office spaces from 1958 to 1964 when the property was first owned by the state. In addition, renovations and modifications at various scales happened in 1964, 1988, and 2000. During 2013 through 2016, due to administrative and functional needs, another round of restorations and renovations were performed on the building.

18-11 修缮后大堂，邵峰摄，2016

18-13 大堂历史照片，业主提供

18-14 修缮前大堂吧，邹勋摄提供，2013

18-15 修缮前门厅，邹勋摄提供，2013

二、保护设计前存在问题

经过80余年使用和历次装修改造，大楼室外因搭建堆物而环境杂乱；主入口及檐部等外墙建筑细部缺失；露台屋面有后期搭建；底层大堂餐区历史布局被改变；室内保护部位装饰细部残缺污损；机电、消防系统陈旧落后。其建筑功能、装修标准、设施设备等已不能适应现代酒店的使用需求。

三、保护设计技术要点

执行完整保护原则，复原历史的总体布局及修缮过街楼立面

以历史图纸为基本依据，结合酒店使用需求，拆除后期搭建，疏通恢复了大楼初建时唯一的室外通道，满足总体消防疏散和后勤配套服务需求；采用立面呼应和建筑可识别原则，修缮设计了疏散通道的过街楼沿街立面。

18-12 修缮后门厅，邵峰摄，2016

18-16 修缮后原一层紫来厅，邵峰摄，2016

18-18 原一层紫来厅历史照片，业主提供

18-19 后期加建吊顶拆除后暴露的遗存历史吊顶，邱致远摄，2014

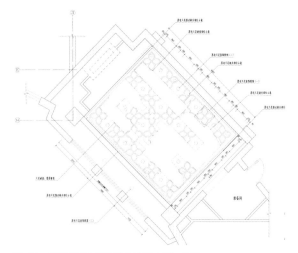

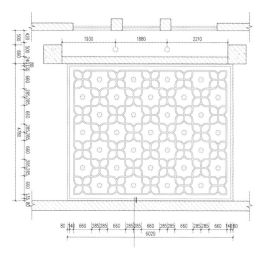

18-17 原紫来厅历史吊顶复原设计图纸，2015

18-20 修缮后的壁炉，邱致远摄，2016

真实性原则下的公共空间保护再利用设计

大楼室内门厅大堂、原装修自然淳朴的地下美式酒吧和精美细腻的一层紫来厅等原特色公共部位，建筑空间完整，装饰富有个性，反映当年时代特色，极具建筑保护价值。

The Xingcheng Hotel is located at No. 180 Jiangxi Middle Road, Shanghai. It is a high-rise hotel building of early Modern architectural style with elements of Art Deco decorations. The building is 49.98 meters high, with one underground floor and fourteen floors above ground, and has a total floor area of 10,540.2 square meters. The main façade of the building is composed of vertical structures with step-like recessions above the eighth floor. The ground level along the street is faced with granite. The main entrance, top floor, and tower cornices are all decorated with Art Deco motifs. The Xingcheng Hotel is among the second batch that received the designation of Outstanding Historic Building in Shanghai.

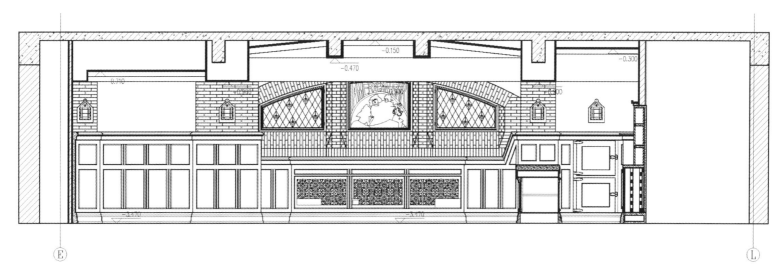

18-21 新城饭店原酒吧间西立面图

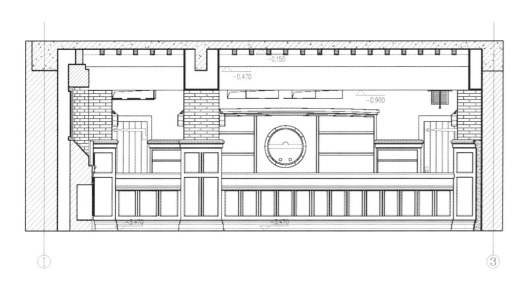

18-22 新城饭店原酒吧间北立面图

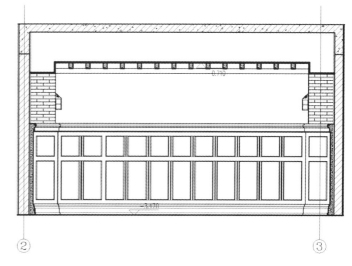

18-23 新城饭店原酒吧间南立面图

18-24 原地下室酒吧间历史照片，20世纪30年代

1.复原门厅大堂布局及重要构成要素

通过查阅历史图纸及对酒店底层公共空间的动静流线分析，拆除了原大堂吧中被后加的旋转大楼梯，按历史设计布局复原了酒店大堂与吧台区的平面区位，适应酒店使用需求，形成富有特色的公共空间。

面向酒店入口但已被后期封堵改变的原凹形半圆拱电梯门洞，是底层门厅空间中承载历史记忆的重要构成要素。通过协调门厅左右两翼新增机电管线穿越等设计技术问题，完整保留了门厅原有空间，复原了3个并列的半圆拱内凹门洞。

2."紫来厅"历史吊顶修补复原

本次修缮在完整保留优雅精致的原一层"紫来厅"历史空间的同时，经现场施工拆除后发现有原残留的历史石膏吊顶，经历史图片比对分析和残存实物翻样复制等，结合吊顶机电布置，完整还原了该重要空间中图案精美的历史吊顶。

3.原地下室美式酒吧间的保护修缮

原地下室美式酒吧为红砖墙面拱券、镶嵌玻璃花窗、实木梁架护壁，风格淳朴自然，当年曾是上海颇有社会知名度的公共活动场所，且原吧台、铁艺窗、壁

191

18-25 修缮后原地下室酒吧间，邵峰摄，2016

The design of the Xingcheng Hotel renovation was guided by the principle of complete preservation. According to historical drawings and hotel functions, outdoor access was restored to meet the egress requirement and service needs. The preservation and adaptive reuse design followed the principle of authenticity. The layout of the hotel lobby and bar area, the suspended ceiling with an exquisite pattern design in the banquet hall on the first floor, and the historically well-known underground American bar have all been restored and repaired true to the original design. The renovation kept the historical configuration, but upgraded, improved, and increased the usable space of the guest rooms, as well as transformed the use and interior atmosphere of the public spaces on the guest room levels. The renovation maintained authenticity by studying historical information and by comparing the building to existing sister buildings constructed during the same period. The detailing with Art Deco patterns at the main entrance awning and cornice along the façade were carefully restored, as well as the interior features of the building. Through analysis and site-specific design, with preservation as the priority, the performance of fire safety and environmental comfort of the historic building was improved overall, conforming to modern hotel service standards.

18-26 修缮后原地下室酒吧间，邵峰摄，2016

灯、酒桶及护壁地砖等历史原物仍保留至今，是留存历史信息较多的建筑重点保护部位。

通过历史空间完整还原，在"保护性拆除"措施下对历史物件的保留、保护和修缮，融入新增的消防及机电设施，原汁原味地整体还原了历史酒吧的建筑空间和室内装修，如今成为酒店的特色展示空间。

维持历史基本格局，更新提升客房品质

本次修缮前的酒店客房，装修设施陈旧，缺乏通风系统，防火配置不全，尤其因多次历史改造、增敷设备管线等原因，致使客房层公共通道中出现上下台阶、净高较低等欠缺，有碍酒店使用品质。

1.改善公共空间的基本条件

面对历史建筑原层高有限等客观条件，通过多专业配合分析，采用系统梳理、管线综合、借用客房次要空间布置管线、采用非常规管线布置方式以及机房分设、管线分段敷设等设计技术措施，有效改善了客房层公共空间的使用净高及室内效果，满足酒店现代服务标准。

2.客房布置优化调整

维持酒店客房层中间走道、双面布房的历史基本平面格局，通过适当减少客房套数和优化客房分隔布置，适度扩大客房的套内使用面积，提升客房使用舒适度。

18-28 修缮前客房，邹勋摄，2013

18-27 修缮前客房卫生间，邱致远摄，2013

18-29 修缮前客房，邱致远摄，2013

18-30 修缮前客房，邹勋摄，2013

18-31 修缮后客房卫生间，邵峰摄，2016

18-32 修缮后客房，邵峰摄，2016

18-33 修缮后主入口雨篷，邵峰摄，2016

18-34 修缮前主入口，邱致远，2013

18-35 主入口雨篷复原修缮设计图，2014

18-36 主入口雨篷历史照片，20世纪30年代

18-37 修缮后主入口门廊装饰细部，邵峰摄，2016

18-38 修缮后主入口门廊仰视照片，邵峰摄，2016

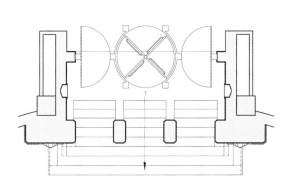

18-39 主入口墙面复原修缮设计图（平面）

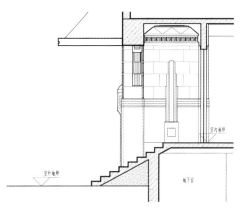

18-40 主入口墙面复原修缮设计图（剖面）

18-42 修缮后主入口门廊，邵峰摄，2016

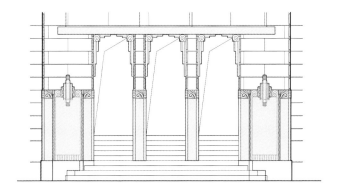

18-41 主入口墙面复原修缮设计图（立面）

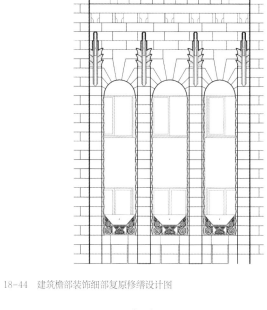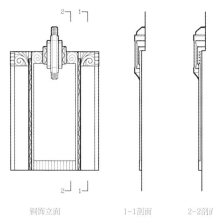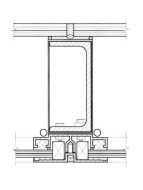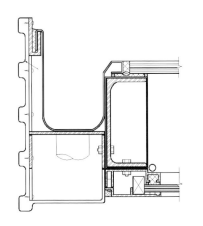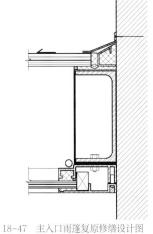

18-44　建筑檐部装饰细部复原修缮设计图

铜饰立面　　　　1-1剖面　　　　2-2剖面

18-45　主入口墙面铜饰复原修缮设计图

18-43　修缮后外墙檐部装饰细部，邵峰摄，2016

The restoration and renovation of the Xingcheng Hotel, with its rich historical and cultural heritage and brand-new modern hotel functions, has extended the life cycle of the historic building and demonstrated the significance of building preservation and adaptive reuse. The hotel has been awarded the "2017 Shanghai Excellent Engineering Design Award" and the "2016 Best Accommodation" award by Booking.com.

18-46　主入口雨篷复原修缮设计图　　　　18-47　主入口雨篷复原修缮设计图　　　　18-48　主入口雨篷复原修缮设计图

18-49　建筑室外装饰细部，邵峰摄，2016

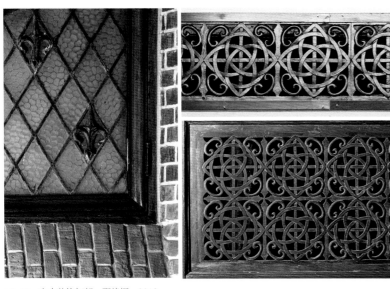

18-50 室内装饰细部，邵峰摄，2016

3.客房品质更新提升

通过标准提升及统一客房装修风格、增设临街客房隔声内窗、采用建筑隔声墙体构造、新增客房新风系统及优化空调消防设备等，提升客房使用满意度。

复原外墙装饰艺术风格装饰及室内特色细部

极富特色的装饰艺术风格建筑外墙及室内装饰细部，是大楼最具历史建筑魅力的重要组成部分，而经多次历史修缮后已形成大量缺失或被改变。通过分析历史资料和比对姊妹楼原汉弥尔顿大楼的现存实样，本次修缮复原设计了立面各主要部位原有建筑细部，使大楼真实完整地呈现出丰富优美的历史形象。

1.复原主入口大雨篷

对形式、尺度、材料均因后期改造而被完全改变的建筑主入口雨篷，经分析研究历史照片资料、复核尚存骨架实物、优化材料构造设计等，完整还原了主入口雨篷大气精美的历史风貌。

2.主入口部位石饰、铜饰复原

以历史图纸、照片为依据，参照原汉弥尔顿大楼现存实物的测绘分析信息，经清除主入口墙上后期所做的花岗石抛光平板，精心还原再现了纹样精致、呈现丰富历史信息的墙面铜饰、石饰，显现了大楼精致优雅的历史文化品质。

3.再现已缺失的外墙重点装饰细部

因历史上遭大面积重做外墙饰面，原檐部、塔楼处的精美仿石建筑装饰细部均已缺失湮没。经查阅历史图纸照片、对同期所建姊妹楼外墙细部的三维激光扫描及参数化还原等，经原材料、原工艺、原样式施工，再现了纹样精美细腻的建筑仿石装饰细部。

4.精美铁艺护栏复原修缮

屋面露台处精美的历史铁艺护栏，经拆除其后期用料简陋的增高部分，在清理维护原始铁件护栏基础上，在其内侧增设符合要求的安全玻璃，提高了建筑安全使用性能，还原了花饰护栏完整的历史原貌。

5.室内特色细部修缮保留

大楼楼梯原铁艺栏杆、原圆形花饰的电梯指示器、原精美的花饰铜质风口面板、原极富个性的老式玻璃壁灯以及局部留存的彩色镶拼水磨石地坪等诸多室内特

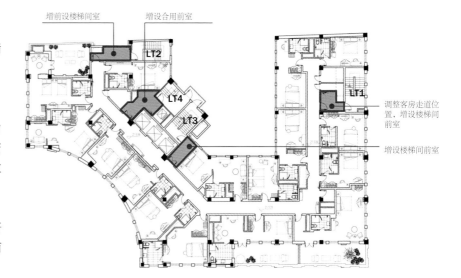

18-51 提升建筑防火安全性能的建筑图纸，2014

色部件，通过清理修缮后得以保护利用或用作装饰，使风貌依旧的特色细部为建筑倍添历史韵味。

保护原则下的建筑性能提升

1.增设楼、电梯前室等，整体提升大楼防火安全性能

面对历史建筑执行现行规范中的欠缺隐患，通过建筑保护原则下针对现场条件的个性化设计分析，通过增设楼电梯前室、消防电梯、正压送风及机械排烟系统，更换防火门窗等，整体提升历史老楼的防火安全性能。

2.改造完善大楼绿色环保性能

针对历史建筑适应现代酒店的使用要求，通过合理改造机电系统、完善屋面建筑构造、新增临街客房隔声内窗，选用节能环保建材、设备等，整体提升历史老楼的使用舒适性和节能环保性。

3.关注加强施工过程中挖掘保护历史信息的探讨

加强施工开展后的设计全程跟踪补勘和继续调查，有效弥补条件受限的前期勘查中的信息不足；对于施工过程中所发现的现场历史信息仍需进行积极的调查分

析。如对大楼现场拆除后暴露发现的原底层、一层餐厅区中尚部分留存的原梁柱面石膏装饰纹样，通过资料考证分析，对于不同年代的后作部件经评审确有历史价值的部分，即便暂不利用仍予以保留保护，以便让残存的珍贵历史信息得以继续留存及展示。

经保护修缮后的新城饭店，保留复原建筑原有重要空间和特色装饰，彰显建筑历史文化价值，整体提升经典历史酒店的安全舒适性能。该项目荣获2017年度上海市优秀工程设计一等奖。

修缮装修后的新城饭店，以其丰富的建筑历史文化底蕴和全新的现代酒店服务功能，延续历史老楼全生命周期，展现建筑保护再利用价值，2016年开业后，获Booking.com缤客颁布的"2016年度好评住宿奖"[2]。

主要设计人员：
唐玉恩、邱致远、邹　勋、张　莺、张逸雯、游斯嘉、
何钟琪、栾雯俊、仦　瑜、饶松涛、高龙军、
马　振、潘　甄

2 上海锦江国际酒店发展股份有限公司新城饭店2017年4月17日提供的"建设单位使用意见书"

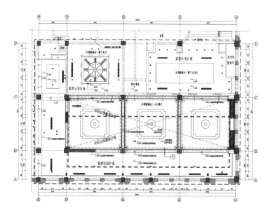

18-53　底层餐厅室内装修方案之一，2015

18-54　底层餐厅历史照片，20世纪30年代，业主提供

18-55　修缮前底层餐厅，邱致远摄，2013

18-56　底层餐厅后加吊顶拆除后的现场，邱致远摄，2015

18-52　底层餐厅室内装修设计方案效果图，2015

19-1 南立面修复后外景，许一凡摄，2014

吴同文住宅 Residence of Wu Tongwen

原名称：吴同文住宅

现名称：上海市城市规划设计研究院

原设计人：邬达克

　　　　（L. E. Hudec Architect）

建造时期：1938年

地　　址：上海市铜仁路333号

保护级别：上海市优秀历史建筑

保护建设单位：上海市城市规划设计研究院

保护设计单位：现代集团历史建筑设计研究院

　　　　　　上海现代建筑装饰环境设计研究院有限

　　　　　　公司

保护设计日期：2009-2012年

一、历史沿革

　　铜仁路333号原为民国颜料富商吴同文住宅，由邬达克设计。设计始于1935年9月，后有两次设计修改，1938年竣工。

　　1967-1978年，曾有《红小兵报》报社、上海市三轮车工会等在此办公。

　　1979年，上海市规划设计研究院在此办公；1998年在花园中建造了大楼后原楼一度用作办公、餐厅、酒吧；2009年规划院收回大楼，决定对其进行保护性修缮、优化总体环境的工程，成为"规划师之家"。

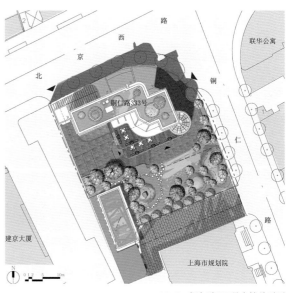

19-2 铜仁路333号大楼总平面

二、建筑概况

该楼是一幢局部带有精致装饰艺术符号细部的现代风格建筑。地上4层,地下有一间锅炉室,建筑高度15.26m,用地面积1517m²,总建筑面积1689m²。因原建筑为绿色,俗称绿房子。

---

1 郑时龄著《上海近代建筑风格》

No.333 Tongren Road is the former residence of Wu Tongwen, the pigment magnate during the Republic. It was designed in 1935 by Hungarian architect László Hudec and completed in 1938. In 1967, agencies affiliated with Shanghai Municipal Bureau of Education worked here. In 1979, the Shanghai Planning and Design Institute used the building as office space; in 2003, the building was rented out for the use of a restaurant bar; and in 2009, the Planning Institute took back the building and carried out a conservation and adaptive reuse project. Now it is the "Planner's House".

历史价值

该楼是最早将现代主义引入中国住宅设计的代表作品之一,也是上海近代著名建筑师邬达克最具代表性的作品之一,曾被誉为"远东最豪华的住宅"。

大楼体现了20世纪30年代上海建筑设计、材料设备、施工技术与工艺等紧跟国际潮流,达到了国际先进水平;代表了近代上海建筑思潮的演变过程,对研究近现代建筑史具有重要价值;同时反映了邬达克晚期建筑设计向现代主义变化的过程,具有重要的社会、历史价值。

艺术风格

该楼"毫无装饰的简洁立面、大片的玻璃窗、强烈的水平线都使它具有一种强烈的现代感。"[1]建筑立面不对称布置,由简单的几何形体组合而成,曲直、虚实对比强烈;舒展的横向水平构图,结合流畅的圆弧造型,层层叠落方形建筑主体与东南角圆柱形体相接,连接部位的一层是过街楼式车道入口,由大片的实墙、出挑的楼板形成的几何构图,有稳重的体量感。

同时,简洁的现代建筑体型与具有浓厚装饰艺术风格的装饰构件相结合;典型的现代主义建筑立面,但同时在室内外各个重点部位,利用不同材料特性,同一装饰母题变奏重现,呈现出20世纪30年代现代建筑兼有精致典雅风格的一面,整个建筑具有较高的文化艺术水准。

先进技术

该楼设计布局紧凑,分区合理,内外流线清晰,建筑物紧贴基地北侧布置,留出南面大片花园。建筑内部各种设施齐备,结构先进,用料考究,还是上海地区较早使用电梯的住宅,室内采用锅炉水汀供暖,夏季还可利用自制冰块的"冷气"系统送冷风降温。

保护要求

1994年,铜仁路333号被公布为上海市第二批优秀历史建筑,二类保护。大楼的南立面、北立面、东立面及其原有与规划大楼之间的绿化为外部重点保护部位,整个建筑的空间格局、小礼堂、一至三层半圆形房间和楼梯间的装修以及其他原有特色装饰等为内部重点保护部位。

19-3　吴宅时期的南立面旧照

19-5　一层佛堂旧照

19-4　二层餐厅旧照

19-6　三层圆厅旧照

19-7　西立面旧照

加拿大维多利亚图书馆邬达克特别收藏

19-8 南花园整治,席闻雷摄,2014

三、保护设计前存在问题

大楼因经历多次使用变迁,局部平面曾被改造、部分搭建,还存在结构安全隐患,机电设备老化,无法满足规划院的现代办公需求。

四、保护设计技术要点

大楼的保护与再利用设计秉承"真实性、可识别性、可逆性、最小干预"等保护设计原则,还原建筑经典立面、室内重点保护空间原有风貌,植入和原设计相匹配的新使用功能;整治环境与交通,完成南花园和屋顶花园景观设计;对建筑结构、材料进行加固修缮,延续建筑寿命;增加消防、空调等设备设施,提高建筑使用安全和舒适度;根据新的使用要求,在非重点保护空间完成室内装修设计。

在设计过程中,我们找到了完整的四稿历史图纸,还幸运地找到历史杂志对建成后的大楼的专题报道及老照片,结合现场调研和现代检测技术,使保护修缮设计与施工依据更加充分。

The Wu Tongwen Residence is a modern design with Art Deco features. The building height is 15.26 meters with four floors above ground. The total site area is 1,517 square meters with a total floor area of 1,689 square meters. The building was one of the earlier masterpieces to introduce modernism into residential architecture design in China. It is also one of the more representative of Hudec's works in the modern times of Shanghai and was once regarded as "the most luxurious home in the Far East". The building features a full range of facilities, advanced structure, and exquisite materials. The boiler provides heating in winter, and the cold-air cooling system is supplied by ice in summer. Moreover, it is one of the earlier residences in Shanghai to use an elevator. In 1994, it was listed among the second batch of Outstanding Historical Buildings in Shanghai, grade 2 preservation category.

19-9 修复后的东北角立面,许一凡摄,2014

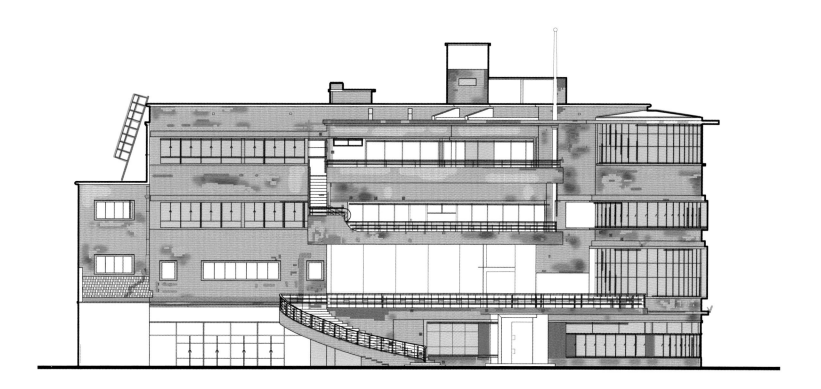

19-10 南立面现状问题分析图，华轲绘制

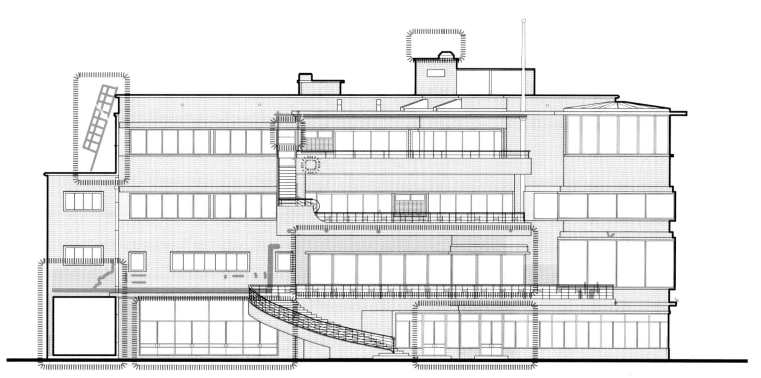

19-11 南立面修缮措施分析图，华轲绘制

19-13 修复后的主楼梯铜艺特色图案装饰，许一凡摄，2014

The design follows the principle that adaptive reuse is subordinated to preservation. It carefully considered the building's function and flow; restored the building's classic façade and focused on the original appearance of the primary interior preservation areas. It reorganized the environment and traffic circulation and completed the South Garden and roof garden landscape design. It restored and reinforced the building structure and materials thereby extending the building's lifespan. Enhancement of such system as fire protection and HVAC improved the safety and comfort of the building.

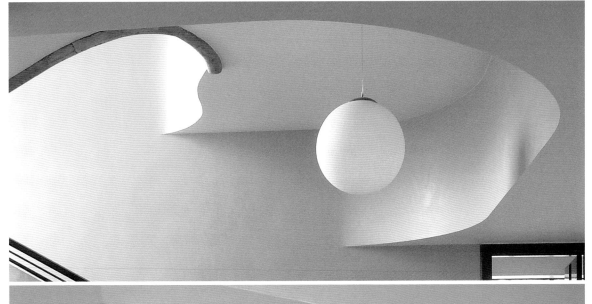

恢复原有环境风貌

恢复原总体环境特色、外部空间流线、优化场地标高及排水系统；保护修缮原有独特花格的围墙，使总体环境重新与建筑相互映衬；清理拆除花园内后期搭建，对地下车库出口进行隐蔽化设计；移植一株广玉兰于原大树位置，乔木、灌木植于庭院四周，中央留出尽可能大的草坪，沿铜仁路侧栽植相对稀疏，不遮挡沿街立面。

19-14　修复后主楼梯一至三层弧线形切面平顶顶棚，崔莹摄，2014

19-15　修复后的主楼梯三层，席闻雷摄，2014

19-16 修复后的一层门厅，席闻雷摄，2014

再现经典的现代立面

坚持恢复建筑外立面原有形体的原则，拆除搭建，重点保护修缮复原立面设计元素及大块面玻璃钢门窗、绿色釉面砖等特色材料。

尽量修缮利用历史原有门窗，对后期被替换的窗扇进行复原设计，恢复历史钢窗的样式及开启方式，并原样定制缺失的五金件。更换的钢门窗在有条件处采用双层中空玻璃。

精心清理富有特色的绿色釉面砖，现场统计外墙釉面砖破损情况，原则保留破损较小的面砖。针对现状绿色釉面砖表面风化程度不均，定制四种颜色以调整色差，以与现状保留的不同部位的面砖匹配，使修缮后的立面呈现浑然一体的色彩。

精心修缮复原门厅和主楼梯

位于底层中部的门厅和大楼梯是原吴宅的核心空间，弧线形梯段及有优雅切面的几道弧线形平顶构成了大楼的重要空间、艺术特色。

本次修缮复原门厅和弧形主楼梯，再现历史原貌，保护利用其特色装饰及材料。

完整保留门厅及弧形楼梯空间，整体修复了珍贵的原洞石大理石墙面、大理石楼梯踏步、铜制扶手栏杆及玻璃栏板等，精心修缮了留存的铜制特色图案花饰及带优美弧线的平顶。

The project restored the original environment and the outdoor circulation, removed add-on structures in the garden, and designed a hidden underground garage exit. Respecting the original exterior form, the project demolished added structures, and restored original design elements on the façade including large pieces of steel framed glass doors and windows, green glazed tiles, and other special materials.

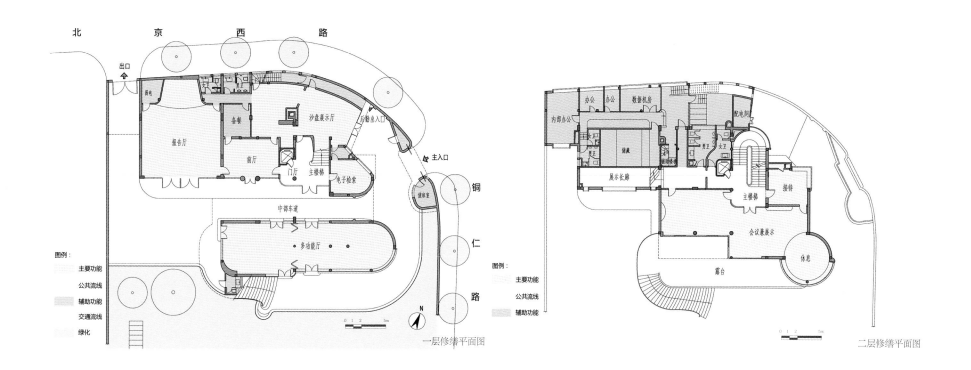

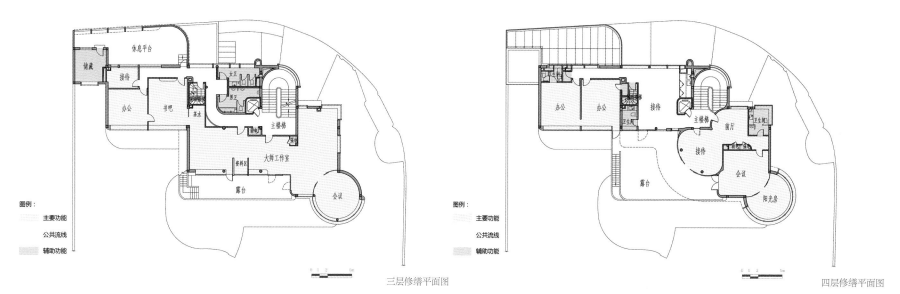

一层修缮平面图

二层修缮平面图

三层修缮平面图

四层修缮平面图

19-17　一至四层修缮平面图，崔莹绘制

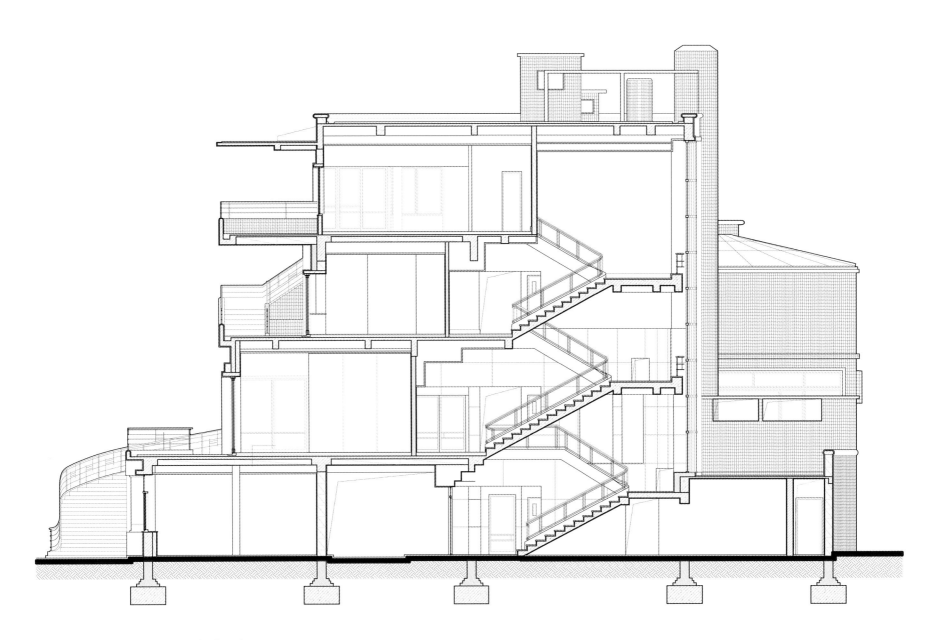

19-18　南侧房间和主楼梯修复剖面，崔莹、华轲绘制

19-19　修复后的一层南厅，许一凡摄，2014

19-20　修复后的围墙混凝土特色装饰

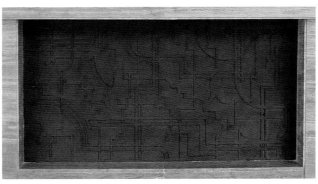

19-21　修复后的炉膛内铜艺特色图案装饰，崔莹摄，2014

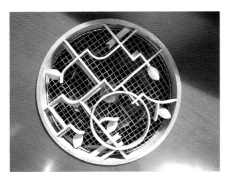

19-22　修复后的电梯轿厢内的铝制通风口装饰

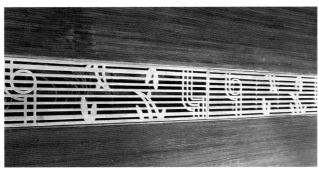

19-23　修复后的二层南厅窄木地板及铝制暖气沟装饰盖板

19-24　修复后的中部车道，席闻雷摄，2014

恢复一层中部穿越式车道及北京西路出入口

拆除建筑一层搭建及封堵，打通恢复一层中部极具特色的穿越式车道空间及北京西路出入口的历史原貌。

重点复原车道两侧门厅、前厅、多功能厅、报告厅处大块面玻璃钢门窗，保护复原洞石大理石墙面，按现存原地砖样式定制并补贴土黄色车道砖，参照历史照片选用古朴简洁的车道吸顶灯设置于历史原位。

慎重选用合适的现代功能

再利用服从于保护，慎重选用合适的新功能，设计合理的流线。新的使用功能在使用人数、使用模式、设备要求等方面尽可能和原建筑使用功能相近。

改造后的建筑主要为会议接待、学术交流、规划展示、小型办公等使用。一层以公共交流区为主，二层以上以小型会议、研究交流、办公功能为主，互不干扰，实现成为适合当代使用的精致办公楼的转变。

提高建筑安全性和舒适度

修缮加固原结构体系，利用原有井道，更新建筑设备，提高大楼安全性、舒适度、节能环保及防火性能。

由于建筑布局、使用功能改变较大，经过现场踏勘

19-25 修复后的二层南厅，许一凡摄，2014

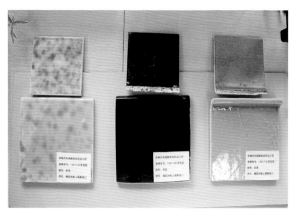

公共走道踢脚面砖小样比选

车道地坪缸砖小样比选

及测绘，再根据原设计图纸、房测报告，对房屋结构承载力进行验算，采用最小干预原则，对少量薄弱部位进行合理加固，对重点结构进行保护。

楼内增加消防电气设计，如火灾应急照明、疏散指示标志、火灾自动报警系统等，增设手提式灭火器。室内设计严格按照防火要求选用装饰材料及构造做法，底层值班室增设区域火灾报警系统控制装置。

为了在有效保护历史建筑原有风貌的同时满足其现代使用功能和舒适性，采用VRV吊顶暗藏式空调系统，重点保护部位采用落地式空调机柜，室外机组集中置于屋顶中央。

保护修复技术与工艺

在整个保护修缮设计与施工过程中，尊重历史建筑的要素，经缜密考证与精心设计施工，使有特色的建筑细部具有可读性和可识别性，利于可持续使用。

1.定制面砖

广泛使用面砖是大楼特点之一，如：外立面通体采用的绿色釉面砖、一层中部车道面层黄色车道缸砖、一层公共走道踢脚黑色面砖、三层公共走道踢脚黄色面砖、四层公共走道踢脚绿色面砖等。原饰面局部损毁严重，每种面砖均经多轮小样比选及专家论证，再定制、修复这些部位。

2.修复电梯

由专业公司修缮当年先进的方形带弧角OTIS电梯，在原有基础上更新电梯安全系统，使其成为再现历史原貌，又可利用的"古董"电梯。

3.修复亚麻油地毡

在修缮电梯时发现轿厢内留存有楼内唯一一处当时的新建材——亚麻油地毡地坪，根据这一发现，设计师及时调整设计，恢复部分公共区域的地坪铺贴同类型亚麻油地毡。

4.修复软木保温

大楼各层屋顶及露台楼板底原粘贴2英寸（5.08cm）厚软木保温板，具有良好的保温隔声效果，这也是当时上海高档住宅特有的楼板材料与工艺，本次保护设计中对这些珍贵的软木板仍原样精心保留，少量损坏处用原材料修补。

此次保护修缮过程中，业主、设计以及施工、监理等各方通过不断的调查研读，加深了对原建筑价值的认

外墙釉面砖小样比选

19-26 定制材料小样比选，崔莹摄，2013

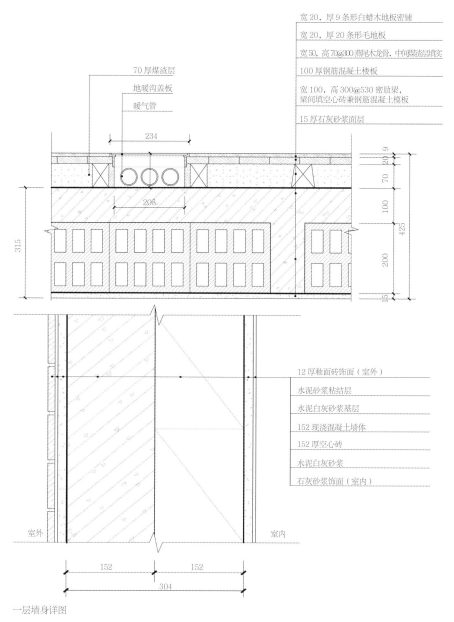

宽20，厚9条形白蜡木地板密铺

宽20，厚20条形毛地板

宽50，高70@300燕毛木龙骨，中间煤渣垫实

100厚钢筋混凝土楼板

宽100，高300@530密肋梁，
梁间填空心砖兼钢筋混凝土模板

15厚石灰砂浆面层

70厚煤渣层

地暖沟盖板

暖气管

234

20 9

70

100

200

425

315

208

152

152

304

12厚釉面砖饰面（室外）

水泥砂浆粘结层

水泥白灰砂浆基层

152现浇混凝土墙体

152厚空心砖

水泥白灰砂浆

石灰砂浆饰面（室内）

室外

室内

一层墙身详图

19-27 特殊节点构造图

19-28 一层（原车道区域）原楼板下方的保温层，邹勋摄

The full preservation of the hallway and curved staircase included restoration of precious original travertine marble walls, marble stairs, copper handrails, glass railing, as well as ornamental copper patterns and the ceiling decorated with beautiful arcs. The restoration of the through-driveway in the middle of the ground floor primarily addressed the large steel framed glass doors and windows along both sides of the driveway, the travertine walls, and the reinstatement of the khaki driveway tiles by replicating the existing pattern and style.

Throughout the design and implementation of the conservation project, elements of historic features were respected, thoroughly researched, carefully designed, and executed. For instance, this included reinstatement of the square-shaped Otis elevator with rounded corners, as well as the preservation and restoration of the 2-inch-thick cork insulation board.

识，始终怀着敬畏之心，尽最大可能做到精心保护、科学传承、永续利用。修缮后，大楼承担部分社会活动对公众开放，兼顾市规划院内部使用功能。

本修缮工程获得2014年度上海市优秀历史建筑保护修缮工程设计示范案例；2015年度上海市建筑学会第六届建筑创作奖——既有建筑改造类优秀奖；2014年10月由同济大学出版社出版专著《绿房子》。

主要设计人员：
唐玉恩、邹 勋、崔 莹、华 轲、江 涛、卢俊鸥、齐英杰、叶伴军、朱莉蓉、王琦琳

参考文献：
[1] 华霞虹. 上海邬达克建筑评析 [D]. 同济大学硕士学位论文，2000.
[2] 赵万良. 绿房子的故事. 上海城市规划设计研究院内部编印，2009.
[3] 上海市城市规划设计研究院，上海现代建筑设计集团，同济大学建筑与城市规划学院. 绿房子 [M]. 上海：同济大学出版社，2014.
[4] 伍江. 上海百年建筑史 [M]. 上海：同济大学出版社，1997.
[5] 郑时龄. 上海近代建筑风格 [M]. 上海：上海教育出版社，1999.

20-1　修缮后的南立面全景，陈伯熔摄，2013

20 法国球场总会　Cercle Sportif Francais

原名称：法国球场总会

曾用名：法国学校

现名称：科学会堂1号楼

原设计人：万茨（Wantz）、博尔舍伦(Boisseron)

建造时期：1904年

地　　址：上海市南昌路47号

保护级别：上海市优秀历史建筑

保护建设单位：上海市科学技术协会

保护设计单位：现代集团历史建筑保护设计研究院

　　　　　　　现代集团工程建设咨询有限公司

　　　　　　　上海现代建筑装饰环境设计研究院有限公司

保护设计日期：2010-2013年

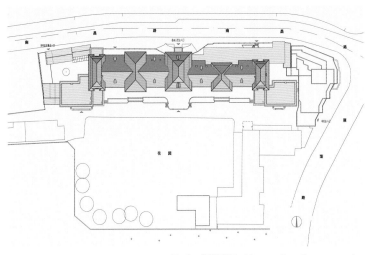

20-2　总平面图　Master plan after restoration

In 1904, French businessmen who were living in Shanghai at the time founded the "Cercle Sportif Francais", also known as the "French Club", on a plot located at Nanchang Road and Yandang Road. Subsequently it became one of the most prestigious clubs in Shanghai. The original French Club is a two-story sloping-roof building with a symmetrical front elevation extending from east to west with a horizontal five-part composition. With the increase in membership, in 1917 the building underwent an expansion project designed by the French municipal council architects Wantz & Boisseron. The expansion retained thc original club building and added a volume to its west to form a nine-part elevation composition with five-part protruding. At the same time, the roofs in the middle and on the east and west ends were changed to the mansard style, thus forming the main image of the building. The building once housed the "Collège Municipal Français", and since 1956 it has been the Shanghai Science Hall.

一、历史沿革

科学会堂1号楼自始建至今百余年间，经过多次改扩建最终形成现今的体量和规模。

法国球场总会时期（1904-1926年）

19世纪90年代至20世纪初，法租界公董局买下了今南昌路、复兴中路、重庆南路之间的顾家宅花园（今复兴公园）及其周围土地，并将其中一部分租给法军建造兵营。随着法军逐渐撤离，1904年旅居上海的法国商人在南昌路、雁荡路地块创办"法商球场总会（Cercle Sportif Francais）"，又称"法国总会"，后逐渐成为上海最有名望的协会之一。初期的法国总会为二层坡屋面建筑，南向正立面东西对称呈横向五段式构图。

随着会员的增加，1917年由公董局法国建筑师万茨（Wantz）、博尔舍伦(Boisseron)主持法国总会扩建设计。扩建工程在保留原总会建筑基础上，向西侧扩建形成东西九段式、凸出五段式的建筑体量，同时中段及东西段屋面改建为盔式折坡屋面（孟莎顶），形成了建筑的主体形象。

法国学校时期（1926-1949年）

1926年，"法国总会"迁至迈尔西爱路（今茂名南路）原德国乡村俱乐部（今花园饭店裙房）所在地，大楼改建为公董局学校（College Municipal Francais），建筑东北部及北立面有所改建。1930年在东西两侧扩建二层平屋面建筑，作为学校文体、实验和辅助用房，形成建筑群现今主体规模。1943年，公董局学校改名为法国学校（College Francais）。

科学会堂时期（1949年至今）

1949年后，该建筑收归国有，市文化局迁入办公。1956年，上海市第一届市人大决定将原法国学校辟为科技工作者的活动场所，并由陈毅市长题字命名"科学会堂"。1958年，上海市科学技术协会成立，科学会堂1号楼作为市科协的办公和活动场所使用至今。在其后近60年的使用过程中，先后于1963年、1978年、1991年三次进行了修缮、改扩建：外墙面涂刷米黄色涂料及拉毛修补，建筑南侧平台翻建，增加钢结构阳光板柱廊、入口雨篷，东、西两端搭建二层房屋，室内根据使用要求重新隔断、装修等。

1994年，科学会堂1号楼被公布为上海市第二批优秀历史建筑。

20-3 法商球场总会初建时期历史照片

20-4 法商球场总会1917-1926年期间历史照片

20-5 法国学校时期历史照片

20-6 2010年建筑修缮前照片

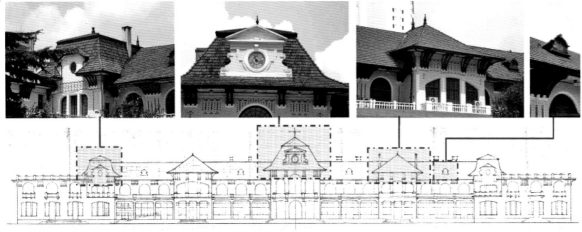

城建档案馆图纸：1957年科学中心改建南立面

二、建筑概况

　　科学会堂1号楼建成后历经改扩建，形成东西延展长达130余m、错落有致的红瓦坡屋顶建筑，檐下硕大的木质牛腿与屋面结合，卵石外墙饰面，体现了上海20世纪初租界的法式建筑风格特色。外墙细部造型别致活泼，门窗洞拱券类型丰富、保存完整；室内装饰华丽精美，大堂宽敞的木质楼梯和由字母"C、S、F"（法文Cercle Sportif Francais首字母）组合的精美铸铁栏板直通二楼；主楼梯平台拱窗上装饰有大面积保存完好、色泽鲜亮的铅条镶嵌彩绘玻璃，为上海土山湾孤儿院美术工场（Orphelinat de T'ou-Sè-Vé）1918年的作品。彩绘玻璃在阳光照射下呈现出瑰丽的气氛。

The Shanghai Science Hall Building #1 is of French Renaissance style with Art Nouveau decoration and traces of French country architecture style. The building's main façade on the north and south sides, as well as the interior decorations, were identified as key protected areas. The building's exterior wall material is grey brick finished with cobblestone. The mansard-style roof with red tiles, contrasted with the arched hollow wooden support structure at the cornice, forms a coherent yet vibrant profile. The building has a rich collection of door opening arches, such as combination arch and layered arch, all of which were well preserved. The interior decoration is lavish and exquisite. A grand wooden staircase in the lobby leads to the second floor and has exquisite cast iron railings with motifs of letters "C, S, F", which stands for the French "Cercle Sportif Francais". Brightly colored lead-inlaid stained glass at the landing of the main stairs was made by Shanghai Tushan Bay Orphanage Art Studio in 1918.

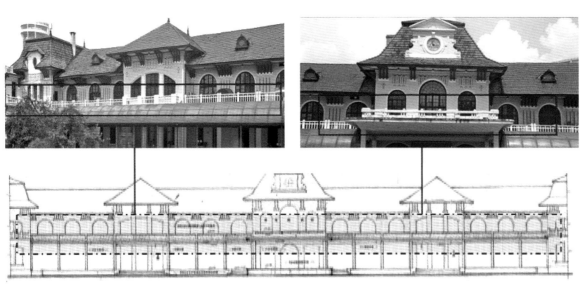

城建档案馆图纸：1963年科学技术协会新建柱廊南立面

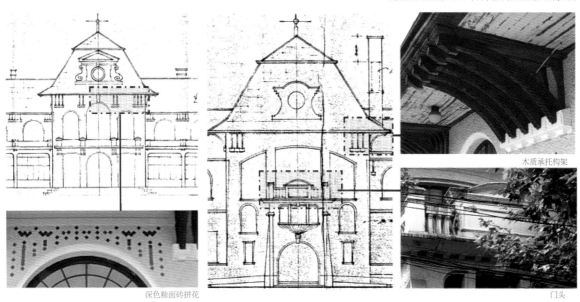

深色釉面砖拼花　　　　　　　　门头　　　　　　木质承托构架

三、重点保护部位与价值评估

科学会堂1号楼是一座具有法国文艺复兴特征，并带有新艺术运动（Art Nouveau）装饰和法式乡村建筑风格的建筑。

建筑南北主要立面和室内特色装饰房间为重点保护内容。建筑为青砖外墙，面层作鹅卵石饰面。五段式孟莎式折坡红瓦屋顶，辅以檐部出挑的弧拱形中空木质承托构架，形成完整而富于变化的天际线。建筑门洞拱券类型多样，组合券、叠券等式样丰富且保存完整。

室内特色装饰精美气派，装饰细部更融合了多种艺术风格。尤其大堂楼梯平台处墙面，饰有大面积木框铅条镶嵌彩色玻璃，图案具象，色彩明快，极富装饰性，为上海现存规模最大的土山湾铅条彩色玻璃精品之一。

科学会堂1号楼在建筑风格、细节特征方面具有独特的建筑历史价值及艺术价值；而其铅条彩色玻璃窗、卵石外墙饰面等特色工艺具有丰富的技术史解读与工艺研究价值；同时，科学会堂是上海市举办学术交流、学术报告的重要活动场所，记录着科协的壮大以及科技进步历程，更承载着科学技术界与各界交流的深厚情感，具有重要的社会价值。

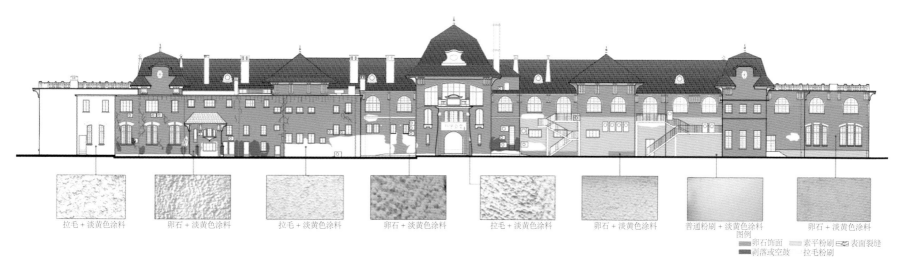

拉毛＋淡黄色涂料　　卵石＋淡黄色涂料　　拉毛＋淡黄色涂料　　卵石＋淡黄色涂料　　拉毛＋淡黄色涂料　　卵石＋淡黄色涂料　　普通粉刷＋淡黄色涂料　　卵石＋淡黄色涂料

图例
卵石饰面　　素平粉刷　　表面裂缝
剥落或空鼓　　拉毛粉刷

20-8 北立面外墙破损分析

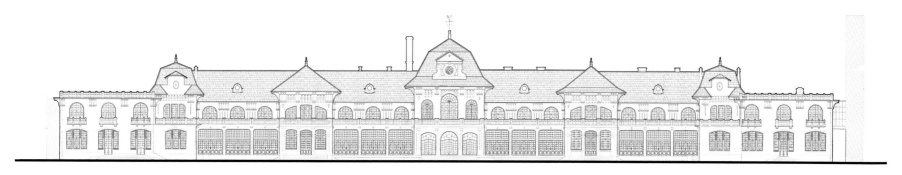

20-9 南立面图

20-10 纵剖面图

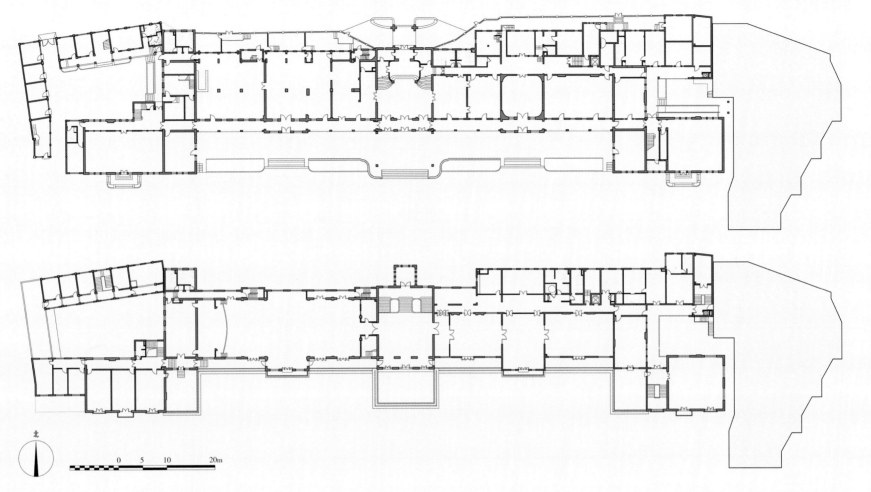

北

0 5 10   20m

20-11 建筑平面图

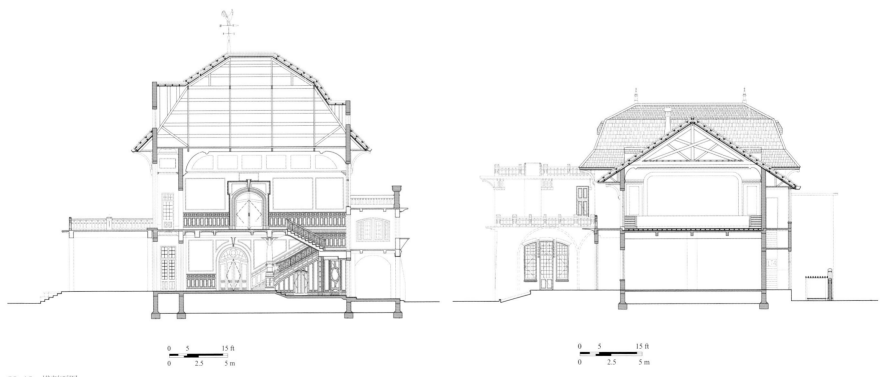

0   5   15 ft

0   2.5   5 m

0   5   15 ft

0   2.5   5 m

20-12 横剖面图

四、保护设计前存在问题

由于建筑已使用上百年，构件均存在不同程度的老化，加之数次功能变迁带来的改建，建筑从外观到内部结构均存在需修缮解决的问题。

建筑外墙饰面：科学会堂1号楼外墙原面层为鹅卵石饰面。修缮前墙面被涂以米黄色涂料，其起始涂刷年份约为建国十周年市容美化时期，之后多次涂刷涂料，厚重的表面涂料已弱化了原鹅卵石墙面的凹凸质感。此外墙面存在局部空鼓、裂缝、卵石脱落等劣化现象，部分成片破损区域后期采用拉毛粉刷修补。

南廊平台：20世纪50年代后南廊局部封堵改建，并在南平台加建轻钢结构风雨廊作为室外走廊，对南立面造成遮挡。

后期使用中对室内格局进行的分隔、室外庭院中的搭建都对建筑的历史风貌造成不利影响。

20-13　修缮后的钟楼，许一凡摄，2017

To restore the 1930s appearance of the cobblestone exterior wall finish, original cobblestones were removed, cleaned, and re-installed by means of the original technique. For the parts that fell short, new cobblestones with same size, color, and ratio were applied. While reinstating the circulation of south corridor and removing a later-added veranda, the south platform and floor-to-ceiling windows were restored and wide door and window openings in the south corridor were recovered according to the historical drawings of 1917 and historical photos of the 1930s. The project restored the historical appearance of the south elevation.

To remove the blockage and re-organize the traffic flow, according to historical drawings in consultation with practical needs, the project restored the grand space of the building, optimized its spatial organization, and improved its functional flow.

20-14　修缮后的北立面入口，许一凡摄，2017

20-15 木屋架钢箍加固

20-16 翻做铜皮檐沟

20-17 混凝土梁板碳纤维布黏贴加固

20-18 木屋架内增设喷淋灭火系统和火灾自动报警系统

20-19 二楼东侧某房间彩画保护展示，胡文杰摄，2013

五、保护设计技术要点

保护工程遵照"整体性、真实性"原则，对场地绿化环境、建筑外立面、建筑结构和室内环境等均进行了全面的保护修缮和更新，主要包括外立面及室内重点保护部位修缮与复原、结构加固、设备更新和周边环境整治等内容，从而使修缮后的建筑满足恢复历史风貌、提升使用标准、适应当代学术活动等要求。

外立面修缮与复原
1.外墙饰面修复

现场勘察中在内天井地板下发现早期残存未涂刷涂料的灰黑色卵石饰面。基于恢复20世纪30年代建筑风貌的原则，首先确定复原保护鹅卵石饰面的做法。经过近一年的十余次工艺试样及专家论证后，最终采取将原卵石取下清洗涂料后，按照原工艺重新制作卵石饰面的施工方案，卵石数量不足的采用同粒径、色彩、配比的卵石补充。

Under the precondition of giving priority to conservation, a sprinkler and automatic fire alarm system hidden in the rooms and wooden roof structure was installed. These modernized the building by enhancing the building's safety performance and comfort level.

During the process, presentation of historical information and promotion of conservation were considered. At the west side of the lobby on the first floor, a presentation room introduces the history of the Shanghai Science Hall and China Association for Science and Technology. In addition, copper plaques were installed near the key protected and character-defining areas, such as the Tushan Bay lead-inlaid stained-glass window. One such plaque, in the relatively quiet east courtyard, introduces a piece of wall where the original beige paint is kept on top of the cobblestone finish, thereby documenting and preserving the history of the once painted exterior walls for future generations. In a room on the east side of the second floor, after removing the furring wall installed in the 1980s, remnants of a painted flower-and-bird paper mural were revealed. It is now protected by safety glass and on public display within a wall-mounted wooden frame.

20-20 修缮后南立面，陈伯熔摄，2013

20-21 修缮后南立面局部，陈伯熔摄，2013

2.南平台与落地窗复原

保护工程在疏通南廊功能的同时拆除后建风雨廊，并根据1917年历史图纸和20世纪30年代历史照片复原了南平台、落地窗，恢复南廊高敞的门窗洞口，使南立面得以重现历史原貌。

优化空间格局，完善功能流线

修缮设计在尊重原结构形式的基础上首先拆除封堵、梳理交通流线，并根据历史图纸结合使用需求，恢复高敞的大空间格局。为避免内外干扰，将科学会堂建筑主体作为对外会务、展示、接待功能，将恢复出的西庭院以及20世纪80年代建成的车库改建后作为科协内部办公、会谈接待使用，两者以电子门禁分隔，既可功能联系又相互独立互不干扰。

提升舒适度，实现设施现代化

根据建筑形式特点和现场勘察情况，修缮设计利用地垄墙空间设置电缆，利用坡屋面木屋架空间布置暖通、消防、电气管线，既合理使用，也便于设备检修。室内及木屋架内覆设的自动喷淋灭火系统和自动火灾报警系统提升了建筑消防安全系数，其中重点保护房间采用侧喷淋、隐蔽式喷淋等方式尽量减少其对室内特色装饰的不利影响。

空调采用多联机加新风系统。室内重点保护空间采用地柜式空调机，外罩结合家具式样专门设计。为避免新风口、排风口对外墙的开洞破坏，设计结合部分建筑外窗、檐口板下设置百叶风口。

在不影响南北主要立面风貌的情况下，在东庭院内增设无障碍坡道，利用原内天井增设无障碍电梯，加建无障碍卫生间等内容，提升历史建筑的公共使用品质。

展示历史信息，宣传保护理念

每一个历史建筑都有其独特的建筑特征和历史信息，需要予以精心保护以示后人。本工程在一层大堂西侧开辟了用于展示科学会堂和科协历史的展示厅，并在部分重点保护和特色区域（如土山湾铅条彩色玻璃窗）设置说明铜铭牌等。

其中值得一提的是为了显示建筑外墙曾涂刷米黄色涂料的这一段历史记忆，设计在相对独立的东庭院内特意保留了一面曾在原卵石墙表面留有涂料的墙面，并作铭牌说明，完整记录和保存了这段历史信息。

而对于修缮施工中新发现的各种有价值的历史实

20-22 修缮后二层大堂，胡文杰摄，2013

20-23 修缮后一层大堂，胡文杰摄，2013

物，设计师采取了及时更改设计并对其进行保留和就地展示的策略。如二层东侧某房间在拆除20世纪80年代隔墙后暴露出了残留的纸本彩绘花鸟壁画，修复后结合木护壁设置画框、射灯及安全玻璃予以展示。

通过此次保护修缮设计，历史建筑的生命得到延续，其历史、文化价值亦得到保留，科学会堂1号楼将继续作为科技工作者进行科技、学术交流的重要场所。

保护工程竣工后，获得专家的认可和社会各界的好评，并荣获2015年全国优秀工程勘察设计行业奖公建类一等奖、上海市优秀工程勘察设计优秀历史建筑类一等奖、上海市建筑学会建筑创作优秀奖等奖项。

主要设计人：
唐玉恩、陈民生、陈嘉栋、宿新宝、郑　宁、胡佳妮、沈南生、陈　明、陈　琳、祝伟明、冯立京、侯　晋、赵　樱

参考文献：
[1] 熊月之，马学强，晏可佳.上海的外国人（1842-1949）[M].上海：上海古籍出版社，2003.
[2] 陈征琳，邹逸麟，刘君德.上海地名志 [M].上海：上海社会科学院出版社，1998.
[3] 上海市卢湾区人民政府.卢湾区地名志 [M].上海：上海社会科学院出版社，1990.
[4] （法）史式徽.土山湾孤儿院——历史与现状 [M].上海：土山湾印书馆，1914.
[5] 张爱红.土山湾美术工艺所的历史价值探析 [D].山东大学硕士学位论文，2007.
[6] 洪霞.土山湾画馆美术教育的探讨 [D].南京艺术学院硕士学位论文，2009.
[7] 王绍周.上海近代城市建筑 [M].南京：江苏科学技术出版社，1989 .
[8] 罗小未.上海建筑指南 [M].上海：上海人民美术出版社，1996.
[9] 陈从，周章明.上海近代建筑史稿 [M].上海：三联书店上海分店出版社，1988.
[10] 郑时龄.上海近代建筑风格 [M].上海：上海教育出版社，1999.

20-24 修缮后大礼堂，陈伯熔摄，2013

20-25 修缮后一层大堂，胡文杰摄，2013

20-26 修缮后南廊，胡文杰摄，2013

21-1 修缮后的沿街立面，刘文毅摄，2017

21 法租界霞飞路巡捕房 Poste de Police Joffre

原名称：法租界西区捕房及警察公寓
曾用名：东风中学
现名称：爱马仕旗舰店
原设计人：法租界公董局公共工程处技术科
建造时期：1909年/1930年代
地　　址：上海市淮海中路217号，嵩山路65-71号
保护级别：上海市优秀历史建筑
保护建设单位：上海市卢湾区教育局
保护设计单位：现代集团都市建筑设计院
　　　　　　　现代集团历史建筑保护设计研究院
保护设计日期：2008-2014年

一、历史沿革

　　基地内现存两幢优秀历史建筑，嵩山路65-71号始建于1909年，淮海中路217号始建于20世纪30年代，当时作为法租界西区捕房及欧籍警察公寓使用。

建筑使用沿革

　　1909年设立的西区捕房是霞飞路上最早、影响最大的法租界机构，后称宝昌捕房、霞飞捕房。低级警员多为安南人和华人。霞飞捕房南侧的两排矮楼是安南警员及其家属居所。为区别于马斯南路的安南社区，习称"小安南村"。

　　1943年（民国三十二年）7月30日，日伪政权接收法租界警务处，改为上海特别市第三警察局，霞飞路捕房改为霞飞分局。

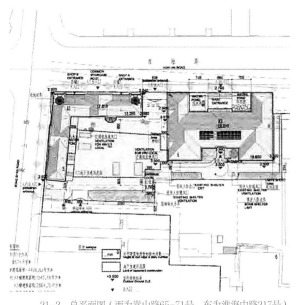

21-2 总平面图（西为嵩山路65-71号，东为淮海中路217号）

21-3 20世纪30年代覆飞巡捕房 图片来源:《淮海路百年写真》

21-4 沿淮海路立面历史照片 图片来源:《淮海路百年写真》

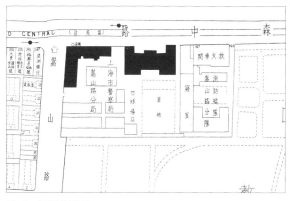
21-6 总平面行号图

21-5 修缮前照片

21-7 修缮前照片

1945年，国民政府成立上海市警察局，接收日伪警察机构，设立芦家湾警察分局和泰山路分局，其中，泰山路警察分局即在此处。

1949年，上海解放，泰山路警察分局划归嵩山区。

1949年5月25日，中国人民解放军进驻芦家湾警察分局，接管泰山路警察分局，成立嵩山公安分局；1956年，嵩山公安分局撤销，划归卢湾公安分局管辖；淮海中路217号在20世纪50年代曾作为上海市劳动局大楼使用。

1958年，东风中学从重庆南路139号1号楼迁入。

1992年，嵩山路65-71号一、二层改为餐厅，三层一直空置。淮海中路217号底层沿淮海路开设商铺，其他仍作学校使用。

2014年至今，建筑经过修缮改造后，作为爱马仕旗舰店使用。

建筑历年改扩建情况

嵩山路65-71号：1929年修缮改建；1992年改扩建，开设一层商业店面。

淮海中路217号：1940年改建；1992年底层商业设施改扩建；2001年建筑大修，功能变更为教育建筑。

两幢历史建筑在商业改造建设过程中，底层外立面及内部结构发生了改动。淮海中路217号室内楼梯由木结构楼梯改建为钢筋混凝土楼梯。

No. 65-71 Songshan Road Building and No. 211-235 Middle Huaihai Road Building were built in 1909 and the 1930s respectively and used as the French Concession West District Police Brigade and an apartment for European policemen. From 1958 onward, the two buildings were used as part of the Dongfeng Middle School. In No. 65-71 Songshan Road Building, the first and second floors were changed into a restaurant, while the third floor remained vacant. In No. 211-235 Middle Huaihai Road Building, the ground floor along Huaihai Road was expanded and became storefronts. Since the reinstatement and renovation in 2014, the buildings have been housing the Hermès flagship store.

二、建筑概况

嵩山路65–71号为3层，建筑面积1542.5m²，淮海中路217号为4层，建筑面积2864.4m²。

1999年，嵩山路65–71号和淮海中路217号两幢建筑被公布为上海市第三批优秀历史建筑，保护类别为三类。北立面、南立面为外部重点保护部位，正入口大厅、楼梯和围廊为内部重点保护部位。保护要求及整改建议为：进行结构维护、整治周边环境、拆除周边搭建建筑，内部装饰不得改变。

2008年，爱马仕国际选定这处建于20世纪初期的两幢历史建筑进行保护改造，作为其旗舰店店址。该旗舰店的主要功能有：商店及配套辅助用房；手工艺制作坊；文化及教育活动区及会议、展示空间。

21-8 淮海中路217号修缮后的南立面外廊，刘文毅摄，2017

21-9 淮海中路217号修缮后的西立面，刘文毅摄，2017

The three-story No. 65-71 Songshan Road Building has a total floor area of 1,542.5 square meters, and the four-story No. 211-235 Middle Huaihai Road Building has 2,864.4 square meters. In 1999, they were listed among the third batch of outstanding historical buildings in Shanghai, graded the third protection category. The north and south elevations were identified as key exterior protected areas. The main entrance hall, stairs, and verandas were identified as key interior protected areas.

The design of the conservation project was in conjunction with the renovation of the Hermès flagship store in Shanghai, and the re-planning involved the entire site. Among others, the landscaping, outdoor lighting, and drainage improvement were implemented to meet the requirement on outdoor environment and traffic flow by the Hermès flagship store, and to enhance the presentation of historic architecture.

三、保护设计前存在问题

两幢建筑在百年的使用过程中，经历多次改造和功能变化，但从未进行过系统整体修缮，历史建筑风貌破坏已经相当严重。

建筑毗邻淮海路，底层在改建为商业用房的过程中，沿街进行了较大面积的搭建并在立面上增设招牌等。作为教育建筑使用时的空间，根据新的功能对室内进行改建。淮海中路217号面向内部的立面及外廊保存状况较好。地铁1号线圆形轨道从建筑正下方通过，对建筑结构安全造成较大影响。

2001年卢湾区职教中心对两幢楼进行彻底大修时，外墙在保持原色基础上重新粉刷，屋顶破碎陈旧瓦片全部更换。

综上所述，建筑在漫长的使用过程中，结构损坏严重，且地铁1号线从嵩山路65-71号、淮海中路217号下方穿越，建筑在修缮前，经鉴定，抗震性能均不满足要求。

21-10　淮海中路217号修缮后的南立面中段，刘文毅摄，2017

21-11　淮海中路217号修缮后的南立面入口，刘文毅摄，2017

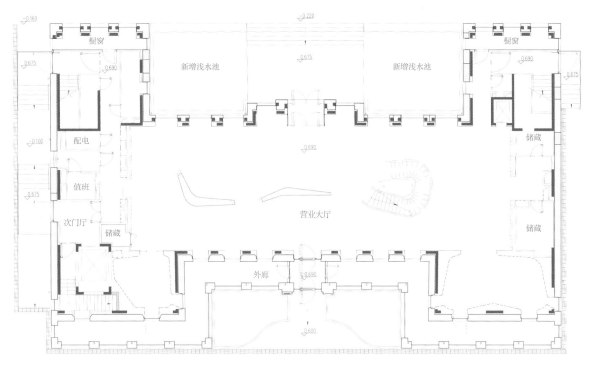

21-12　修缮后的淮海中路217号底层平面，2010

四、保护设计技术要点

保护整治室外总体环境

本次修缮设计结合爱马仕上海旗舰店整体修缮工程，重新进行场地设计。增设场地绿化、室外照明，改善场地排水状况等，在满足爱马仕上海旗舰店的外部环境要求以及外部交通流线的同时，提升历史建筑风貌。

新建地下室

新建地下室紧邻两栋已倾斜的砖木历史建筑，南侧存在遗留的人防设施，正下方十多米为地铁1号线两条轨道，一系列约束条件成为地下室实施的巨大技术挑战。设计采用逐步对历史建筑进行基础托换、墙体加固、内部结构替换、对用地内连续墙进行基坑围扩的创造性技术方案，配合施工的精准实施，最终达到了新建地下室的要求。

砖木结构结构体系替换与机电更新

两栋历史建筑年代久远，内部经过多次改造，多处承重墙已被拆除且墙体内随意开洞，房屋难以满足现行抗震设防要求，原砖木结构也仅能达到三、四级耐火等级。

21-13　淮海中路217号北立面

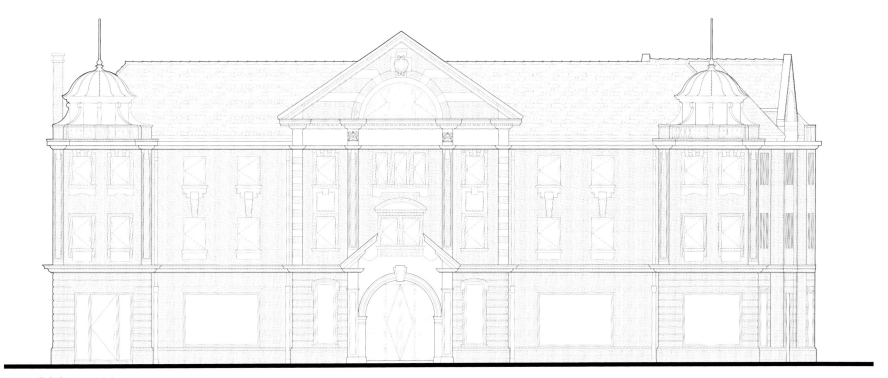

21-14　嵩山路65-71号北立面

21-15 修缮前的塔楼穹顶

In order to build a new basement under the two adjacent historic buildings, several issues and constraints had to be addressed. The historic brick-wood structures were both in critical conditions, the civil air defense facilities were left behind to the south of the site, and the Metro Line 1 track run merely ten meters below the buildings. The program proceeded with methods including underpinning, wall reinforcement, interior structure displacement, and excavation of a foundation pit by using a slurry wall technique within the site. After precise execution, it achieved the required condition to build a new basement.

The two historical buildings had undergone several interior renovations in the past. Quite a few dismantled load-bearing walls and arbitrarily opened holes in the walls made it difficult to meet current seismic fortification and fire safety standards. The design adopted the approach of "displacing thermos bottle's gallbladder", that is, retaining the historical buildings' brick walls and reinforcing original exterior walls to sustain the stability and load bearing capacity required to support its own weight, and total demolition of all other parts. The new structure bears the vertical and lateral loads of the buildings and roofs within the original exterior walls. The renovation adopted a metal structure roof system, upgraded the mechanical and building service systems, and retained the original architectural appearance.

爱马仕所有家具、门窗以及橱窗玻璃均为进口定制，精准的室内设计与漫长的家具加工周期要与土建施工同步进行，故要求土建设计尺寸与建造尺寸严丝合缝。

为此，建筑师和结构工程师拟定出一个"热水瓶换胆"的方案，保留历史建筑的砖砌外墙，对保留外墙进行加固，满足在自身重量下的稳定及承载力；其他部位则全部拆除，在外墙范围内新建结构体来承受楼、屋盖的竖向及水平荷载，屋面采用钢结构，形态轮廓完全保持原来的建筑风貌。由此，整个建筑结构、设备设施进行了全面更新与提升，建筑耐火等级提升到二级。

外立面系统的延续与更新

两幢建筑各立面均为重点保护部位，尤其是沿淮海路的北立面和沿嵩山路的西立面。一层以上的立面，完全原样保护并修复。

在对立面精细测绘与研究之后，发现建筑立面砖的砌筑方式与拼法决定了建筑壁柱、线脚、窗台、拱券等构件和装饰均具有严谨的逻辑关系，从而复原了一套完整的立面拼砌系统。

沿淮海路北立面及嵩山路西立面的更新设计在这套立面拼砌体系中严格展开。由于淮海中路211-235号二、三层窗户位置、尺寸不均匀，甚至影响内衬剪力墙与洞口的对位关系，因此，方案利用人眼透视校正等特点精细调整了窗户位置，在保持建筑风格整体性的同时，复原了一套完整的立面拼砌系统。

塔楼穹顶的原位修缮

嵩山路65-71号屋顶在东侧端头以及西北转角各有一个木结构盔顶小塔楼，是建筑沿淮海路及嵩山路立面重要的特色部位。通过与历史照片的比对，发现盔顶小塔楼以及周边的宝瓶栏杆基本保持了历史原样，并且历史照片中盔顶小塔楼外立面整体颜色较屋面材料浅，判断修缮前盔顶小塔楼黑色外立面为后期重新涂装的结果。

盔顶小塔楼的木结构构件有多处渗水发霉现象，局部由钢拉索加固；盔顶外铺设铁皮，历史上某个时期出于防水的考虑，曾将塔楼外部整体涂装黑色沥青。为最大程度保留穹顶，在下部屋架主体结构更换为钢屋架后，对穹顶采用原位原样修缮。设置临时支撑结构，待结构安全后，对穹顶内部损坏严重的构件进行托换或加固。修复后在穹顶底面采用特殊水泥纤细板，用防水

21-16 嵩山路65-71号修缮后的内院立面，刘文毅摄，2017

21-17　嵩山路65-71号修缮后的东南角全景，刘文毅摄，2017

胶封闭。外部对穹顶铅皮材料进行脱漆处理，缺损部分采用同种材料补贴，并加铺防水卷材。穹顶与屋面交接处，均补做泛水处理。

　　项目竣工开业后，爱马仕旗舰店已成为淮海路上重要的记忆片段与新的城市地标，她作为城市更新与建筑活化案例，为上海历史建筑保护与再利用提供了一个很好的样本。

主要设计人员：
凌颖松、陈民生、应伊琼、赵　玲

All the façades, especially the north one along Huaihai Road and the west one along Songshan Road, from the first floor and above are strictly preserved and restored to the original condition. After carefully surveying and studying the building façades, precise relationships were identified between construction method, types of bond, and individual elements of the brickwork; therefore, a coherent bricklaying system was rediscovered. The renovations of the north elevation along Huaihai Road and the west elevation along Songshan Road were developed based on this system.

参考文献：

[1] 约翰·罗斯金.建筑的七盏明灯 [M]. 刘荣跃主编，张璘译.济南：山东画报出版社，2006.9.

[2] 陈平.李格尔与艺术科学 [M]. 杭州：中国美术学院出版社，2002.

[3] 卢永毅.辩证的真实性：徐家汇观象台修缮工程 [J]. 建筑学报，2016(11)：34.

[4] 曹声良，严承华.卢湾区职业教育中心 2 号楼 [J]. 房地产时报，2001.

22 中一信托大楼 Central Trust Co. Building

原名称：中一信托大楼

现名称：中一大楼

原设计人：通和洋行（Atkinson & Dallas Architects and Civil Engineers Ltd.）

建造时期：1924年

地　　址：上海市北京东路270号

保护级别：上海市优秀历史建筑

保护建设单位：上海新黄浦（集团）有限责任公司

保护设计单位：现代集团历史建筑保护设计研究院

　　　　　　　上海建筑设计研究院有限公司

　　　　　　　上海现代建筑装饰环境设计研究院有限

　　　　　　　公司

保护设计日期：2010-2013年

22-2 中一大楼总平面

22-3 中一信托大楼南立面历史图纸

一、历史沿革

1924-1949 年：金融办公建筑

北京东路270号中一信托大楼，初建于1924年，由通和洋行设计，为一幢包括中一信托公司、律师行、会计师事务所等共计24家公司合用的办公建筑，原为地上5层，局部有地下室。

1949 年至今：商务办公大楼

新中国成立后该大楼曾为上海中发电气集团等使用，1991 年大楼上部经扩建为7层建筑后，一至六层为上海交运（集团）公司承租，七层为上海达益物业有限公司承租。目前，中一信托大楼为上海黄浦置地（集团）有限公司承租，经外立面和内部修缮后，作为高端办公使用。

Designed by Atkinson & Dallas Ltd., the Central Trust Co. Building was built in 1924. It was a joint-venture office building for a total of 24 companies, including Central Trust, a law firm, an accounting firm, and branch offices for a number of companies. The building originally had five stories above ground and a partial basement. After 1949, Shanghai Zhongfa Electric Group and a few other companies occupied the building. In 1991, the building was expanded to seven stories above the ground. Currently, after reinstating its façade and interior, the Shanghai Huangpu Land (Group) Co., Ltd. rents the Central Trust Co. Building and uses it as a high-end office building. The building is symmetrical with the main entrance on its center facing East Beijing Road. The classical style architecture has a simple and elegant look and is decorated with minimal reliefs and geometric motifs.

22-4 中一信托大楼南立面历史照片

22-5 中一大楼南立面竣工照片

二、建筑概况

上海市黄浦区北京东路270号中一信托大楼位于上海外滩历史风貌保护区的一般建设控制地带内，南临北京东路，为南北长、东西窄建造基地。建筑分为主附两楼，主楼带有一采光天井。原为地上5层，现为地上7层。附楼与主楼是同期建造，为5层带局部1层和地下室，同为办公用途。

建筑风貌

建筑南立面为三跨，中心对称，大气简约，为一幢局部有简洁几何图案装饰的古典风格大楼。一层为石材饰面，上层为水刷石饰面，立面花饰造型各异：窗下有涡卷形浅浮雕，窗间为简洁线条装饰。历史原窗均为实腹钢框单层玻璃窗，上有金属条作为主次划格，铜质五金件。内凹式主入口独立柱为变体爱奥尼柱。主楼一层大厅、二至五层办公室等多处尚保留有精美的抹灰吊平顶和花饰线脚。二至三层隔墙上有木门及木质高窗。一层大厅、二至三层附楼尚保留有多处深色木护壁。楼梯间等多处保留有精美的木框单玻双开弹簧门。室内局部保留有实木地板。主楼走道、楼梯间以及附楼门厅均留存彩色水磨石地面。建筑北侧保留有气派的双跑钢筋混凝土大楼梯。

价值评估

中一信托大楼是外滩地区较有代表性的一幢老大楼，历史悠久，曾被扩建，年久失修，精华尚存，亟待更新。建筑整体造型简洁大气，细部造型别致精美，是一幢简化的古典风格近代建筑，具有一定的建筑艺术价值。

大楼虽由外籍建筑师设计，但其从建成之初起，就作为民族资本一直为华人使用。其独特的背景对上海的

22-6 修复后中一大楼南立面

22-7 修复后中一大楼南立面入口

22-8 中一大楼南立面细部

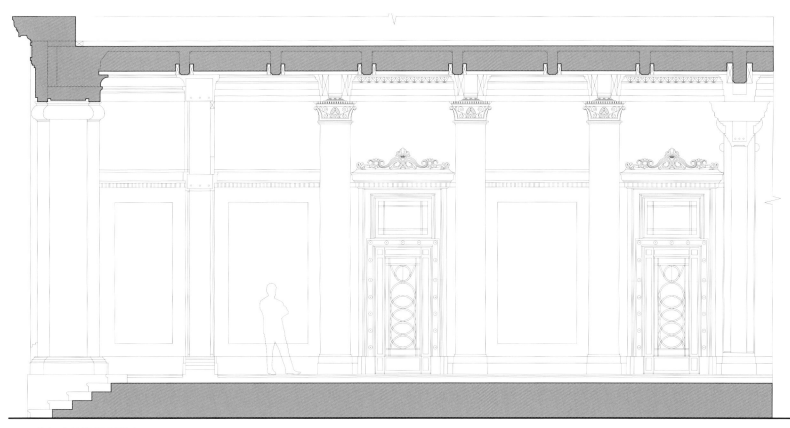

22-9　主入口历史样式复原剖面

民族资本发展研究有参考价值。

　　大楼原建筑师通和洋行作为上海早期的设计洋行之一，承接了上海大量近代建筑的设计工作，因此，中一信托大楼对研究上海近代建筑具有一定的文献价值。中一信托大楼是上海近代早期钢筋混凝土建筑的代表之一。

重点保护部位

　　北京东路270号中一信托大楼建筑整体风貌保存基本完好，2005年被公布为上海市第四批优秀历史建筑，三类保护。大楼的东、南、西立面为外部重点保护部位；内部原有装饰保持完整的部分房间、入口门厅、楼梯间、原门窗、顶棚线脚及原有特色装饰等为内部重点保护部位。

三、保护设计前存在问题

　　中一信托大楼与周边建筑间距普遍较小，现状仅能从西侧弄堂进入附楼，还缺乏必要的停车位。建筑主立面前的人行道相对狭窄，且常被占道。

　　建筑外观风貌方面，六至七层后期加建痕迹明显，外立面后期被整体涂刷了浅灰色涂料。南立面增设出入口，增设空调外机等管线。

22-10　修复后的铜五金把手

The renovated parking at the entrance and landscaping streamlined the building's traffic flow and separated freight and passenger vehicles. The first floor of the auxiliary building was converted into a mechanical parking lot with a lift elevator. The entrance and exit of the parking lot were added in the space between No. 280 and No. 270 to effectively solve the parking problems. Vertical landscaping was added to the exterior wall of the rooftop equipment room to improve the comfort level of micro-environments.

22-11　一层修复实木门

22-12 铅条框彩色玻璃窗修复现场

建筑一层大厅的原状损毁严重，增加了夹层，原彩色玻璃天窗被后加吊顶遮挡，地面上为后铺地砖，覆盖原面层。大楼作为办公功能使用，其给排水、暖通空调、电气各专业的设备设施老化落后，亟待更新。大楼六至七层的扩建为既成事实，对大楼的原结构扰动较大。此外，建筑外墙面及线脚等局部开裂、建筑内墙涂料剥落等情况较为普遍。主楼二层走廊水磨石地坪面局部起翘开裂等，部分木护壁被改为浅色。

四、保护设计技术要点

总体整治环境绿化

重点保护整治南立面朝北京东路入口，作为客流主入口。并分设内部办公、商用门厅及入口。将西北角现入口作为货运通道入口，做到客货分流。利用附楼一层，改造为垂直升降机械式停车库，并在西侧通道设置停车楼出入口，有效解决大楼的停车问题。

上人屋面作为可览黄浦江景的屋顶花园，改善建筑整体环境。结合屋顶设备用房外墙面，增加墙面绿化。

体现年代价值的立面修复

结合历史照片、图纸和现状立面情况可以判断，该楼的图纸归档基本为竣工图纸，据此参考历史图档结合现状对大楼外观进行修复。修复中力求从外墙饰面修复与外窗材质选择等方面体现年代价值，使建筑外观具有可读性。

恢复主入口细部风貌：主入口为竖三段式格局、浅米色天然石材饰面，西侧饰面尚存，东侧饰面已

22-13 大厅内铅条框彩色玻璃窗修复后的室内

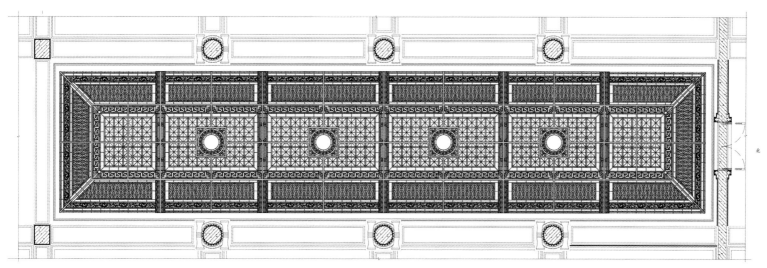

22-14 大厅内铅条框彩色玻璃窗修复仰视图

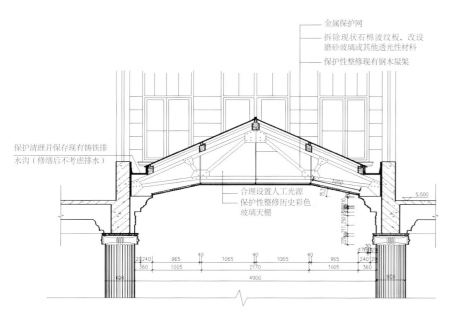

22-15 双层玻璃天窗的构造详图

按历史样式原样仿制；六至七层外钢窗为扩建钢窗，本次修缮中统一更换为优质外窗，样式更为简化。

重点保护复原一层特色大厅空间与装饰

一层大厅原为中一信托公司的营业大厅，空间高敞、装饰精美。结合图纸与现场考证发现，大厅侧墙原为深色实木护壁，地面居中为彩色马赛克地坪，两侧推测为实木地板（今已不存），大厅居中有三对爱奥尼式巨柱承托着顶部的双层采光玻璃天窗，上层为透明玻璃天窗，下层为铅条框彩色玻璃天窗，工艺精湛，实属难得。大厅平顶梁壁装饰有精美的石膏线脚。

对特色大厅空间格局与装饰的修缮复原，主要包括拆除后期加建夹层，参考历史图纸恢复大厅原有空间格局和特色装饰；修复双层玻璃天窗；修缮侧墙和顶棚粉刷线脚；清洗修补深色实木护壁以及彩色马赛克地坪；清洗修理实木框镶玻内门窗、定配铜五金件，等。其中，彩色陶瓷锦砖地坪铺装被覆盖在后期添加地砖之下，现场小心剥除后，经专项评审后确定了原物保护、局部修补的原则。

特色双层玻璃天窗的抢救与修复

在现场踏勘过程中，从大厅内后加吊顶的缝隙中，发现有双层玻璃天窗的痕迹，其下层为铅条框彩色玻璃窗，上层为金属框玻璃窗。现状后加吊顶的吊杆直接焊接在原有天窗骨架之上，所幸彩色玻璃窗的原物较为完整，有2块彩色玻璃缺失，其余均为不同程度的缺损或乳化。在外滩地区，类似面积的完整的彩色玻璃天窗已经非常罕见，其色彩达十余种，面积大，保存完整，题材为植物母题和回形纹饰。在各方努力下，制定了完整保护抢救修复中一信托大楼室内大厅的双层玻璃天窗的策略。

首先小心拆除天井内后期加建波形瓦（现覆盖在上层玻璃天窗上）和室内后期加建吊顶（覆盖在下层玻璃天窗下），露出原有双层玻璃天窗。

对上层钢框玻璃天窗修复，考虑安全使用和功能要求，在结构检测和复核的基础上，参照历史样式重做上层金属骨架，替换上层玻璃为安全夹胶玻璃。

对下层铅条框彩色玻璃天窗修复，制定了原物修复、参考历史样式新作和拆下返场修复等多种施工方案。经专家复议决定小心拆下、采用传统工艺返场维修。在修复过程中，因下层铅条框普遍老化变形失效，特在框架背面新增一道钢筋龙骨补强。

改；原窗为实腹钢框玻璃窗，均已不存。入口格局风貌：按历史图纸样式和格局恢复南立面中部主入口；根据使用功能和人流疏散需要，入口门参照历史门立面样式复原为金属框双扇平开门。入口门窗：按历史图纸样式修缮复原南立面东、西两侧入口金属框门窗样式。入口门头字样：保留后来更名的"中一大楼"字样，金属字镶嵌在门头上。入口外墙饰面：参考西侧现存外墙浅米色天然石材饰面复原东侧的外墙饰面。

大楼立面总体是横三段式格局，中段是重点保护的二至五层，为浅米色水刷石饰面，其与一层外墙石材色泽接近，在整体清理后加残存金属件等附属物和清洗后期添加的浅色涂料层并修补后，展现出大楼原有的外观风貌特色。

对大楼六至七层后期加建楼层的外观修复，兼顾整体性与可读性。外墙参照五层现状墙面细部样式简化后，适当增加花饰；檐口线脚参照历史样式仿制水平向线脚花饰并适当简化、缩小尺寸，采用GRC材质，力求兼顾协调性与可识别性。

外门窗的修复：一层门窗为参考历史样式定制复原；二至五层外窗为原窗修缮，保留修缮现存二至五层实腹钢框带金属划格玻璃窗及铜质五金件，缺失五金件

修复后的大厅及彩色玻璃天窗，图案精致、色彩典雅、高敞明亮，再现了外滩地区近代民族资本金融建筑的风貌。

空间优化与性能设计并举

设计中，主楼采用环绕中庭的开放式办公大空间，优化了办公流线，适合现代办公需求。附楼沿用原有单元式办公格局，特别是二至三层的特色装饰如深色实木护壁、内木门窗、实木地板、抹灰平顶以及走廊彩色水磨石楼面等均被完好地保护修复。

性能提升的重点在机电设备用房与设施的添加，仍以保护为先，兼顾利用。增设用房合理布局、设备设施优先选用小型、隐蔽、节能、高效设备，并避免破坏重点保护区域。包括在一层主楼附楼之间利用现有用房改为消防水泵房、强弱电间以及卫生间等。空调室外机则就近安放于五层和七层屋面，增设隔声减噪屏障。

垂直交通设施的保护修缮

楼内共有2部重点保护的楼电梯，分别是位于主楼南侧的三跑钢筋混凝土楼梯、现有电梯和位于主楼附楼

Restoration of the overall building appearance referenced the historical drawings and the building's current condition. It involved removing the added layer of light color paint and repaired any damage to showcase the building's original features. The restoration of the building's later expanded sixth and seventh floor takes integrity, readability and reversibility into account. Referencing the current condition of the exterior wall at the fifth floor and after simplifying the detailing, decorative mouldings were added with consideration. In reference to the original style of horizontal-shape decorative moulding, the cornice moulding was reproduced in a simplified and scaled-down version using GRC with reversible construction details.

The project restored the character-defining ground floor lobby and interior decorations as key protected areas. This included demolition of the later-built mezzanine, restoration of the lobby's original spatial organization and character-defining decorations in reference to historical drawings; restoration of the double-layered skylight; reinstatement of the lateral wall and suspended ceiling's painted molding; cleaning and restoration of the dark color solid wood wall panels and colored mosaic floor; cleaning and maintenance of interior glass doors and windows with solid wood frames; and reproduction of copper hardware. The process of salvaging and repairing the character-defining double-layered glass skylight required many steps. The first step removed the later additions of the corrugated tiles in the courtyard and the suspended ceiling inside to reveal the original double-layered skylight. In repairing the steel-framed glass of the upper layer, after inspecting for structural safety and functional requirements, the metal frame of the upper layer was reproduced and the glass was replaced with safety glass, in reference to the historical style. In restoring the lead frame and stained glass of the bottom layer, the original parts were carefully removed, labelled, and sent to the factory to be repaired with traditional techniques. Due to the deterioration of the original lead frame, new steel reinforcement was added to the back of the frame.

22-16 次入口门厅效果图

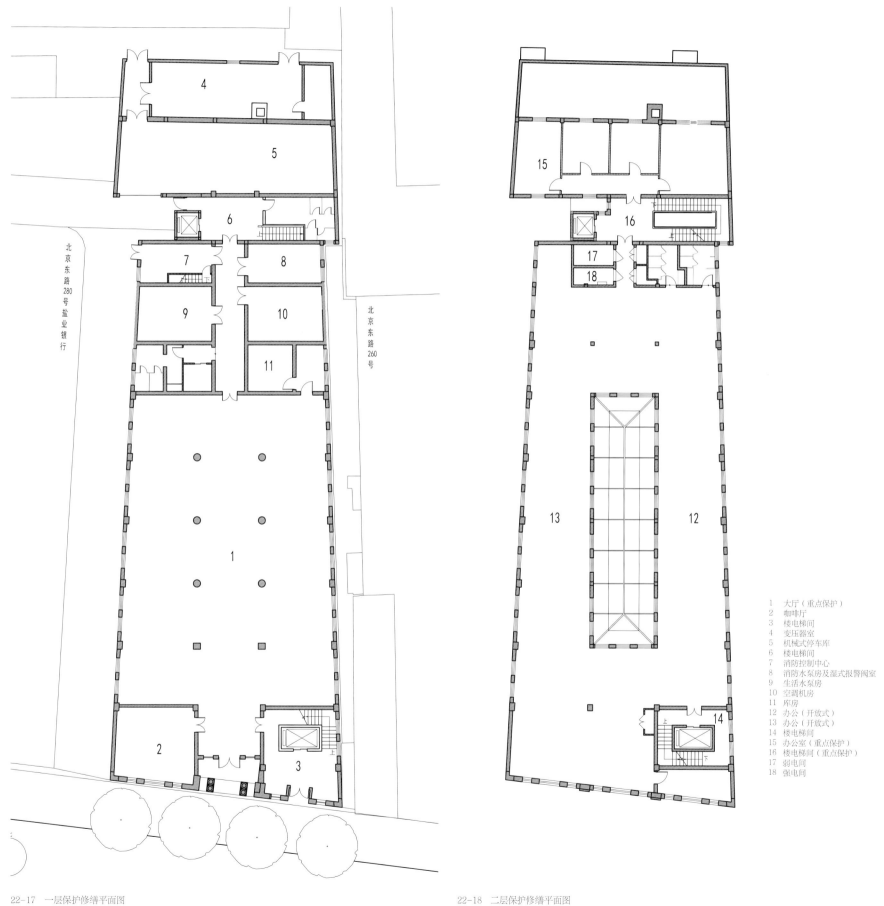

北京东路280号盐业银行

北京东路260号

1 大厅（重点保护）
2 咖啡厅
3 楼电梯间
4 变压器室
5 机械式停车库
6 楼电梯间
7 消防控制中心
8 消防水泵房及湿式报警阀室
9 生活水泵房
10 空调机房
11 库房
12 办公（开放式）
13 办公（开放式）
14 楼电梯间
15 办公室（重点保护）
16 楼电梯间（重点保护）
17 弱电间
18 强电间

22-17 一层保护修缮平面图   22-18 二层保护修缮平面图

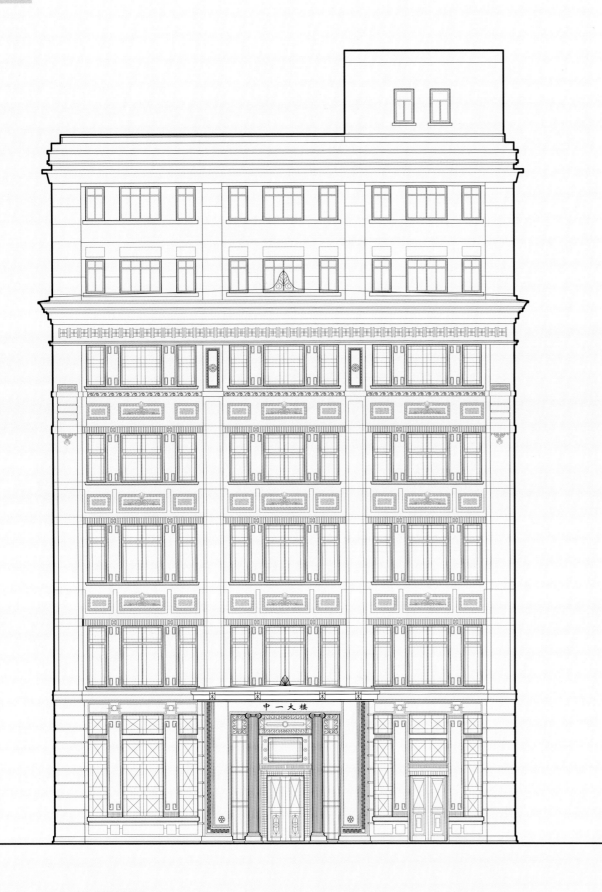

22-19 南立面保护修复图

之间的双跑钢筋混凝土楼梯。包括对一至五层的实木扶手、水磨石踢脚、踏板、踏面等，保护修缮对缺损部位原样修复和侧墙水磨石护壁及顶棚粉刷线脚的修缮等。

对六至七层后期扩建楼梯进行整治修缮，包括在楼梯间出屋面标高侧墙开洞，增设楼梯间上人屋面出入口，以符合规范要求等。

此外还在西立面北侧凹处、贴外墙新增室外电梯作为客货两用梯，外饰面与现有墙体原有水刷石饰面接近。新增电梯不出屋面，避免对建筑风貌和周边环境影响，电梯基坑开挖以尽量避让建筑原有墙体、基础、大方脚和最小干预历史建筑本体为前提。

在本次修缮设计中我们遵循保护与利用并举的设计原则。修复后已正常投入使用多年，作为办公建筑继续使用，焕发着新的生机。

主要设计人员：

张皆正、陈民生、郑　宁、王　佳、张　静、
陆余年、邓俊峰、葛春申、胡　戎

The main building adopted the design of a large open office space around the atrium to optimize the business flow and fit the needs of modern office work. The auxiliary building retains the original modular office layout, and the character-defining original features were all well restored. Under the precondition of giving priority to conservation work, the MEP system were upgraded and improved to enhance the comfort level.

The project reinstated two key protected elevators and renovated the later added stairs of the expansion project on the sixth and seventh floors. On the precondition of minimal intervention, a new outdoor lift for both passengers and cargo was added in a recessed area on the north end of the west façade. It was attached to the external wall and finished similarly to the granite plaster of the existing wall.

参考文献：
[1] 郑时龄. 上海近代建筑风格 [M]. 上海：上海教育出版社，1999.

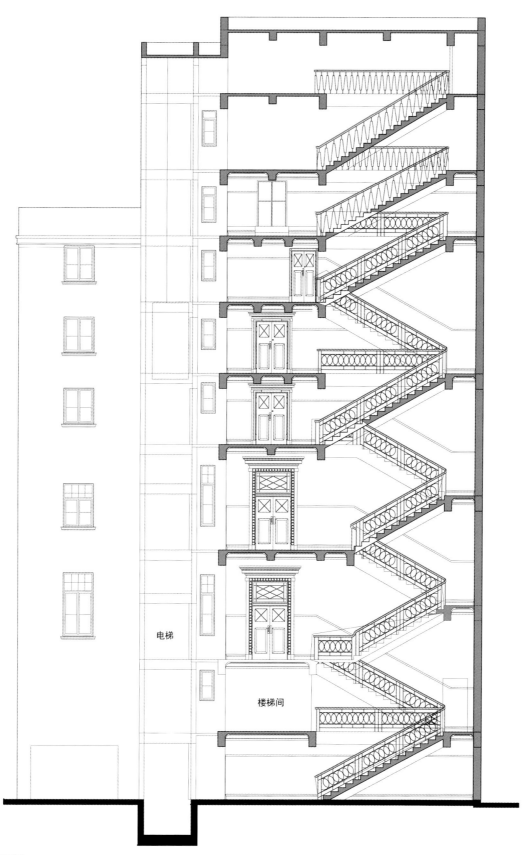

电梯

楼梯间

22-20 保护修缮剖面图

23 武定西路1498号住宅 Residence on No.1498 West Wuding Road

原名称：潘三省住宅

曾用名：上海广播交响乐团

现名称：上海爱乐乐团

建造时期：1920年代

地　　址：上海市武定西路1498号

保护级别：上海市优秀历史建筑

保护建设单位：上海爱乐乐团

保护设计单位：华建集团历史建筑保护设计院

保护设计日期：2015-2017年

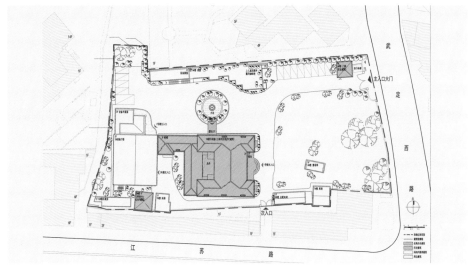

23-2 上海爱乐乐团总平面

一、历史沿革与建筑概况

沪西豪宅时期

上海爱乐乐团所在地原为潘三省住宅。20世纪20年代，潘氏花园住宅含主楼、门房、停车库、花园及喷泉水景等基本建成。基地内其他建筑为20世纪50年代以来陆续加建。原建筑外观气派、室内装饰奢华、木装修考究、特色装饰（如彩色玻璃窗、壁炉灯）形式各异，原花园植被设计丰富，体现主人的财力与品位。

乐团办公用房时期

新中国成立以来，该花园洋房陆续为上海广播乐团、上海电影乐团所用，历经了上海广播交响乐团的成立（这也是上海爱乐乐团的前身），见证了上海爱乐乐团的起步和发展，承载着艺术家的热爱与情感，还将继续见证上海爱乐乐团的辉煌和音乐艺术的振兴。

主要改扩建

主楼（即行政楼）曾于2001年进行大修，2004年被公布为静安区登记不可移动文物，2005年被公布为上海市第四批优秀历史建筑，二类保护。基地内除行政楼、门房、原车棚和喷泉雕塑、入口大门等为历史原物之外，其余建筑均为新中国成立以来陆续加建。

行政楼建筑为古典式花园住宅，主体高3层、附楼（以下称2号楼）高2层。南主立面为横纵三段式划分，中央部分采用简化的两层高爱奥尼柱式，整体构成中间虚两边实的中轴对称效果。南立面和东立面的开敞门廊和二层外廊与平台形成灰空间，屋面为红瓦坡屋顶。

The location of the Shanghai Philharmonic Orchestra was originally residence of Pan Sanxing. The villa was built in the 1920s and more buildings were added to the property after the 1950s, while some original buildings were removed. Since the founding of the People's Republic of China, the villa has been occupied by the Shanghai Radio Orchestra and the Shanghai Film Orchestra successively, and witnessed the founding of the Shanghai Radio Symphony Orchestra, which is also the predecessor of the Shanghai Philharmonic Orchestra. The development of the Shanghai Philharmonic Orchestra embodies the passion and enthusiasm of the artists, and will continue to promote music and endorse the glory of the Shanghai Philharmonic Orchestra.

23-3 推测为20世纪90年代所拍的上次大修前的行政楼外观

23-4 本次修缮前的行政楼外观，已覆盖浅灰色真石漆

23-5 上海爱乐乐团鸟瞰，刘文毅摄，2017

23-6 行政楼南立面水刷石饰面外墙与水磨石柱式栏杆修复后效果，刘文毅摄，2017

二、保护设计前存在问题

本次修缮前，建筑风貌环境亟待整治，保护建筑年久失修，既有建筑设施落后，功能流线有诸多不合理之处有待更新活化，设备设施老化欠缺，需要进行增设配套以及性能提升。并且，现状场地较为闭塞，无法满足面向社会开放的需求。

The administration building is an classical style villa architecture with a three-level main building and a two-level annex. The main facade of the south building has a tripartite design. The middle section is a simplified two-level Ionic style, which forms an axial symmetry with solids on either side of a central void. The open porch, second floor balcony, and patio on the second floor of the south and east facades form a grey space. The roof is composed of red tiles.

23-7 行政楼内天井黄砂罩面粉刷修复后效果，刘文毅摄，2017

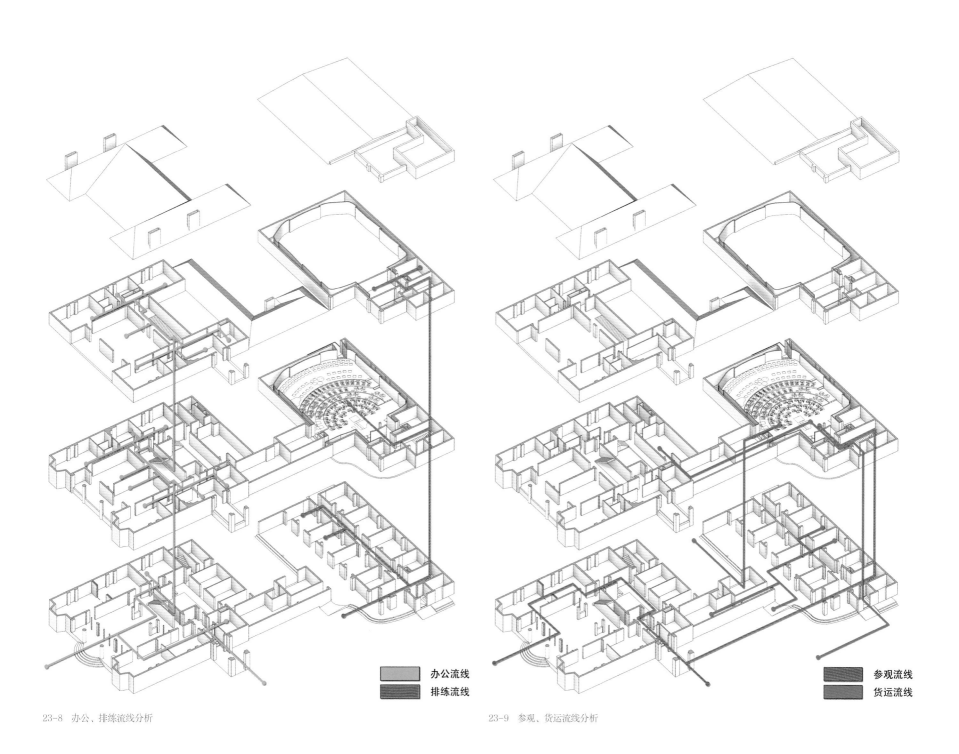

	办公流线
	排练流线

	参观流线
	货运流线

23-8　办公、排练流线分析

23-9　参观、货运流线分析

23-10　行政楼东立面水刷石饰面外墙与水磨石柱式栏杆修复后效果，刘文毅摄，2017

三、保护设计技术要点

优化整治，总体升级

项目地块紧邻愚园路历史文化风貌区，区位优越，闹中取静。总体整治采用保护大树、地面、墙面与屋顶绿化布置增设、喷泉雕塑、步行广场、露天音乐会等多种手段美化环境。并拆除违章搭建、合理设置调整出入口，优化梳理内部交通流线，适当增设地面停车位。

重点保护，整体修复

重点对主楼进行保护修缮，完整保护修复外立面原有外墙饰面，修复木框玻璃门窗，翻修红色瓦屋面。整体保护修缮室内重点保护部位如入口门厅、底层会客室、楼梯间、室内木装修、地面陶瓷锦砖、彩色玻璃、镶嵌窗、壁炉、顶棚线脚及其他有特色的内部装饰。

功能提升，优化流线

沿用主楼仍作为行政楼使用，经保护修复后作为乐团办公、交流与展示场所。2号楼更新后仍作为排练厅使用：可容纳40人合唱、133人交响乐乐队与指挥席，以及40座观摩席；还兼顾录音和休息、乐器仓库等功能。

改造后的流线，避免了办公与排练的穿插，增设了参观流线，改善了货运流线。行政楼北侧内部增设的专用电梯，可将钢琴、定音鼓等大型乐器从一层室外直接送入排练厅二层室内。

23-11 东立面完整立面图

23-12 沐浴在晨光中的爱乐乐团行政楼，刘文毅摄，2017

精心修复，展现技艺

全面更新包括给排水、暖通空调与强弱电在内的各项设备设施，进行安全耐久性结构加固以及白蚁防治等措施。为辅助设计，采用三维扫描技术对行政楼外观与室内进行精度达2mm的整体全面扫描并拍摄照片，精确分析完损情况并制定相应的保护策略与措施。

1.外立面传统饰面的修复

行政楼外立面在上次大修时被后加浅灰色真石漆覆盖，经清洗后发现了历史原有的东南立面米灰色水刷石饰面与西北立面米黄色外墙粉刷黄砂罩面，南立面柱式与镂空栏杆为乳白色水磨石饰面。在专家与主管部门的指导下，施工方先后制作了几十块小样，采用相应的传统工艺进行了完整的保护性修补、抛光打磨与平色处理，修复后立面效果做到了整体协调，并兼顾可读性与可识别性。

2.实木制品与彩色玻璃窗的修复

修缮前大楼梯踏面磨损严重、楼梯侧边变形、楼梯的一根主梁也被白蚁蛀蚀。经专家专项论证后，制定了切实可行的修复方案，包括原样更换大楼梯踏面、更换被虫蛀的主梁等。楼梯间侧墙上的铅条框彩色玻璃窗是近代花园洋房中保存完好的不可多见的珍品，共有四扇，两侧为植物和绶带装饰图案，居中两扇图案左侧为较为具象的高山古堡与白云草地、右侧为帆船松鹤，寓

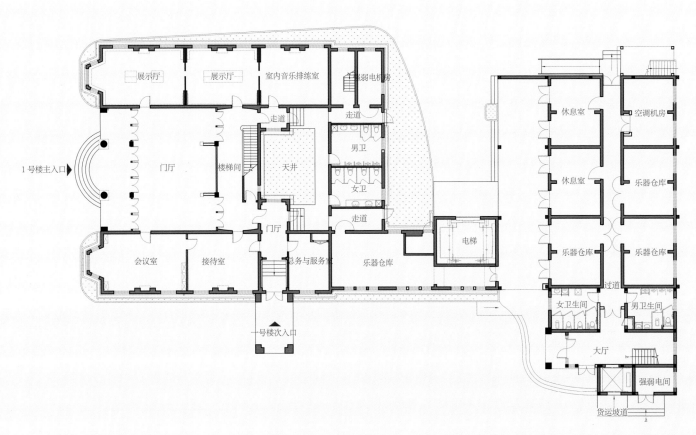

23-13　一层平面图

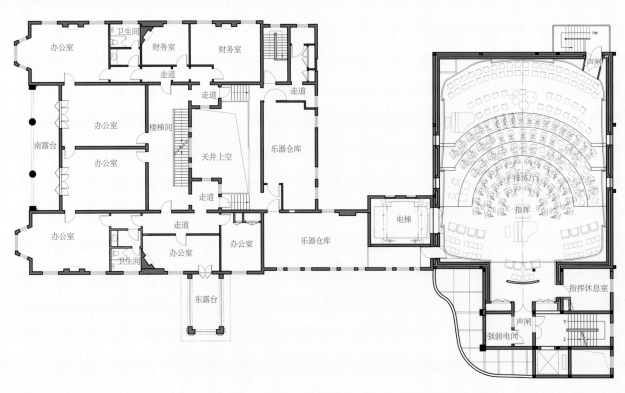

23-14　二层平面图

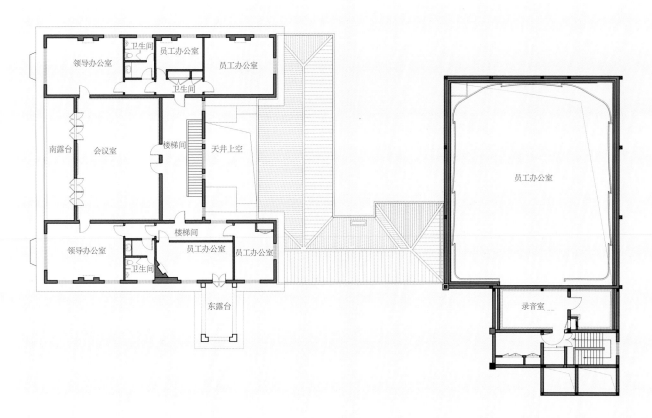

领导办公室 卫生间 员工办公室 员工办公室
卫生间
南露台 会议室 楼梯间 天井上空 员工办公室
领导办公室 楼梯间 员工办公室 员工办公室
卫生间
东露台
录音室

23-15 三层平面图

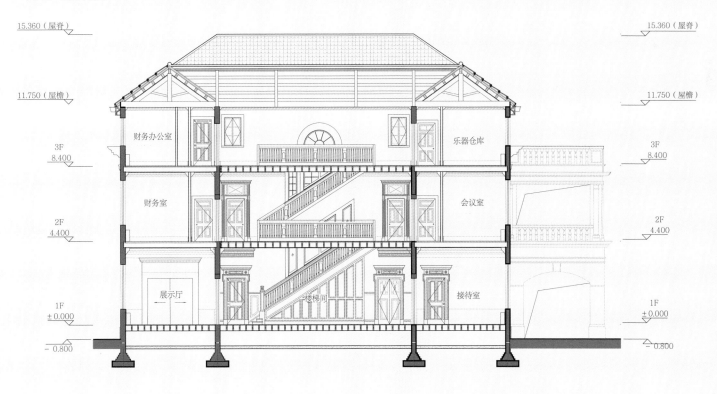

15.360（屋脊）   15.360（屋脊）

11.750（屋檐）   11.750（屋檐）

财务办公室   乐器仓库

3F   3F
8.400   8.400

财务室   会议室

2F   2F
4.400   4.400

展示厅   楼梯间   接待室

1F   1F
±0.000   ±0.000

−0.800   −0.800

23-16 行政楼剖面图

23-17　行政楼实木饰面壁炉修复后效果，刘文毅摄，2017

意一帆风顺和松鹤延年，具有中西合璧的效果。

楼内13只实木饰面镶嵌车边镜面的壁炉非常精美，但在修缮前原面砖破损严重、炉膛金属配件缺失。修缮中选配重铺与原物色泽接近的面砖，并利用炉膛安放设备管线，外罩定制刻有"SPO"(即上海爱乐乐团英文缩写)的金属镂空装饰篦子。

3.特色马赛克楼地坪修复

行政楼室内一层大厅和二层露台铺设有精美完好的彩色陶瓷锦砖贴面，共计6种颜色、2种规格，图案多为抽象的花饰题材。修缮中，对缺损的陶瓷锦砖进行原样定制，原位补配，新旧之间略有色泽微差，以示区别。

4.管线设施巧妙隐蔽安装

行政楼新增的空调系统优先选用VRV系统和落地柜机，结合室内装饰隐蔽安装。空调室外机借用相邻排练厅屋顶平台搁置，减少风貌影响。消防喷淋管隐藏在顶棚线脚内与木格栅梁间；空调冷凝水管和弱电管路借用壁炉炉膛；电线插座面板等管路借用踢脚线和实木护壁，尽量减少对重点保护部位的影响和干预。

23-18　一层行政楼大厅活动舞台与移门打开后的效果，刘文毅摄，2017

5.结构加固，安全耐久

根据房测报告结合现场情况，制定的加固措施包括：对承重墙体开裂处采用粉刷层铲除、刮糙、再通过单面钢筋网砂浆面层进行加固处理；对开裂的基础部位进行开挖，再采用基础补强注浆的加固方法进行处理；以及校正变形凹陷的屋面板、木屋架原有木构件，加固屋架节点，替换的木构件进行防腐、防蛀、防火及防潮处理等。

新旧共生，温暖协奏

对2号楼排练厅等既有建筑的风貌整治从材质、色彩等方面入手，与主楼风貌协调，体现新旧共生之感。综合考虑风貌、造价、工艺、结构安全等技术可行性，排练厅外立面采用3种不同色泽的软瓷贴片，其中米黄色和米灰色为根据1号楼行政楼外立面色彩定制。立面通过将爱乐乐团经典曲目《红旗颂》进行转译，抽象表达为动态的乐章。

Building's MEP systems, including water supply and drainage, HVAC, high and low voltage electrical, were completely upgraded. Safety measures including structural reinforcement and pest control were implemented. 3D scanning technology was used to scan the exterior and interior of the administration building to an accuracy of 2mm. Using supplemental photographs, the damaged conditions and details were accurately documented and analyzed. These studies aided in devising corresponding preservation strategies and measures.

23-19 排练厅西南立面软瓷贴片外饰面与行政楼乐器升降平台，尹秋晨摄，2017

23-20 行政楼南露台，刘文毅摄，2017

23-21 行政楼东侧入口门厅，刘文毅摄，2017

23-22 行政楼修缮后办公室效果，刘文毅摄，2017

重现芳华，温暖协奏

排练厅日常排练交响乐演奏，同时兼顾录音功能。室内重点改善排练厅建筑声学效果，提升功能、绿色环保。排练厅外墙在结构安全的前提下，增设隔声中空双墙结构，有效隔绝外部环境噪声；排练厅出入口增设声闸与隔声防火门。室内装饰色彩采用温暖、朴实而有亲和力的暖木色，衬托高雅艺术殿堂的专业风范；演奏席位每级升起20cm，呈环抱式格局，音效最佳。观众厅吊顶材料大面积采用GRG扩散板，扩散造型有利于声反射；并在打击乐演奏区上方吊顶增加成品软包吸声板。墙面采用暖木色实木MLS扩散体、实木穿孔吸声板以及实木装饰板，分布面积与区域均经声学计算与复核确定。经现场实测，达到满场中频混响时间约1.1秒的设计目标，可以满足乐团的专业排练与录音需求，并能提供面向公众开放的观摩、互动与讲座场所。

After the facade of the administration building was cleaned, it revealed that the original southeastern facade was finished with beige-gray exposed aggregate concrete and the northwestern façade with beige-yellow paint covering yellow sandy plaster. The south facade pillars and balustrade were finished with milky white terrazzo veneers. By adopting traditional construction finishing methods and skills, the building's exterior surface was completely restored by repairing, polishing and color matching to achieve an overall coherent result with consideration to readability and identifiability.

23-23　行政楼柚木大楼梯与铅条框彩色玻璃窗，刘文毅摄，2017

23-24　行政楼一层乐团展厅，刘文毅摄，2017

保护利用，挖掘潜力

充分利用场地内的现有的闲置附属建筑作为设备机房与服务辅助用房，旨在提升建筑群体的综合品质与性能，合理增设配套，同时减少新增设备对保护建筑本体的干扰，兼顾高效利用。通过这样的局部修复，可以分辨哪些水磨石是历史原物，哪些是后期修补。这样使楼梯坪饰面兼具整体性与可读性，使建筑的年代价值得以呈现。

经全面整治修复更新后，爱乐乐团成为中心城区不可多得的兼顾高雅艺术排练与展示交流的场所，将继续谱写新的文化传播篇章，建筑遗产得以重现芳华，温暖协奏。

主要设计人员：
郑　宁、尹秋晨、傅　彬、张玲玲、江天一、
沈忠贤、陈奇顾、陈祖彪、董洪伦、夏　媛

参考文献：
[1] 郑宁. 重现芳华，温暖协奏：上海爱乐乐团保护修缮工程 [J].
H+A 华建筑，2018(6)：130-135.

24-1 北立面修复后外景，王煜摄，2017

24 法租界警察之家与海陆军俱乐部 Cercle de la Police Foyer du Marin & du Sol‹

原名称：法租界军人之家与警察俱乐部

曾用名：警察博物馆

现名称：上海昆剧团

原设计人：法租界公董局公共工程处技术科

建造时期：1932年设计，1935年建成

地　　址：上海市绍兴路9号

保护级别：上海市优秀历史建筑

保护建设单位：上海昆剧团

保护设计单位：现代集团历史建筑保护设计研究院

保护设计日期：2009-2013年

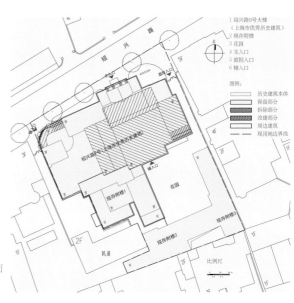

24-2 上海绍兴路9号大楼总平面

24-3 俱乐部时期在二层大厅的社团宴会，1937年，上海图书馆馆藏

24-5 昆剧团在二层大厅内的排练场景，1980年代，上海昆剧团提供

24-4 西北立面原状，1937年，上海图书馆馆藏

24-6 北立面原状，1937年，上海图书馆馆藏

Located at No. 9 Shaoxing Road, the building of Shanghai Kunju Opera Troupe was designed in 1932 and completed in 1935. The building was originally used as a social club for the French army and policemen, and was later converted into a policeman's museum, documenting the history and development of modern policeman as a profession. Since the founding of the People's Republic of China, the building has been used as the rehearsing and office space for recreational troupes. It has witnessed the development of the various opera troupes bearing critical social and cultural values. In 2005, the building was listed among the second batch of Outstanding Historical Buildings in Shanghai, grade 2 preservation category.

一、历史沿革

租界俱乐部和博物馆时期（1935-1949年）

绍兴路9号楼于1932年设计，1935年建成，初为法租界法国军人（海军与陆军）之家和警察俱乐部，涵盖娱乐、社交、休闲等功能。原设计为军、警独立使用，室内并不连通，故而空间丰富、高差多、楼梯多。抗日战争胜利后，该楼还曾作为上海警察博物馆使用。

文化办公楼时期（1949年至今）

新中国成立后，该建筑先后为上海淮剧团、上海京剧团、上海戏曲学校使用。1981年，上海昆剧团成立，租用绍兴路9号为办公场所。从20世纪80年代后期开始，昆剧团先后改造了大楼的二层舞台及屋顶，加建夹层办公和顶层练功房、南侧厨房，还在庭院中加建了3幢附属用房。

二、建筑概况

绍兴路9号楼地处上海市衡山路-复兴路历史文化风貌保护区腹地，是一幢局部带有装饰艺术风格特征的3层早期现代建筑。现状建筑高度17.46m，用地面积2335m²，总建筑面积3293m²。其中，历史建筑本体面积2447m²，附属用房846m²。

艺术风格

该楼造型简洁洗练，装饰丰富独特。立面采用浅米色抹灰饰面、水平划格仿石，屋顶出檐短小连贯，缓坡顶与露台相结合，局部点缀有精美的装饰艺术风格线脚。

室内空间呈现以功能为主的现代建筑特征，实用摩登、采光充分，门厅空间则相较更具古典气派。最具特色的为异色相拼的彩色水磨石楼地坪以及同样具有装饰艺术特征的线脚以及灯具。

在外观和室内均采用了半圆弧、浅线雕加三角形装饰的设计语言，虽简洁精炼却组合丰富。

建筑采用混合结构，外墙为砌体墙外罩抹灰面层，主要使用空间内部为钢筋混凝土梁柱加木格栅楼板，主要交通空间和公共部位为钢筋混凝土楼板上做彩色水磨石地坪，主楼梯为钢筋混凝土楼梯，小楼梯为木楼梯。

重点保护部位

2005年，绍兴路9号楼被公布为上海市第四批优秀历史建筑，二类保护。建筑的各立面为外部重点保护部位；原有空间格局、门厅、楼梯间、二层走廊、水磨石地面、壁饰、有特色的顶棚线脚为内部重点保护部位。

价值评估

绍兴路9号楼初建时为综合用途的小型俱乐部，后改为警察博物馆，记录了近代警察职业发展的历史。新中国成立以来，该楼长期作为文艺团体的排演办公场所，见证着海上梨园艺术的传承与发展，具有重要的社会文化价值。

该楼原设计者为法租界公董局公共工程处技术科，其设计考究、用材丰富、语言精炼、艺术价值独特。

三、保护设计前存在问题

长期的超负荷使用与缺乏维护使得该历史建筑与附属建筑风貌混杂不齐，室内空间分隔凌乱，设备设施落后老化，存在安全隐患。后期的改造风格芜杂，与中式艺术和西式建筑缺乏关联，无法继续满足昆曲艺术人声表演与现代办公的需要。

在修缮设计过程中，我们非常幸运地找到了百余张历史图纸和十余张珍贵的老照片，结合现场调研和实验室检测，使保护复原与施工依据更为充分。

四、保护设计技术要点

总平面与环境：非遗与物遗交融共生

1."非遗"与"物遗"交融共生的总体设计策略

遵循"保护为先，兼顾利用"的设计理念，以"真实性、整体性、可持续利用、最小干预、可逆性"为设计原则，重点保护修缮复原建筑历史风貌、格局、环境、特色装饰以及历史信息，优化功能、提升性能、更新设施。通过挖掘其独特的历史风貌价值，使体现近代装饰艺术风格的建筑文化遗产与作为非物质文化遗产的"昆曲艺术"，在这幢繁华深处的建筑中碰撞、交融、共生。

2、展现文化街区氛围的环境整治与标识设计

环境整治与标识设计力求展现绍兴路9号楼周边的文化街区氛围，通过保留人行道原有法桐树、按历史样式重砌花坛、重种花木，改善室外场所环境。拆除了室外通道中历年违章搭建的设施，保留下大树，重做场地排水、绿化与铺装，改善了通行与庭院环境。

鉴于建筑周边街道宽度较窄，标识设计集中考虑近景和中景效果，展现出高雅的格调与文化街区氛围：主入口花坛中设置卧石铭牌；主入口门头上方设法文的原建筑名称铜字；次入口的弧形外墙上，增加了上海昆剧团的铜字铭牌。

风貌特征保护：体现年代价值特征

1.体现年代价值的外立面保护修复设计

通过拆除各时期搭建物，建筑外观整体恢复了20世纪30年代的风貌。复原了西北角弧形入口及三层小阳台，按历史样式定制还原了外立面门窗，修复了沿街弧形花池、铁栅镂空院门、阳台的实木葡萄架等细节环境构件。

建筑原为青砖外墙，浅米色抹灰面层、水平划格仿石，带有浅色粉刷檐口及线脚。1991年，曾在原饰面外侧做水泥拉毛处理、外刷浅灰色涂料。本次修缮，经材料检测、工艺比较、修复试样及专家论证，复原了建筑初建时的历史风貌。施工中在铲除后加面层时，发现原外墙饰面已大面积酥裂、无法完整保护，因此整体重做了基层，饰面做浅米色涂料、水平划格仿石。同时，在建筑各主要入口及西南角三层露台处，均以原样原物原工艺保留修缮了历史原有的浅米色抹灰饰面外墙，以供比较，并相应安置展示历史信息的铜牌。

2.分阶段实现第五立面整治目标

该楼屋面原状错落有致、舒缓优雅，但在长期过度使用中陆续增加了很多搭建棚屋。在充分考证历史原状同时兼顾业主的实际使用情况（1991年舞台屋面已改造升高，无法复原）前提下，通过复做建筑三维模型进行比较推敲，提出了分阶段实施的第五立面近期与远期保护修复目标，并希望最终能够恢复到初建期的历史原状。

经现场清理，原建筑屋面砖红色机平瓦部分存有历史原物，背面刻有法文。这些瓦片也尽量妥善保管并散铺于北侧主要屋面之上。

24-7　内庭院环境整治，2015，华建集团提供

24-8　西北入口沿街环境整治，许一凡摄，2015

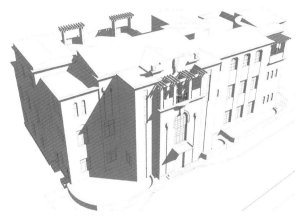

按历史图纸及老照片模拟昆剧院原体量

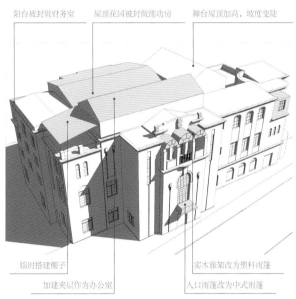

阳台被封做财务室　　屋顶花园被封做练功房　　舞台屋顶加高，坡度变陡

临时搭建棚子　　　　　　　实木藤架改为塑料雨篷

加建夹层作为办公室　　　　入口雨篷改为中式雨篷

昆剧院现状体量

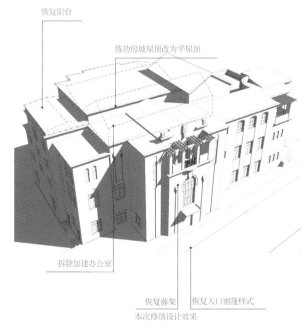

恢复阳台

练功房坡屋顶改为平屋顶

拆除加建办公室

恢复藤架　　恢复入口雨篷样式

本次修缮设计效果

24-9　立面的历史考证、现状分析以及远期修复目标

24-10　修复后的北立面主入口，许一凡摄，2015

This is an early modern-era building with partial Art Deco features. The façade is covered in beige plaster with Art Deco architrave details. Its gently sloping roof was thoughtfully integrated with the terrace. The interior spatial layout of the building primarily serves to meet the functional needs, with a classic and gorgeous foyer. The spaces are generously lit by natural light. The most characteristic of all are the multi-colored terrazzo floor, the delicate crown moldings, and the Art Deco style light fixtures.

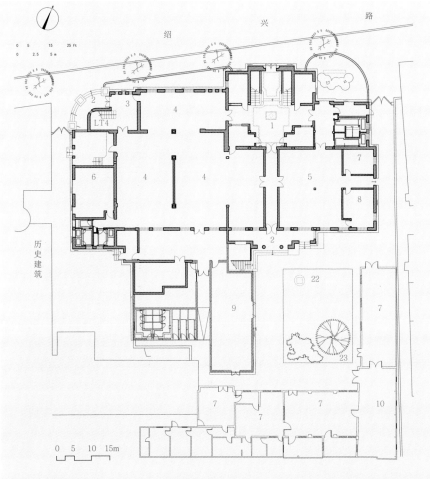

绍　　兴　　路

历史建筑

24-11　一层平面

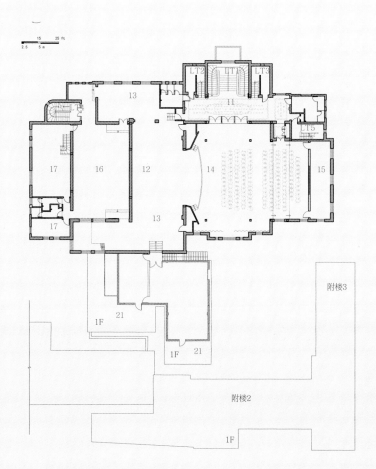

附楼3

附楼2

24-12　二层平面

24-13　一层门厅和二层前厅修复详图

1 门厅（重点保护部位）	10 工会活动室	19 多功能厅
2 门廊（重点保护部位）	11 前厅	20 更衣室
3 次门厅	12 舞台	21 露台
4 昆曲艺术陈列室	13 侧台	22 庭院
5 艺术沙龙/多媒体厅	14 排演厅	23 保留白玉兰大树
6 基金会接待室	15 控制室	LT 重点保护楼梯
7 办公室	16 后台	
8 会议室	17 化妆间	
9 布景间	18 练功房	

24-14 三层平面

24-15 修复后的一层门厅，陈伯熔摄，2015

24-16 修复后的二层门厅，2015，华建集团提供

空间功能与优化：兼顾保护利用

1.兼顾保护利用的空间功能优化与流线梳理

经修缮调整后，建筑功能主要为办公、排演、展示等内容。一层设有昆曲艺术陈列室、艺术沙龙及多媒体厅等展示空间；二层为可容纳180座的小型人声表演观摩排演厅、舞台、后台、观众休息前厅及贵宾席；三层为排练厅。院内设辅房主要是办公区、布景间及荷载和噪声较大的新增设备机房，减少对历史建筑本体的影响。

2.再现文化遗产的格局装饰传承特色

本次保护修缮重点考证复原了一层门厅及南北门厅衔接走道的历史原有通透格局，拆除了搭建物，采用最小干预的方式修复了彩色相拼水磨石地坪历史原物，复原了顶棚和侧墙的装饰线脚，根据历史样式定制复原了原有内门窗。

该楼建成时室内公共区域楼地坪均为现浇彩色水磨石面层、异色相拼，主要有红色、黑色、白色和米色，分布在楼梯间、入口门厅、走廊、一楼前厅等部位。20世纪90年代，部分楼地坪上另铺瓷砖或地板，原饰面局部损毁严重。本次保护修缮过程中，对保存完好的区域，整体做了保护清理；对局部缺损的区域，局部进行了修补；对损坏严重的区域，采用整体复原的工艺进行了修复。

24-17 修复后的二层排演厅，2015，华建集团提供

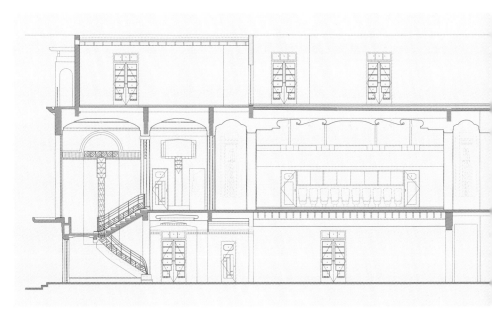

24-18 二层排演厅和大楼梯间修复剖面

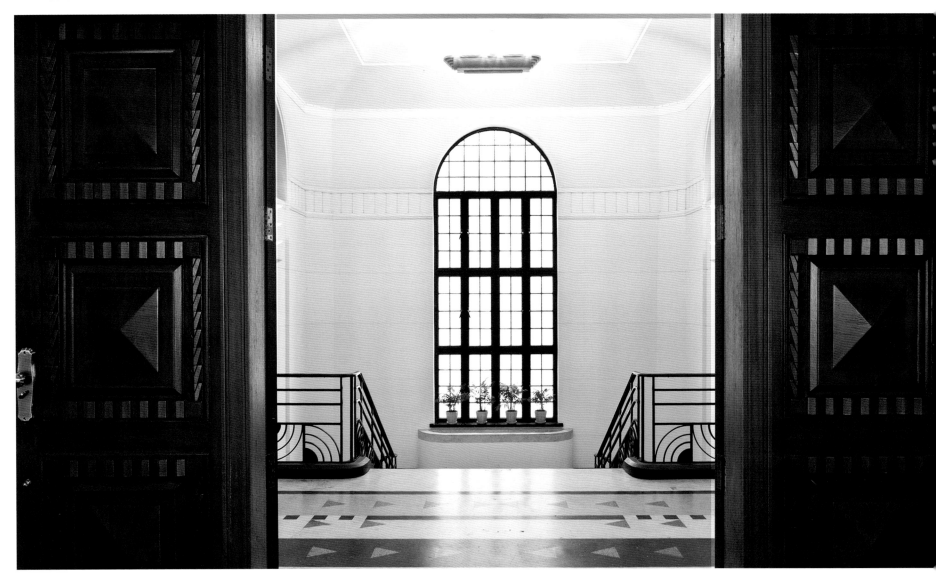

24-19 从排演厅看前厅，近景是参考历史样式定制复原的隔声门，2015，华建集团提供

现场取样 → 实验室分析 → 施工现场剥出面层 → 制定修复方案及修复试样

南立面现场钻芯取样　　钻芯取样实验室分析　　施工现场剥出层面，发现原外墙饰面大面积酥裂及不同程度剥落　　根据外立面现状保存情况，制定整体重做饰面的施工方案，并在阳面制作多色配比修复试样

24-20　外墙材料检测与修复试样

整体保护的彩色水磨石楼面　　局部修补的彩色水磨石地坪　　根据历史图纸及原工艺考证后整体复原做的彩色水磨石地坪

24-21　不同干预程度的修复工艺比较，郑宁摄，2015

　　二层前厅是整幢建筑室内空间的精华之一，带彩色水磨石踏步面及铸铁镂空栏杆的大楼梯、弧拱形大玻璃窗、孟莎式折坡弧拱形顶棚、异色相拼的彩色水磨石楼地坪、侧墙与顶棚的装饰线脚，以及船形吊灯和半圆形壁灯等，保存基本完好。遗憾的是，在1991年的改造中，前厅入口及侧墙线脚被改造为低矮门扇及欧式山花，侧墙窗洞加装了磨砂玻璃。

　　保护修复工作重点复原了前厅格局与装饰，完整保护历史原物，结合人声表演与防火设计要求，参考历史样式设计定制了隔声防火实木门，巧妙地将历史图纸上入口门两侧的边门（今已不存）改造为壁龛，张贴演出信息。在原位脱模定制复原了大楼梯侧墙圆拱形窗洞下方的半圆形壁灯。

　　保护修复设计还整体复原了排练厅的开敞空间格局、台口特色装饰，优化了舞台及后台的流线布局。结合人声表演艺术的要求，对排练厅的声学性能进行了整体优化与提升。新增设备如空调送回风口、消防喷淋等均结合装饰进行了隐蔽安装。

真实性与可识别性兼备的保护修复技术与工艺

1.重点保护部位的价值把握与技术实现

　　对历史建筑的要素考证贯穿了保护修缮周期的整个设计与施工过程，经过缜密考证与精心复原，尽可能挖掘并展示重点保护部位的"年代价值"，使建筑细部具有可读性和可识别性。

2.外墙浅米色抹灰面层、水平划格仿石饰面的修复过程

　　施工中在铲除旧加面层时，发现原外墙饰面已大面积酥裂，无法进行原物完整保护，设计参照原样做法，整体重做基层，饰面做浅米色涂料、水平划格仿石。

　　同时，在建筑各主要入口及西南角露台处，均原位原样原物原工艺保留修缮了历史原有的浅米色混合砂浆饰面外墙局部，并配以历史信息展示铜牌，以供记录和比较。

3.室内现存特色彩色水磨石楼地坪的保护修复

　　昆剧团大楼的彩色水磨石地坪为镶边工艺、异色相拼的水磨石饰面，其单色块面积小，且无金属分格线，

24-22　结合历史照片与图纸复原葡萄架景观构件，许一凡摄，2015

24-23　修复壁灯和在拱券内参考历史样式新增的安全防护栏杆，2015，华建集团提供

24-24　修复后的楼梯

24-25　修复后的装饰艺术风格弧形楼梯，2015，华建集团提供

24-26　西北门厅在施工现场剥出后紧急保护修复的花饰及雕饰，郑宁摄，2015

因此修补施工工期长，修补工艺工序更为繁杂。后期因装修而被损坏、需要修补的水磨石饰面最薄处仅有几毫米宽。对其修复，首先按原地坪的颜色做小样，并用天平称出骨料与颜料的重量配比；然后清洗原地坪灰尘，于不规则裂缝处，用小榔头轻轻敲击钨钢针，使缝宽2~3mm，深5mm；用胶水加纯水泥满刷缝口；选用同色号、同粒径的骨料加颜料粉加水均匀搅拌；用小铁板把拌制成的骨料填入缝内，用小铁板向下即压、即拍，把水泥浆拍出来；找出漏缺的骨料处再补骨料，等3~5分钟后再用铁板把水泥浆拍出来；经养护、精磨与拼色，最后进行抛光打蜡。

通过这样的局部修复，可以分辨哪些水磨石是历史原物，哪些是后期修补，使楼地坪饰面兼具整体性与可读性，使建筑的年代价值得以呈现。

4、特色大楼梯的保护修复

建筑入口门厅原有的大楼梯为彩色水磨石踏步、铸铁镂空栏杆、铜质扶手，配以几何曲线的装饰线条，淋漓尽致地体现出装饰艺术风格的优雅气派。对大楼梯的保护修复，经打磨、除锈、防锈、上漆等工艺，原汁原味地保留了原有特色金属构件与饰面，仅对局部缺损处进行必要的清理与修补，营造出具有岁月积淀的历史氛围。对楼梯间内必要的安全防护护栏的添加，也采取了相近的历史形式，以整体协调为设计原则。

当繁华深处的老房子遇到传承悠久的非物质文化遗产，惟愿其能如同昆曲艺术一般生命常青，优雅而有尊严地走向未来。

主要设计人员：

张皆正、陈民生、郑　宁、付　涌、周　琰、徐中凯、陈祖彪、陈奇顺、董洪伦、夏　媛

The restoration of the building façade reflects the historical value of the building. With the aim to preserve, the interior spatial layout has been optimized, and the spatial sequence has been reorganized. The restoration project is a delicate balance between the functional needs of the Kunju Opera Troupe to rehearse and to promote its elegant intangible cultural heritage, and physical improvement of the building's envelope, performance, and its MEP systems. Especially worthy of note is that the careful restoration of the primary spaces such as the foyer, hall, rehearsing hall, staircase resulted from thoughtful analysis of the architectural heritage, specifically spatial layout and decorative details.

参考文献：

[1] 郑宁、付涌、张皆正、陈民生. 非遗与物遗的对话——记上海市绍兴路9号大楼保护利用工程 [J]. 建筑学报，2015(7)：104-108.

25 宝庆路3号住宅 Residence on No. 3 Baoqing Road

原名称：周宗良旧居

现名称：上海交响音乐博物馆

原设计人：华盖建筑师事务所

建造时期：2、5号楼建于1925年，1、3号楼建于1936年

地　　址：上海市宝庆路3号

保护级别：上海市徐汇区文物保护点

保护建设单位：上海地产（集团）有限公司

保护设计单位：华建集团历史建筑保护设计院

保护设计日期：2015-2017年

一、历史沿革

宝庆路3号始建于1925年，占地约4750m²，原为德商住宅，早期仅有2号主人楼和5号管家楼。1930年前后，染料大王周宗良购入此房产，并于1936年邀请华盖建筑师事务所对其进行了改扩建设计——新建1号客厅楼、3号楼和改建2号楼南立面。1948年周宗良去往香港，房屋由其子女托管。2006年，经拍卖，上海地产（集团）有限公司购得宝庆路3号。

二、建筑概况与价值评估

宝庆路3号地处上海市衡山路-复兴路历史文化风

新建部分　历史建筑本体
1　1号楼
2　2号楼
3　3号楼
4　4号楼
5　5号楼
6　新建连廊
7　主入口
8　后勤入口
9　花园

25-2　宝庆路3号总平面

25-3 2号楼修缮前南立面，王天宇摄，2015

25-4 1号楼修缮前北立面，王天宇摄，2015

25-5 南花园，纪录片《外公的客厅》，2013

25-6 2号楼修缮前南立面，王天宇摄，2015

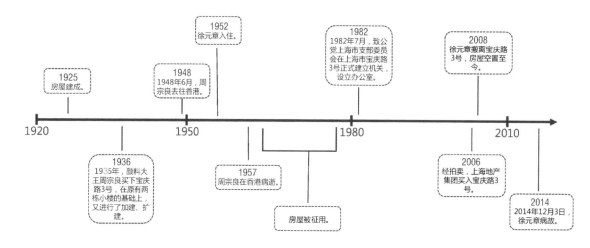

25-7 宝庆路3号房屋历史沿革

貌保护区内，是一处带有上海近代花园洋房特色的近代建筑群。

空间布局特色

宝庆路3号建筑群单体建筑布局在场地北部，既相互独立又具有联系，建筑风格由于建成年代和业主喜好而有所差别，建筑入口曲径通幽且分主人入口和佣人入口两条流线；场地南部为巨大的绿化庭院和活动场地，且配备冬季种植所需的花房（已毁）。

建筑设计的时代背景和建筑特色

2号楼（主楼）和5号楼（车库、管家楼）是场地内最先建造的房屋，建于1925年，原为德商住宅。1920年代法租界扩界后大量花园住宅兴起，德商按当时流行的花园住宅形式建造，配以彩色玻璃窗、鹅卵石外墙面、转角扶壁柱等做法。

1号楼的设计时间为现代主义风格在上海流行时期，建筑采用了现代主义风格，工整的平面、装饰简洁、釉面砖外墙等都体现了现代主义风格特征。

3号楼虽与1号楼同为1936年设计，但因其与2号楼相连通，故而采用与2号楼相同建筑风格。作为"子女楼"在装饰细部和材料应用上均有所简化，外墙也采用了黄沙水泥粉刷而非卵石饰面。

价值评估

1.历史价值

宝庆路3号作为近代"颜料大王"周宗良的住宅，代表了近代华人买办及其阶层的社会地位、经济能力和生活方式等，是研究上海近代历史的重要信息和实证。

其设计单位华盖建筑师事务所是近代中国最为著名的华人建筑事务所之一，作为该事务所将现代主义风格应用于住宅的设计作品之一，为近代建筑史的研究也提供了重要实证。

Residence on No. 3 Baoqing Road was built around 1925. Originally a German-owned residential building, it occupies an area of about 4,750 square meters. In the early days, there was only the No. 2 owner's building and No. 5 butler's house. Around 1930, a business tycoon in the dye industry, Zhou Zongliang, purchased the property. In 1936, Allied Architects, one of the more famous Chinese architecture firms in modern China, was invited to renovate and expand the property, including the new No. 1 living room building, No. 3 building, and the reconstruction of No. 2 building's south façade. The firm applied a modernist style to the design of residential building.

25-8 5号楼主入口改造后，邵峰摄，2017

2.艺术价值

宝庆路3号建筑群融合花园住宅、现代主义等建筑风格，其铅条彩色玻璃窗、室内装饰、现代主义造型和釉面砖等设计手法，都体现了其不同建造时期的艺术审美情趣。

3.科学价值

宝庆路3号设计布局紧凑、功能合理、流线清晰。建筑物紧贴北侧布局而南面留出大片花园，适应气候特点，空间关系合理。

建筑内部设施如热水汀、抽水马桶等设备先进，装饰用料考究，外墙釉面砖、陶瓷锦砖地坪等都具有时代特色。

4.社会价值和文化价值

宝庆路3号是上海近代花园住宅的代表，无声的建筑同时映射了人们关于近代豪门与买办家族的记忆。从"颜料大王"周宗良到其女婿"茅盾文学奖"作家徐兴业，再到外孙水彩画家徐元章，建筑承载了近现代上海人的记忆、情感以及这段历史和生活方式的变迁，具有反映时代变迁特征的社会和文化价值。

三、保护设计前存在问题

建筑功能由住宅转变为公共建筑，对功能流线设计、历史风貌传承、消防和安全性能、使用舒适度等方面都提出了更高的要求。

结构问题

20世纪50年代后建筑作为杂居住宅使用，内部格局和建筑外立面均受到破坏。2007年起至修缮前建筑空关近十年，风雨侵袭等加剧了建筑的损坏和劣化，修缮前建筑主体结构虽基本完整，但木构架遭受白蚁侵蚀，建筑外墙饰面局部空鼓、脱落、屋面渗漏、地垄墙楼地面局部塌陷，几个既有建筑单体均存在不同程度的损坏甚至安全隐患情况，无法满足公共建筑使用要求。

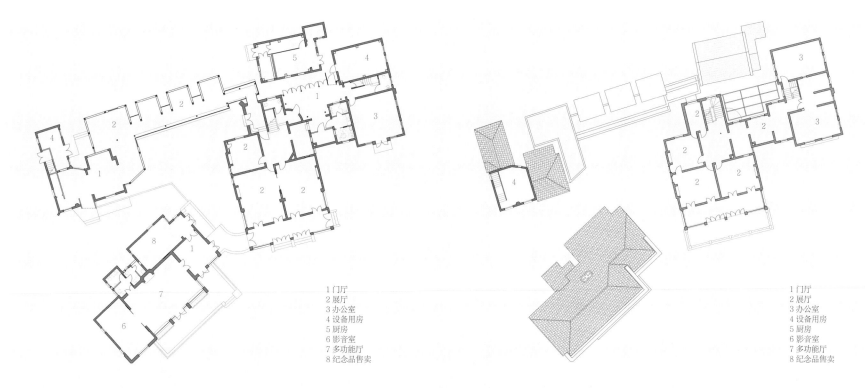

1 门厅
2 展厅
3 办公室
4 设备用房
5 厨房
6 影音室
7 多功能厅
8 纪念品售卖

25-9 一层平面图

1 门厅
2 展厅
3 办公室
4 设备用房
5 厨房
6 影音室
7 多功能厅
8 纪念品售卖

25-10 二层平面图

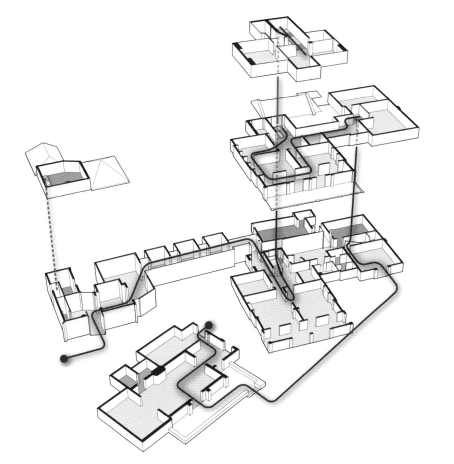

25-11 博物馆流线图

建筑综合性能问题

建筑功能由住宅置换为博物馆，对消防和机电有了较高要求。历史建筑部分为砖木结构，楼地面、屋架和楼梯大多为木构，不满足博物馆建筑的二级耐火等级要求，木楼梯疏散宽度同样不满足公共建筑疏散要求；机电方面，在不破坏历史建筑风貌的前提下配合消防、安防和展陈需求，提升使用舒适度。

Since then, the building function has shifted from residential to public use, which has different, and in some cases stricter, requirements for its functional and circulation design, maintenance of historical heritage, fire safety and safety performance, and ease of use. The design, based on the principle of authenticity and integrity of the original building, grants the newly added part its self-identity, which is organically integrated with the original building. Incorporating the functional requirement of modern exhibition and display, historical contexts were inherited in the course of the adaptive reuse so that preservation and reuse are interdependent.

四、保护设计技术要点

设计在保持原有建筑真实性、完整性的基础上，使新增部分也具有自我身份识别性，并与原有建筑有机融合。结合现代化展陈展览功能需求，在合理利用中传承历史文脉，使保护与利用互为依托、相互依存。

设计以极其严谨和负责的态度，通过历史考证和价值评估，经过多次专家论证，恢复建筑历史风貌和装饰特色；对于庭院绿化和景观环境等也进行了精心整治和梳理，恢复了近代花园洋房院落风貌；在保护建筑重点部位的基础上，加固修缮建筑主体结构，消除安全隐患；隐蔽增加必要的现代化设备设施，提升建筑消防性能和使用舒适性能，满足当代使用需求。

新建连廊

结合现代化展陈展览功能需求，设计新增轻巧通透的展廊连通原本散落的几个建筑单体，实现展览参观流线的完善。新建连廊采用板柱结构体系，以实现轻巧通透的空间效果；位置尽可能向北面退让，以保留原院落空间和主楼建筑西立面别具特色的空间形象；利用大片玻璃窗面向花园景观，使用折板建筑语言、屋面及墙面垂直绿化将建筑体量消隐于景观绿化，融入原有院落空间中。通过耐候钢板使新增部分也具有自我身份识别性，并与原有建筑有机融合。

历史建筑保护修缮措施

历史建筑修缮部分按照《上海市文物保护条例》等相关条例，并经过多次专家论证，在保护建筑重点保护部位的基础上，满足当代使用需求。

修缮设计通过历史图纸分析比对、三维扫描测绘、房屋质量检测、完损状况与价值评估确定方案，针对较有特色的部分，如卵石外墙面、面砖和陶瓷锦砖外墙面、水刷石外墙饰面、钢门窗、木门窗、铅条彩色玻璃窗等以清洗和修复为主、原样翻做为辅进行了重点修复，经过数次试样比选最终确定，修复效果力求协调统一的同时兼顾修复的可识别性。

结构加固措施

设计局部采用单面钢筋板墙加固措施提升外墙承载力，消除安全隐患；屋面遵循荷载不增加的原则，对木屋架进行加固修缮处理；基础采用改性聚酯注浆加固技术，消除近距离开挖带来的安全隐患，并提升基础的防潮性能。

25-12 新建连廊，邵峰摄，2017

25-13　2号楼南阳台修缮后，邵峰摄，2017

安全性能提升与机电管线及末端隐蔽措施

因功能转换，需增添大量消防、空调和电气的管线和末端设备，需设计结合各空间不同情况布置。历史建筑部分有大量木构部分，如楼地面、楼梯等，有较大消防安全隐患，经消防局与机电专家等多方论证，采用局部水幕冷却与喷淋相结合、设置消防水泵房、重点房间结构托换等方式提升防火性能；空调新风方面，采用外饰面与木门窗一致的木材质的地柜式空调结合窗台、展柜等协调布置，新风排风利用原壁炉烟囱、门上高窗等隐蔽位置灵活布置；烟感、喷淋等消防设施与翻做顶棚准确定位，多设置在顶棚中心线（点）等；新建部分因层高有限，强弱电线采用结构板内预埋形式等。多重形式结合，力求最大化还原历史建筑风貌、节省新建部分层高。

修缮后的宝庆路3号作为国内第一家以交响音乐为主题的博物馆使用，与毗邻的上海交响乐团、上海音乐学院相得益彰，为音乐爱好者提供参观、观演的连续性体验，成为上海近代花园住宅保护修缮和合理利用的又一典型案例，发挥了历史建筑更大的社会文化价值，为上海城市文化生活锦上添花。

The restoration and renovation process were mainly composed of analysis of historical drawings, 3D scanning and mapping, building inspection, damage and value assessment, and establishing of a preservation program. The restoration focused on relatively unique elements such as the pebble exterior wall, tile and mosaic exterior wall, water-brushed stone exterior wall finishes, steel doors and windows, wooden doors and windows, lead strip stained glass windows. The project included cleaning and repairing as the main approach, supplemented with the reproductions of the original, which were selected from a series of sample tests in order to balance the consistency and identifiability. For interior spaces included in the preservation program, the restoration concerns reasonable reuse under the principle of preservation, which includes the elements such as colored tiled floors, fireplaces, wooden stairs, and ceilings. The design of accessory elements such as furniture intends to hide air conditioning and exhaust units. For rooms not included in the preservation program, elements with unique significance were preserved, respecting history without deliberately reproducing it, and designing new ornaments that meets the functional need. In light of

25-14　后勤通道，邵峰摄，2017

25-15　2号楼西立面修缮后，邵峰摄，2017

25-16　2号楼西立面彩色玻璃窗修复后，邵峰摄，2017

the requirement of modern exhibition and display, a new lightweight and transparent corridor gallery was designed to connect the building units that were originally scattered, thereby streamlining the spatial movement of the exhibition. The newly built corridor adopts slab-column structure to achieve a lightweight and transparent spatial effect; its position is retreated to the north as much as possible to preserve the original courtyard space and the distinctive appearance of the west façade of the main building. It also used large glass windows to view the garden landscape. The architectural language of folding panels, green roofs, and vertical gardens on walls made the building volume fade into the surrounding landscape and blend with existing courtyard space. The newly added part is further distinguished through the use of weather resistant steel plates while organically integrating with the original building.

25-17　2号楼室内修缮后，邵峰摄，2017

25-19　2号楼主楼梯修复后，邵峰摄，2017

25-18　2号楼室内门厅修缮后，邵峰摄，2017

主要设计人员：

沈　迪、卓刚峰、宿新宝、王天宇、邹建国、
沈忠贤、唐晓辉、常谦翔、徐　婧

参考文献：
[1] 徐元章，徐元健，张秀莉，廖大伟. "颜料大王"周宗良的
家居生活 [J]. 史林，2004(B12)：70-72.
[2] 程乃珊. 上海宝庆路3号（下）[J]. 建筑与文化，
2005(01)：81-85.
[3] 赖德霖. 近代哲匠录 [M]. 北京：中国水利水电出版社，
2006.

26-1 南立面修复后外景，张皆正摄，2013

26 震旦女子文理学院教学楼 Aurora College for Women

原名称：震旦女子文理学院、震旦女子中学教学楼

现名称：向明中学老教学楼

原设计人：邬达克洋行（L.E. Hudec Architect）

建造时期：1937年设计，1939年建成

地　　址：上海市卢湾区长乐路141号

保护级别：上海市卢湾区登记不可移动文物

保护建设单位：上海市向明中学

保护设计单位：现代集团历史建筑保护设计研究院

保护设计日期：2010-2012年

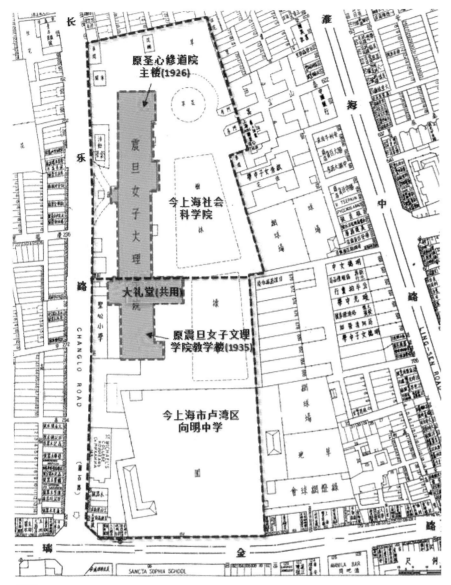

26-3　老教学楼与礼堂南立面历史照片，引自《上海邬达克建筑》[1]

26-4　震旦女子文理学院全景历史照片，引自《上海邬达克建筑》[1]

　　震旦女子文理学院校区范围　　　　　震旦女子文理学院旧址文物范围

26-2　总平面示意图，底图为行号路图录，1944-1947

一、历史沿革

老教学楼与礼堂初建

　　向明中学老教学楼与礼堂即原震旦女子文理学院的教学楼和体育馆，是紧邻原圣心修道院主楼西侧的扩建部分，建筑师邬达克（Ladislaus Edward Hudec，1893-1958）于1937年设计，1939年4月举行落成典礼。

　　1926年，美国天主教圣心会请赉安洋行（Leonard-Veysseyre-Kruze Architects）在长乐路东侧设计建造圣心修道院，1937年，圣心会创办教会学校，为避免向政府另外立项，利用震旦大学名义，成立震旦女子文理学院，紧邻修道院主楼西侧扩建体育馆和教学楼，修道院与学校合二为一，同期创办附属女中。1951年，震旦女子文理学院附属中学与震旦附中高中部、震旦附中初中部合并成为震旦附中，1952年转制更名为"向明中学"，使用1937年震旦女子文理大学扩建部分作为教学楼。中共中央华东局党校于1952年1月迁入原圣心修道院主楼部分，1954年更名为中共中央直属第三中级党校，后改名为中共上海市委党校，1978年，上海社会科学院迁入，作为上海社科院总部使用至今。

　　原震旦女子文理学院教学楼在1937年设计之初便有与修道院主楼相连的室内通道，几十年后，历史原因造成了如今向明中学和社科院共同使用该大楼的现状。建筑于2004年2月公布为卢湾区登记不可移动文物（卢文[2004]10号），其不可移动文物范围包括向明中学内的老教学楼和上海社科院内的社科院大楼两部分。

26-5 教室历史照片，引自《震旦女子文理学院卅七年纪念册》[2]

26-6 学生餐厅历史照片，引自《震旦女子文理学院卅七年纪念册》[2]

26-7 休息室历史照片，引自《震旦女子文理学院卅七年纪念册》[2]
（Blue Room）

26-8 大礼堂历史照片，引自《震旦女子文理学院卅七年纪念册》[2]

老教学楼历次改建

20世纪60年代，原体育馆改建为大礼堂，并在大礼堂与东西向中段交接的扇形休息厅上部加建一层办公用房，拆除一层原悬挑弧形混凝土雨篷；同时期，当时合用大礼堂的中共上海市委党校对大礼堂外围进行加建，形成东、西、南三侧疏散门厅和南侧二层楼座的格局。

20世纪60至70年代，建筑北侧底层窗户被封堵，搭建临街商业用房。

20世纪70年代，建筑西侧空地上兴建了与之相接的新教学楼（现已拆除）。

20世纪80年代末20世纪90年代初，拆除建筑中段四层屋顶露台带状钢筋混凝土雨棚。

20世纪90年代后，向明中学先后对底层室内、大礼堂和扇形休息厅以及四楼教师办公区进行了修缮，扇形休息厅室外加建钢结构玻璃雨篷。

The old school building of Xiangming High School, formerly used as the school building and gymnasium for the Aurora College for Women, was designed by Hungarian architect László Hudec in 1937 and completed in April 1939. The building is located west of the main building of the Convent of the Sacred Heart designed by Leonard, Veysseyre & Kruze Architects in 1926. When first designed in 1937, the original Aurora College for Women school building had indoor access to the monastery's main building. Decades later, historical reasons led to the current situation of the gymnasium (turned into an auditorium at that time) to be shared by the Xiangming High School and the Academy of Social Sciences. With the founding of New China in 1949, Aurora College for Women declared independence from the Aurora University. In 1952, during the restructure of colleges and universities throughout the country, the College was merged with Aurora high school and became the Xiangming High School. The school premise remained at the location of Aurora College for Women.

26-9 西立面拆除搭建过程，付涌摄，2011

26-10 修缮后的西立面，付涌摄，2012

二、建筑概况

向明中学老教学楼位于长乐路、瑞金一路东南角。地上4层，局部5层，钢筋混凝土结构。建筑主体高17.5m，占地面积1989m²，建筑面积7130m²。

作为震旦女子文理学院的文化遗产，向明中学老教学楼承载了中国近代天主教创办的女子高等教育的历史渊源，意义重大；邬达克的建筑遗产又是上海近代建筑文化的重要组成部分，其历史价值不言而喻。

该建筑为早期现代主义建筑风格，局部带有装饰艺术特征。建筑外墙延续既有建筑圣心修道院外墙轮廓，立面简洁，根据教学楼需要开大面积横向长窗，其设计从建筑造型、平立面构成到流线组织，皆遵循以人为本的功能主义，不囿于相邻既有建筑的设计语言，限制中富有变化，反映了近代上海在现代化进程

中的探索和追求，具有鲜明的时代特征，体现了与时俱进的时代精神。

本次修缮设计范围包括向明中学老教学楼（原震旦女子文理学院教学楼）外立面及建筑内部修缮。建筑修缮标准参考《上海市历史文化风貌区和优秀历史建筑保护条例》中二类保护要求：建筑的立面、结构体系、基本平面布局和有特色的内部装饰不得改变，其他部分允许改变。

外立面是重点保护部位，对其修缮遵循修旧如旧的原则，仔细考证的外立面色彩后对外立面进行恢复。

拆除历年来的添加物及屋面上的搭建部分，包括门厅夹层；复原大礼堂向明中学部分的进厅；恢复原有电梯。

The building had experienced great changes over the course of 80 years; three floor-to-ceiling large windows inside the former gymnasium had been blocked; the bright and spacious gymnasium had been turned into an auditorium shared by two institutions; and the northern facade along Changle Road had been built into a row of storefronts. Including the north entrance of the building, the entire ground floor of the northern façade was blocked by added shop spaces. The west façade was blocked by a four-story school building which was built in the 1970s. The interior had been filled with added structures and a suspended ceiling. Except for the two terrazzo stairs and some terrazzo floor, it was difficult to identify the original appearance of the building.

26-11 修缮后的北入口，付涌摄，2012

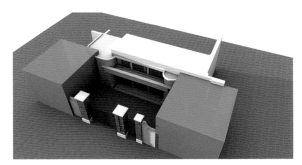

26-13 北入口模型推敲

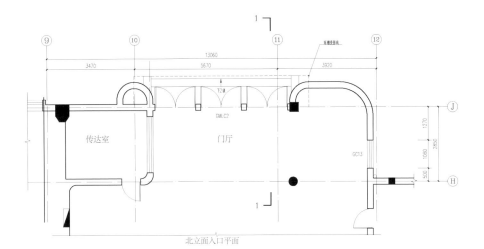

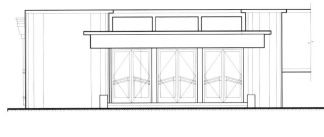

北立面入口立面

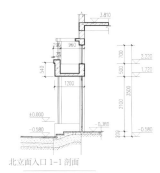

北立面入口1-1剖面

26-12 北立面入口详图

三、保护设计前存在问题

大礼堂由向明中学和上海社科院两家单位共用，三面落地大窗被封堵；建筑沿长乐路的北立面外被加建出一排商铺，包括建筑北入口在内的一层北立面均已经被加建商铺封堵，20世纪70年代在建筑西侧加建一座4层教学楼将老教学楼的西立面全部封堵；室内吊顶、隔墙等后期搭建众多。因而，外立面和建筑内部修缮成了保护这栋大楼最主要的设计任务。

四、保护设计技术要点

在有充分依据和把握的前提下，对仍在使用中的文物建筑进行外立面复原，是符合文物保护法精神的。向明中学老教学楼修缮项目的对策是，通过与历史图纸和历史照片的严格对比分析，重点修缮大礼堂的东、南、西三面，建筑西立面以及建筑北立面一层原遮蔽部分，提出相应的修缮设计方案以供查清产权，拆除搭建之后的复原修复。同时，对建筑的其他立面进行保护，拆除立面的空调管线，修缮原有门窗，力求全面恢复大楼的历史原貌。

外墙材质和色彩复原

由于建筑外墙面粉刷层经过多次覆盖，其历史原状的色彩及材质在现阶段难以确切考证。据一些20世纪50年代向明中学老校友回忆，该建筑外立面的历史材质为淡黄色抹灰砂浆面层，表面略微有些毛糙。该面层已被现状粉刷层覆盖，但在现场踏勘中被成功剥离出来。

考虑到淡黄颜色的选用也能让建筑较好地与周围环境风貌相协调，欲选用的淡黄色抹灰砂浆面层做法替代现有淡红色涂料面层。遗憾的是，因为校区其他建筑已经选用了较深的土黄色外墙饰面，为了校区风貌的统一，最后还是采用了跟校园其他建筑一样的外墙色彩。

26-14 大礼堂门厅历史照片，引自《震旦女子文理学院卅七年纪念册》[2]

26-15 修复后的大礼堂门厅，付涌摄，2012

26-16 教室内廊历史照片，引自《震旦女子文理学院卅七年纪念册》[2]

26-17 修复后的教室内廊，付涌摄，2012

施工过程中的西、北入口考证性复原设计

向明中学老教学楼使用过程中遭受到的最大程度的破坏无外乎西、北两处出入口的封堵破坏，其复原设计也极具挑战性。因为两处对应的历史照片相当模糊，而历史图纸并非最终竣工图，故不能作为严格的复原设计依据。为此，我们先通过对历史图纸和历史照片的仔细比对分析，绘制出复原设计图纸，然后密切跟踪现场拆除工作，及时对现场情况进行测绘记录，修正保护复原设计。

外门窗修缮技术措施研究

建筑外立面门窗均于20世纪90年代末按历史样式替换，现状较差，热工性能较低。设计通过结合历史与现状照片，对钢窗的截面尺寸、分格规律和组合样式进行统计分析，并结合历史照片资料、现状门窗分格状况和现场实测窗洞尺寸，从材质、尺寸、分格形式三方面，按历史样式复原建筑外立面钢窗样式。

同时，因为建筑现状钢门窗并非历史原物，且保存质量较差，难以通过改造提升其保温性能，故借此次修缮时机，将所有门窗按历史样式选择优质钢材重新定制，采用5+6+5透明低辐射中空玻璃，并新增密封条隐蔽设置于框扇之间，以提升门窗的气密性及保温性能。对疑为历史原物的五金件拆卸后编号保护，修复后原位安装。缺失的五金件按相同部位原五金件金相、尺寸、样式等重新开模翻制。

内部环境整饬和细部复原

向明中学老教学楼的内部空间原本就比较简易。本次内部整饬策略分为两点：对水磨石大楼梯及水磨石地坪等重点保护的部位严格执行保护要求，结合历史图纸和历史照片努力进行复原；对需要更新设计的部位，审慎地选用设计手法进行重新设计，以求更新部分的室内空间感受能与重点保留部位取得合理的内在逻辑。

两部水磨石大楼梯是整栋建筑的设计精髓，保留并修复原楼梯踏步的水磨石地坪、铁艺栏杆。将护墙的面砖改为浅米色内墙乳胶漆，从色彩上可以和黑色铁艺栏杆、黑色钢窗相协调。楼梯平台多有后期加建墙体，严重影响了楼梯空间的表现，予以拆除。恢复北入口后，建筑一层门厅得以南北贯通，根据历史照片和现场拆除

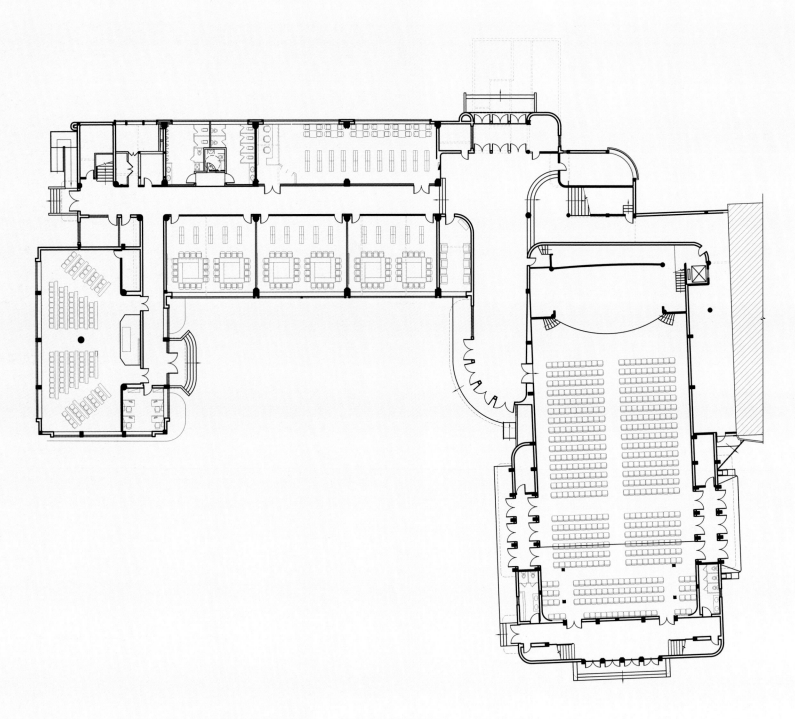

26-18 底层平面图

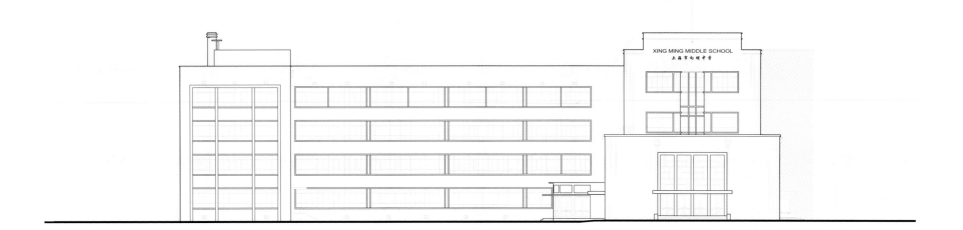

26-19 南立面图

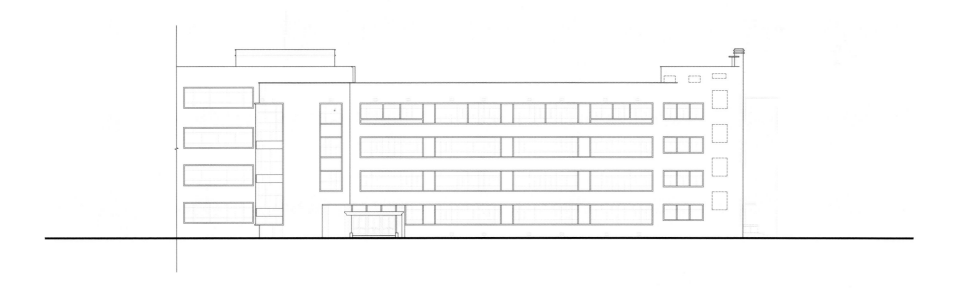

26-20 北立面图

26-21　修复后的水磨石台阶踏步，付涌摄，2012　　26-22　修复后的席纹木地板，付涌摄，2012

26-24　修复后的室内走廊环境，付涌摄，2012

26-23　修复后的室内吊顶，付涌摄，2012

Through on-site removal of some surface layers and discussions with elderly school alumni, the color and material of historic building façade were well researched. Unfortunately, the restoration was not implemented because the façade color was required to be consistent with other buildings on campus. In the meantime, according to historical drawings, traces emerged through on-site demolition, and judgement made by specialists, the north and west entrances, which were buried and blocked over the years, were restored to the building's original design. By comparing historical photos with photos of current conditions, sectional patterns, sub-gird logics, and combination styles of steel windows were categorized. With the additional help of historical archival images, sub-grid style of existing doors and windows, and the actual window size measured on site, the steel windows on the building facade were restored according to historic style from the aspects of material, size, and sub-grid pattern. Restoration of interior space followed two principles. Firstly, the primary preservation areas, such as terrazzo stairs and terrazzo floor, were to be strictly in line with the preservation requirements and restored based on historical drawings and photos. Secondly, for areas that required rehabilitation design, selected design approaches were contemplated in order to retain the inherent logic achieved in the primary preservation areas and to amplify it in the rehabilitated interior space.

26-25 修复后的室内特色栏杆扶手，付涌摄，2012

21-26 修复后的弧形彩色玻璃窗，付涌摄，2012

痕迹复原了礼堂入口北侧墙面原有精美的Art-deco装饰风格线条。

20世纪60年代在大礼堂南侧增加的二层楼座使原建筑通透的落地长玻璃全部被拆除，原室内风格荡然无存。本次修缮恢复了具有邬达克特征的建筑语言，将二层楼座的围栏两端改建为圆弧形，栏杆改为简洁的铁艺花饰，落地长玻璃分割语言运用到两侧墙面的软包分割，地坪采用生态环保的软木地板，局部进行格纹拼花，减少声波传递，结合现代的灯光，营造庄重优雅的氛围。建筑二层东翼的Blue Room（蓝厅）在许多文献资料中多有提及，原为一间高规格的接待室，设计根据历史照片和以前学生的回忆，仍然将其复原为向明中学的校史陈列和接待用房。

向明中学老教学楼修缮工程结合业主在使用功能和结构安全等方面的需求，对文物建筑的历史沿革和风貌进行了全面的研究，并在条件允许的范围内最大限度了恢复了建筑的外观与室内环境。正值向明中学110周年校庆，老教学楼的修缮完成，为这座百年老校辉煌历史和上海教育发展史的传承提供了可靠的依据。

合作设计单位：
上海美达建筑设计事务所（机电、室内装饰）

主要设计人员：
张皆正、陈民生、付　涌、
刘厚华、黄　伟

参考文献：
[1] 上海市城市规划管理局，上海市城市建设档案馆编. 上海邬达克建筑 [M]. 上海：上海科学普及出版社，2008.
[2] 张赐琪. 从修道院到社科院的历史见证 [J]. 中国天主教. 2009，Vol.4.

后记

历经三年多的编写，凝聚着华建集团所有从事历史建筑保护设计同仁心血的《共同的遗产2》即将出版了。编委会反复甄选的自2006年以来由华建集团承担的26个近代历史建筑保护和利用修缮项目，在历史建筑保护、利用和设计方面都具有一定的代表性，项目本身也具有相当社会影响力。所以，该书的出版是华建集团在历史建筑保护设计智慧和经验的结晶，也在一定程度上反映了近年上海近代历史建筑保护和利用方面的研究和设计水平，更是为了总结、提高和传承华建集团历史建筑保护修缮方面的设计理念和方法，为弘扬和传承上海的建筑遗产做出应有的贡献。

本书是在总结26个近代历史建筑保护和利用工程项目的基础上，申报了华建集团的科研课题，成立了编委会，组织各项目原主要设计人员对设计成果和技术要点进行精心总结和反复推敲，编写过程中始终遵循完整性、原真性、可识别性、合理利用、最小干预及可逆性等国际通行的保护原则，最后经编委会修改完善后编写成书。各项目的编写人员见附表。

编写过程中，华建集团领导十分重视和关心，多次过问并认真审阅，总裁张桦先生和著名历史建筑专家、同济大学常务副校长、法国科学院院士伍江教授拨冗作序。

上海市文物局、住建委、规土局、房管局和同济大学建筑系的领导和专家对华建集团在近代历史建筑保护和利用修缮设计方面，给予了多方面的指导和支持，在此一并感谢！

每一个修缮项目的成功完成，离不开各个业主单位、施工单位、监理单位的通力协作，只有在主管部门及业内专家的悉心指导和把关下，在业主、设计和施工及监理各方积极协作、不懈努力下，才能高完成度地使历史建筑真正地焕发青春和延年益寿，得到社会各界的认可和好评。

感谢参与各项目编写的撰稿人，根据编委会的要求，对每一项目的专篇几易其稿、不断完善，反复查阅项目的历史资料及施工图纸，精炼出项目的技术要点，最终完成了本书的编写工作。感谢众多摄影人（专业摄影师和爱好摄影的建筑师）的辛勤工作和无私奉献，他们对已完成保护工程的历史建筑的多角度的创意表现使本书锦上添花，突出了历史建筑的历史文化价值。

本书于2018年5月完成项目排序，未体现2019年10月公布的上海市增加全国重点文物保护单位名录的情况。

需要说明的是，由于有些项目的原始资料缺失不全及技术总结不够全面，书中难免存在错误和遗漏之处，我们在此致歉，并恳请指正，不胜感激！

编委会
2019年11月

Epilogue

After more than three years of editing and refining, the second volume of "Historical Building Conservation Design Ⅱ" has been published and this book is the joint effort of all the designers in historical building conservation of the Arcplus Group PLC. The 26 cases of conservation, repair and reutilization of historical building in modern times have been chosen carefully by the editorial committee. Each is typical in conservation and adaptive reuse design and has some social influence too. In this sense, this book is the brainchild of all the designers in the company, as well as a reflection of the design and research capability in historical building conservation in Shanghai in recent years. This book also is an inheritance, summary and improvement of design concepts and methods in this field and contributes to the conservation of architectural heritage in Shanghai.

Editing this book has been a research project of the Group, and an editorial committee was established to help principal designers to conclude and refine the technical highlights in their designs. This book summarizes the 26 projects of conservation and utilization of historical building in modern times, following the international principle in conservation of integrity, authenticity, identifiability, appropriate utilization, reversibility, and least intervention. The book was finalized after revision and refinement by the editorial committee. The name list of the editors of all projects can be found in the appendix.

The Group leaders have placed much importance on the editing of the book and they were kept updated about the editorial work. The book was also submitted to them for deliberation and review. Mr. Zhang, Hua, the Group CEO and Professor Wu, Jiang, who is a renowned expert in historical architecture, the managing vice president of Tongji University and a fellow of the French Academy of Sciences, kindly wrote the preface of this book.

We would also like to extend our thanks to the leaders and experts from the Shanghai Municipal Administration of Cultural Heritage, Shanghai Construction Committee, Shanghai Municipal Bureau of Planning and Land Resources, Shanghai Housing Management Bureau and the Department of Architecture in Tongji University for their support and advice.

A restoration project cannot succeed without coordination of all the clients, construction units and supervising units. The high level of completion of all the projects could not be achieved without guidance and supervision from the experts of the departments in charge and of the industry, and the cooperation and concerted efforts of all parties involved. Therefore, it is no wonder the projects have brought new life to the historical buildings and prolonged their life span and won wide recognition.

We would like to thank all the writers and editors who made repeated revisions in order to meet the requirements of the editorial committee and checked again and again the historical references and construction drawings. We would like to thank our photographic crew (consisting of both professional photographers and architects who are enthusiasts of photography) for their hard work and contributions because it is they who have discovered different and new prospects to present the historical buildings, highlighting their historical and cultural values. What needs to be pointed out is that the original references of some projects have been lost and the technological summary might not be fully comprehensive. There might also be some errors and negligence for which we would like to apologize. We would like to welcome any advice and corrections.

Editorial Committee

Nov.2019

附表

《共同的遗产 2》项目概要

（按保护级别排序）

序号	项目名称	曾用名 / 现名称	建造时期	保护级别	建筑类型	主要撰写人	校审人
01	上海总会	东风饭店 / 华尔道夫酒店	1910	国保文物	俱乐部 / 酒店	吴家巍（上海院）	唐玉恩、郑宁
02	沙逊大厦	和平饭店北楼 / 费尔蒙和平饭店	1929	国保文物	酒店	姜维哲（上海院）	唐玉恩
03	怡和洋行	外贸大楼 / 罗斯福公馆	1922	国保文物	办公 / 商业	邱致远（上海院）	唐玉恩
04	格林邮船大楼	上海广播大楼 / 中国人民银行上海清算所	1922	国保文物	办公	邹勋（上海院）苏萍（历史院）	唐玉恩
05	东方汇理银行	东方大楼 / 光大银行	1914	国保文物	办公	宿新宝（历史院）	张皆正
06	英国领事馆建筑群	上海对外贸易协会 / 外滩源壹号	1872–1886	国保文物	领事馆 / 商业	凌颖松（原历史院）	许一凡
07	中共二大会址纪念馆	辅德里 625 号 / 中共二大会址纪念馆	1916	市文物	居住 / 文化	许一凡（历史院）	许一凡
08	八仙桥基督教青年会	淮海饭店 / 锦江都城经典上海青年会酒店	1931	市文物 1A011	酒店	吴家巍（上海院）	唐玉恩
09	新新公司	第一食品商店	1926	市文物 1A021	商业	王岫（现代咨询）	张皆正
10	基督教圣三一堂	黄浦区政府礼堂 / 圣三一教堂	1933	市文物 1A025	宗教	侯晋（环境院）	杨明
11	王伯群住宅	长宁区少年宫	1934	市文物 1M007	居住 / 文化	崔莹（原历史院）	许一凡
12	四行仓库	公私合营银行上海分行光复路第一第二仓库 / 四行仓库抗战纪念馆、老四行创意园	1935	市文物 2H001	仓储 / 文化、商业	邹勋（上海院）	唐玉恩
13	汉口花旗银行	武汉工商银行私人分行	1921	湖北省文物	办公	郑宁（历史院）	杨明
14	中国酒精厂近代建筑群	中国酒精厂 / 上海世博洲际酒店	1936	区文物	工业 / 酒店	许一凡（历史院）	许一凡
15	新怡和洋行（益丰洋行）	益丰外滩源	1911	优历二 2A018	办公、居住 / 商业	郑宁（历史院）刘文毅（原现代咨询）	张皆正
16	麦家圈医院	雷士德医院 / 仁济医院	1932	优历二 2A028	医院	梁赛男（华盖院）	杨明
17	礼和洋行	江西中路 255 号大楼	1904	优历二 2A036	办公	张文杰（上海院）	唐玉恩
18	都城饭店	新城饭店 / 锦江都城经典上海新城外滩酒店	1934	优历二 2A038	酒店	邱致远（上海院）	唐玉恩
19	吴同文住宅	上海市城市规划设计研究院	1938	优历二 2B015	居住 / 办公	邹勋（上海院）崔莹（原历史院）	唐玉恩
20	法国球场总会	法国学校 / 科学会堂	1904	优历二 2C008	俱乐部 / 文化、商业	宿新宝（历史院）	杨明
21	法租界霞飞路巡捕房	东风中学 / 爱马仕之家	1909	优历三 3C005	行政办公 / 商业	凌颖松（原历史院）	许一凡
22	中一信托大楼	中一大楼	1924	优历四 4A009	办公	郑宁（历史院）	张皆正
23	武定西路 1498 号住宅	上广交响乐团 / 上海爱乐乐团	1920s	优历四 4B024	居住 / 文化、办公	郑宁（历史院）	许一凡
24	法租界警察之家与海陆军俱乐部	上海昆剧团	1935	优历四 4C021	俱乐部 / 文化	郑宁（历史院）	杨明
25	宝庆路 3 号住宅	周宗良旧居 / 上海交响音乐博物馆	1925、1936	文物点	居住 / 文化	王天宇（历史院）	许一凡
26	震旦女子文理学院教学楼	向明中学老教学楼	1939	文物点	教育	付涌（历史院）	张皆正

排序依据：

26 个项目按项目实施时历史建筑的保护级别排序，共分为：

1. "全国重点文物保护单位" 6 项（第 1 至第 6 项）

2. "省级文物保护单位"（上海对应"上海市文物保护单位"）7 项（第 7 至第 13 项）

3. "县、市级文物保护单位"（上海对应"各区文物保护单位"）1 项（第 14 项）

4. "上海市四批优秀历史建筑" 10 项（第 15 至第 24 项）

5. "各区登记不可移动文物" 2 项（第 25、26 项）

注：

1. 6 项全国重点文物保护单位为同一批次公布，且同属一处——"外滩历史建筑群"，故按门牌号排序；

2. 7 项省级文物保护单位中有 1 项属湖北省，其他属上海市，按上海市在先湖北省在后的顺序排；"中共二大会址纪念馆"为纪念地类型，且于 2013 年升级为全国重点文物保护单位，故在省级文物保护单位中列为第一项，其余 5 项为优秀历史建筑类型，按上海市优秀历史建筑批次及公布序号排序；

3. 10 项上海市四批优秀历史建筑按公布批次及序号排序。

Appendix

《共同的遗产》（2009 年版）项目概要

序号	项目名称	原名称	保护等级	建造时间	保护修缮时间	保护设计单位
01	龙华塔	龙华塔	国保文物	977	1953	上海院
02	豫园	豫园	国保文物	1559–1577	1956	上海院
03	中共"一大"会址	望志路 106、108 号	国保文物	1920	1958	上海院
04	嘉定孔庙	嘉定孔庙	市文物	1219	1960	上海院
05	1920 年毛泽东寓所旧址	民厚南里 29 号	市文物	不详	1961	上海院
06	真如寺大殿	真如寺大殿	市文物	1320	1962	上海院
07	1924–1925 年毛泽东寓所旧址	甲秀里 317、318、319 号	市文物	1915	1964	上海院
08	中国共产党代表团驻沪办事处（周公馆）旧址	义品村 73 号	市文物	1920 年代	1979	上海院
09	徐家汇天主堂	徐家汇天主堂	市文物	1910	1980	上海院
10	青年会大厦	上海基督教青年会大厦	市文物	1931	1984	上海院
11	交通银行	金城银行	市文物	1927	1986	华东院
12	沐恩堂	慕尔堂	市文物	1931	1986	上海院
13	沉香阁	沉香阁	国保文物	1563–1620	1990	上海院
14	盘谷银行	大北电报公司大楼	国保文物	1908	1994	华东院
15	上海浦东发展银行	汇丰银行	国保文物	1923	1998	上海院
16	上海美术馆	跑马总会大楼	市文物	1933	1998	上海院
17	华东医院南楼	宏恩医院	市文物	1926	2000	上海院
18	上海展览中心	中苏友好大厦	市文物	1955	2000	现代集团
19	中福会少年宫	嘉道理爵士住宅	市文物	1924	2000	上海院
20	上海市总工会大楼	交通银行	国保文物	1948	2002	现代集团

参考文献

Reference

[1] Arnold Wright. Twentieth Century Impressions of Hong Kong, Shanghai, etc. London: Lloyd's Greater Britain Publishing Company, Ltd, 1908.

[2] 陈炎林. 民国丛书——上海地产大全 [M]. 上海：上海房地产研究所，1933.

[3] 陈从周章明. 上海近代建筑史稿 [M]. 上海：三联书店上海分店出版社，1988.

[4] 唐振常. 上海史 [M]. 上海：上海人民出版社，1989.

[5] 王绍周. 上海近代城市建筑 [M]. 南京：江苏科学技术出版社，1989 .

[6] 罗小未. 上海建筑指南 [M]. 上海：上海人民美术出版社，1996.

[7] 伍江. 上海百年建筑史 [M]. 上海：同济大学出版社，1997.

[8] 郑时龄. 上海近代建筑风格 [M]. 上海：上海教育出版社，1999.

[9] 薛理勇. 外滩的历史和建筑 [M]. 上海：上海社会科学院出版社，2002.

[10] 钱宗灏. 百年回望：上海外滩建筑与景观的历史变迁 [M]. 上海：上海科学技术出版社，2005.

[11] 上海通志编纂委员会. 上海通志 [M]. 上海：上海科学院出版社，2005.

[12] 上海市地方志办公室. 上海名建筑志 [M]. 上海：上海社会科学院出版社，2005.

[13] 名宅编撰委员会. 上海百年名楼 [M]. 北京：光明日报出版社，2006.

[14] 上海市城市规划设计研究院. 循迹启新——上海城市规划演进 [M]. 上海：同济大学出版社，2007.

[15] 吴健熙. 老上海百业指南 [M]. 上海：上海科学院出版社，2008.

[16] Peter Hibbard. The Bund Shanghai[M]. Hong Kong: Twin Age Ltd, Hong Kong, 2008.

[17] 常青. 都市遗产的保护与再生：聚焦外滩 [M]. 上海：同济大学出版社，2009.

[18] 唐玉恩. 和平饭店保护与扩建 [M]. 北京：中国建筑工业出版社，2013.

[19] 唐玉恩. 上海外滩东风饭店保护与利用 [M]. 北京：中国建筑工业出版社，2013.

[20] 上海市档案馆编. 上海珍档——上海市档案馆馆藏珍品选萃. 上海：中西书局，2013.

[21] 上海市地方志办公室上海市历史博物馆. 民国上海市通志稿 [M]. 上海：上海古籍出版社，2013.

[22] 中国近代建筑史料汇编编委会. 中国近代建筑史料汇编 [M]. 上海：同济大学出版社，2014.

[23] 上海市城市规划设计研究院上海现代建筑设计集团同济大学建筑与城市规划学院. 绿房子 [M]. 上海：同济大学出版社，2014.

[24] 中国文物学会 20 世纪建筑遗产委员会. 中国 20 世纪建筑遗产名录（第一卷）[M]. 天津：天津大学出版社，2016.

图书在版编目（CIP）数据

共同的遗产 = Historical Building Conservation
Design. 2 / 华东建筑集团股份有限公司编著. ——
北京 :中国建筑工业出版社，2020.9
ISBN 978-7-112-22352-7

Ⅰ．①共… Ⅱ．①华… Ⅲ．①古建筑－保护－
概况－上海 Ⅳ．①TU-87

中国版本图书馆CIP数据核字(2018)第131607号

责任编辑：滕云飞　徐　纺
美术编辑：朱怡勰
责任校对：张　颖

共同的遗产 2
Historical Building Conservation Design

华东建筑集团股份有限公司 编著

*
中国建筑工业出版社出版、发行（北京海淀三里河路9号）
各地新华书店、建筑书店经销
上海雅昌艺术印刷有限公司 印刷
*
开本：889毫米×1194毫米　横1/12　印张：23⅔　字数：722千字
2021年1月第一版　2021年1月第一次印刷
定价：238.00元
ISBN 978-7-112-22352-7
　　　(32192)